住房城乡建设部土建类学科专业『十三五』规划教材

住宅室内设计与家装设计

（建筑与规划类专业适用）

刘超英　主编
李　进　主审

中国建筑工业出版社

图书在版编目（CIP）数据

住宅室内设计与家装设计：建筑与规划类专业适用 / 刘超英主编．—北京：中国建筑工业出版社，2021.3（2024.2 重印）
住房城乡建设部土建类学科专业“十三五”规划教材
ISBN 978-7-112-26013-3

Ⅰ．①住… Ⅱ．①刘… Ⅲ．①住宅－室内装饰设计－教材 Ⅳ．① TU241

中国版本图书馆 CIP 数据核字（2021）第 050916 号

“住宅室内设计”是本科、高职建筑室内设计、建筑装饰工程技术、环境艺术设计专业及相关专业都有的核心课程，它服务于家装设计师工作岗位。本教材以《住宅室内设计与家装设计》为名，以“模拟行业设计师：一个项目干到底”为理念，以行业现行的家装设计师典型工作流程为教学脉络，以国赛室内设计施工图设计要求为教学参照，以装饰公司的展示项目为教学案例，对“住宅室内设计”现有本科、高职教材的教学内容体系作了系统编排：

课程概述嵌入了课程思政的内容；课程项目包括业主沟通、市场调研、房屋测评、设计尺度、设计对策、初步设计、沟通定案、深化设计、设计封装、审核交付、后期服务等11个项目。每个教学项目包括2～6个知识点和对应的1～4个实训项目，并提供每个项目实训任务书的电子版。

本教材为本科、高职通用教材，两者学习领域相同，但重点不一。本科重点学习构思创意和方案设计，培养主创设计师；高职重点学习设计准备和施工图设计，培养深化设计师。教材提供详细的教学指南和大量的延伸阅读二维码。

为更好地支持本课程的教学，我们向使用本书的教师免费提供教学课件，有需要者请与出版社联系，邮箱：jckj@cabp.com.cn，电话：（010）58337285，建工书院http：//edu.cabplink.com。

责任编辑：杨　虹　周　觅
责任校对：芦欣甜　姜小莲

住房城乡建设部土建类学科专业“十三五”规划教材
住宅室内设计与家装设计
（建筑与规划类专业适用）
刘超英　主　编
李　进　主　审
*
中国建筑工业出版社出版、发行（北京海淀三里河路9号）
各地新华书店、建筑书店经销
北京雅盈中佳图文设计公司制版
北京中科印刷有限公司印刷
*
开本：787毫米×1092毫米　1/16　印张：$16^3/_4$　字数：354千字
2021 年 9 月第一版　2024 年 2 月第三次印刷
定价：53.00元（赠教师课件）
ISBN 978-7-112-26013-3
（35024）

前　言

无论是学科/应用型高校还是职业院校，无论是本科还是高职层次，相关专业[①]都会开设“住宅室内设计”[②]课程。职业院校全国室内设计专业教学标准上的名称是“住宅室内设计”。

本课程对应的本科高校教材基本上“就设计论设计”，不会谈及本课程的设课目的，也不会涉及学生行业/企业对本课程的岗位需求。而职业教育（高职高专）普遍沿用本科的课程名称、教学内容、方式，教材都是本科的压缩版。由此造成本课程教学内容、方式、教材都不够先进，职业性不强。

本课程所涉及的工作在社会/行业/企业均被称为“家装设计”，因此我们把课程名称改为“住宅室内设计与家装设计”，就是要明确“住宅室内设计”课程的开课目的是为“家装设计”服务，要为未来的家装设计师准备好相关的知识、能力、素养。

本教材有以下五个鲜明特点：

1.本科、高职通用。无论学科型/应用型/职业型本科还是高职学生都可以选用本教材。因为这些学生面临的学习训练的对象都是相同的——家装设计。本科层次重点学习/训练/培养家装方案设计师、高职层次重点学习/训练/培养施工图深化设计师的相关章节。教学建议可扫描二维码。

二维码　职业本科与高职高专教学重点建议表

2.强调职业化。教材的内容体系完全摒弃了学科型本科教材的编写思路，理论结合实际，脱胎换骨地采用“工作流程”及“项目化”的编写体系。从家装设计项目的“前期沟通”到“方案设计”再到“后期服务”，按家装设计师典型工作全流程的要求，设置了11个环节的项目训练主题。模拟行业设计师，一个项目干到底。实现学校教学与企业岗位需求无缝接轨，充分体现高等职业教育的特色。

3.明确目的性。教材把“住宅室内设计”与“家装设计”直接挂钩，其创新理念就是要学以致用，回归职业教育本质：对接家装设计师职业岗位，为行业/企业培养高层次、高素质技术技能型人才；培养行业/企业需要的家装设计方案设计和施工图深化能力及素养。

4.案例教学法。教材引用了大量著名企业近年来的优秀案例[③]，不仅提高了教材的水平，也为建筑室内设计专业的师生拓宽了眼界，展示了当今室内设计领域优秀企业/设计师的设计水平，形象生动地诠释了住宅设计理论和实践的相关主题。

---

① 本科：环境设计、建筑学、艺术设计等；高职：建筑室内设计、室内艺术设计、建筑装饰工程技术、环境艺术设计等。

② “住宅建筑室内设计”的简称。

③ 详见本教材引用案例名单。

在这里向这些优秀的企业和著名的设计师表示由衷的敬意和深深的感谢！

5.新课程模式。创新了本课程 “1234工程设计型课程模式”[①]。

1个目标。通过理论学习和实践训练，培养适应行业要求的家装设计师，重点训练沟通能力和表达能力。

2项依据。课程教学内容依据行业的要求。课程知识来源行业实践，课程内容反映行业前沿，培养目标与行业全接轨；课程教学方法依据项目的手段，用企业最常见的设计项目，循序渐进培养学生的项目设计能力。

3个一体化。“一体化授课计划”：已系统地设计一体化授课计划，教学目标和路径都已梳理清晰；“一体化新形态教材”：提供体现最新理念的理论实践一体化新教材，教学内容先进、全面；“一体化课程平台”已联合了7所高校资深教师在超星平台建成网络网站+课程APP。师生均可运用最先进的MOOC/SPOC模式开展线上线下混合教学。

4个双模式。教学组织按照四个双模式来运行。

理论·实践双通道。课程将分成两个部分安排：第一部分是理论教学，建议28课时。第二部分是实践教学，建议72课时。具体课时根据各学校情况可以上下浮动。

学校·企业双导师。课程最好配备校内导师与校外导师联合授课。

教室·行业双课堂。课程除了在校内课堂和校内实训场所学习之外，还将下行业/企业调研家装运行模式、考察家装材料市场，进行房屋测量、初步设计、深化设计等大量实训。

教师·学生双主体。课程要充分调动师生两方面的积极性，开展教学活动。以教师为主导，教学计划/教学标准当然由老师主导，同时开展系统的理论教学与实践教学。启发学生学会设计思维，同时还会给大家大量案例和教学资源。老师的教学将十分注重激励与启发，课程还将十分开放。课程的主体是学生，学生的学习不仅仅是听课，做设计，还将适度参与教学研究，开展调研、互动、辩论、评图和汇报、交流。

总之，通过本课程新理念、新教材、新平台、新模式的课程教学，使大家切切实实学到相关专业知识，掌握相关专业技能，养成职业习惯和素养。相信大家在本课程中一定会有不一样的教学体验。

---

① 2011~2014 年教育部人文社科项目的研究成果，并获得浙江省 2014 年省级教学成果奖。

目　录

二维码　目录电子版

二维码　《住宅室内设计》课程标准

FABAO

购物街区
生活街区
地铁3号线

1 课程概述和课程思政

1.1 核心定义

1.1.1 家装定义

业主委托家装设计师和家装施工人员，运用特定的设计理念、周全的功能安排、艺术的空间处理、得当的软装配置、合适的材料运用、合理的经济投入及正确的施工技术和科学的施工组织，对业主原始的家居空间进行装饰装修，使业主能够如意地生活，这样的工程活动叫家庭装饰装修，简称"家装"。概念逻辑关系架构见图 1.1–1。

家装施工的流程和家装设计师在家装施工中 7 个关键工序控制点见图 1.1–2。

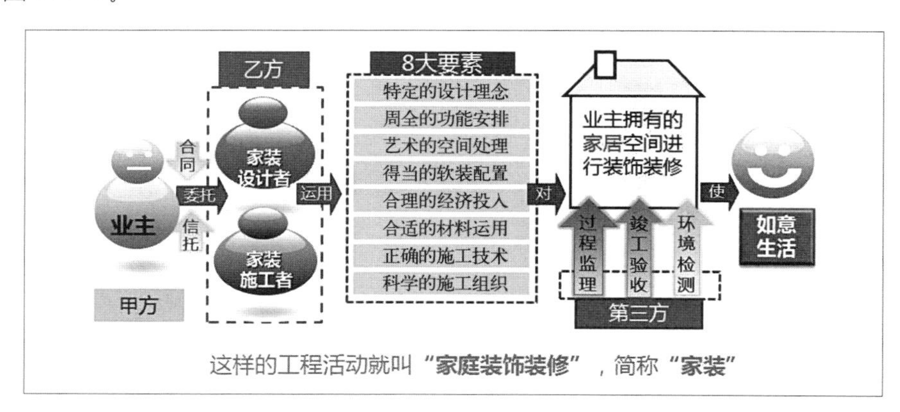

图 1.1–1 家装定义

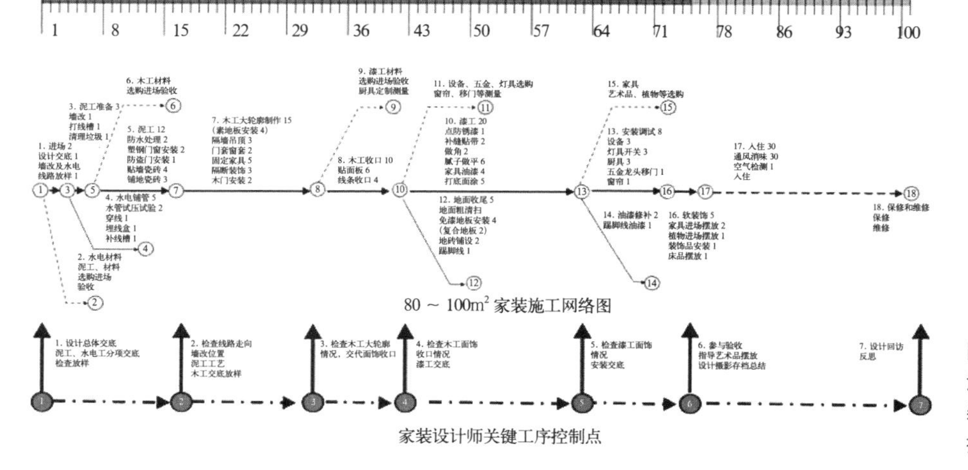

图 1.1–2 家装施工的流程和家装设计师在家装施工中 7 个关键工序控制点

1.1.2 住宅室内设计（家装设计）定义

设计者在与业主沟通后，接受业主的委托，运用建筑室内设计原理，在国家法律法规和社会公共道德的框架下，对其拥有的家居空间进行先进的艺术与科技的综合规划和系统设计，使其住宅实现预定功能和使用要求，使其空间展现独特文化和艺术风格，使业主家庭享受美好舒适的家居环境。这样的工程设计活动，称之为住宅室内设计（家装设计）。其核心关键词的逻辑关系见图 1.1–3。

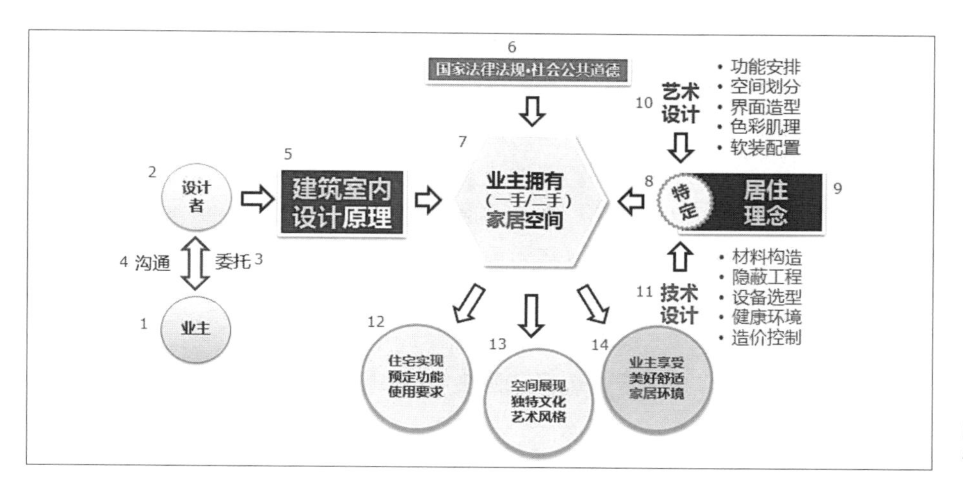

图 1.1–3　住宅室内设计（家装设计）定义

1. 家装业主。我们面对的每一个设计项目后面均有一个业主。直接交流的可能是业主代表，但业主代表身后是一个家庭。中国有几亿个家庭，每个家庭都是不同的。尽管说“幸福的家庭都是相似的”，但家庭的要求、生活细节是千变万化的。所以，我们面对的每一个业主都有独立的要求（图 1.1–4）。

图 1.1–4　家装业主

家装设计师的任务就是要满足业主的要求。首先就要厘清业主的家庭构成、年龄以及主要的背景资料。如果是房地产公司的样板房设计，那么这个业主是虚拟的，但对这个虚拟业主，也要进行准确的定位、详细的描述（图 1.1–5）。

特定业主

一、项目概况：
项目名称：北京九章别墅
功　　户：S3 样板间
户型概况：样板间面积1709.7m²，充分满足会客、家庭起居及娱乐功能，拥有独立花园及私人游泳池。

二、目标客户：当代社会领航者，东方与西方文化底蕴深厚，有着高贵气质，品味高尚生活。
本案定位：男主人：55 岁左右，阅历丰富，了解多种文化，富有艺术底蕴。对中国文化的传承有着独特的见解。热爱摄影及收藏各类艺术珍品，闲时邀约友人品之。
女主人：48 岁左右，有着极高的涵养及品位，对生活细节甚有要求。爱好歌剧、琴、棋、书、画等艺韵。
女　孩：20 岁左右，在校大学生，温文尔雅，爱好跳芭蕾舞。
男　孩：15 岁左右，在校中学生，朝气蓬勃，热爱各类球类运动。

特定功能

三、平面功能分析：
公共空间：前厅、过厅、入户层客厅、花园层休闲厅、餐厅、阁楼图书室、阁楼书房、化妆间。
主要房间：入户层长辈房（套房）、入户层客房（套房）、二层主卧起居室、二层主卧室（套房）、二层女孩房（套房）、二层男孩房（套房）、阁楼男主人衣帽间、阁楼女主人衣帽间。
休闲娱乐空间：花园层雪茄房、花园层影视室、地下二层娱乐室、地下二层酒吧区、地下二层酒窖、地下二层棋牌室、阁楼家庭活动室
健身水疗区：健身房、桑拿房、湿蒸房、按摩房、淋浴间、游泳池。
服务空间：厨房、备餐间、干粮室、盥洗间、工人工作区、工人房、储藏室、设备间、车库。

图 1.1–5　业主的定位与功能要求

2. 设计者。设计者就是设计师，代表的家装公司，负责对业主委托的项目进行设计，有的公司，主设计师就是项目经理。不但负责设计，还全程管理施工。有的设计师还负责与业主签单。所以，公司对设计师期望很高，设计师的责任重大。所有公司都对设计师进行月度考核、年终考核，考核签约项目数量、创造的产值和利润。业主对设计师期望也很高，都希望最好的设计师为其服务，设计效果不但能让自己家庭舒心地生活，而且还能得到亲友的赞许。相当一部分业主还希望整个家装工程要便宜实惠。

业主全方位寻找满意的设计师，他们接触不同的公司和不同的设计师，最终选择最中意的。理论上说是业主与设计师双向选择，但决定权在业主手上（图 1.1–6）。

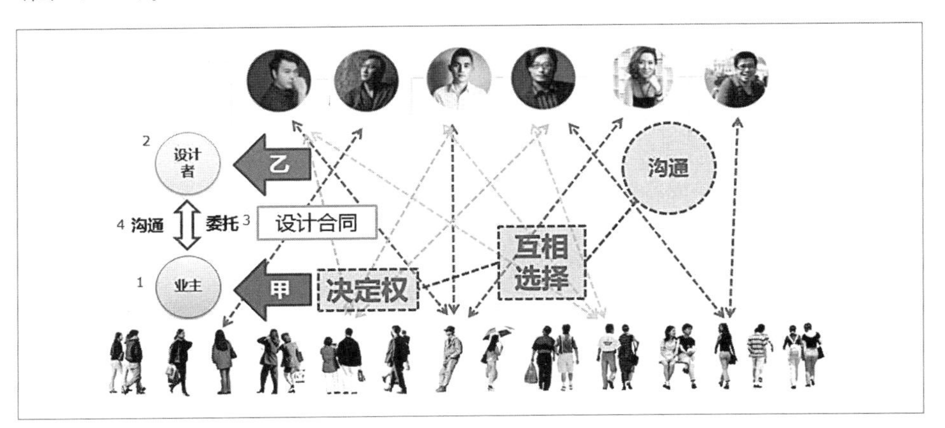

图 1.1–6 业主与设计师的关系

3. 委托。委托是一种法律行为，以书面的形式对工程项目进行托付。有效的委托要签订合同，没有签订合同的口头委托是没有法律保障的。合同是保护双方当事人的，只有双方当事人认可才有可能签署合同。业主与公司签的合同有两类，一类是整体的家装合同，包含设计与施工两个部分。另一类是设计合同，也就是仅仅委托设计部分。以设计为主的公司有的只签设计合同，不负责施工部分。是否进行施工指导，需要双方协商，如果需要进行施工指导，需要另行收取施工指导服务费。

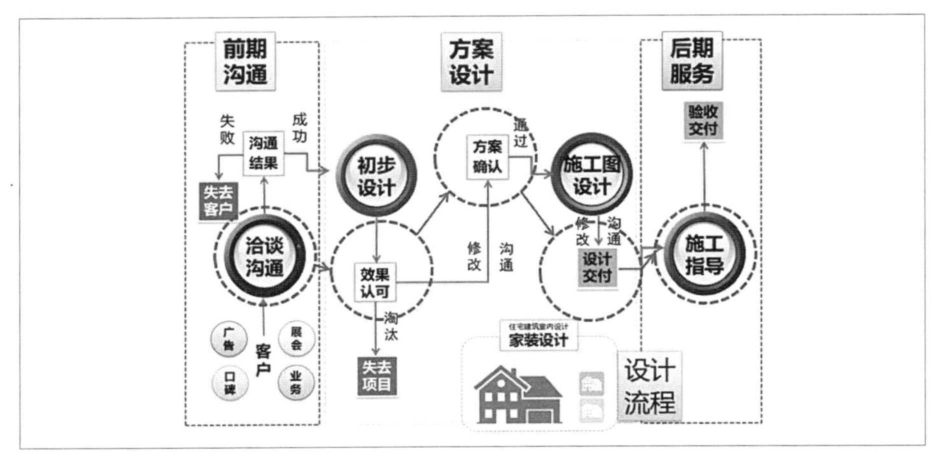

图 1.1–7 沟通贯穿整个家装工程

4. 沟通。设计师代表公司与业主沟通。整个家装工程沟通是无处不在的。但它也分几个阶段（图 1.1–7）。第一个阶段是前期沟通。这个阶段的主要任务是争取赢得业主的信任，在本公司签单。如何通过设计师的沟通，使业主对设计师本人和公司的实力、操作方法、价格满意，是能否签约的关键。第二个阶段的沟通是方案设计阶段，首先是初步设计，这个阶段要与业主进行大量深入细致的沟通。通过沟通，设计出针对业主家庭的初步方案。这一个环节特别重要，成功的话即可确定与业主签约。签约以后，确认方案，接着开始深化方案设计，设计施工图。这个阶段还会有很多细节与业主沟通，如家具、设备、材料的选用等。施工图完成以后要设计交付。然后就进入第三阶段，设计后服务即指导施工。后面的沟通对象除了业主，还有与施工人员的沟通等。总之，沟通是贯穿整个项目全过程的。

5. 室内设计原理。这里特指家装设计原理。"家装定义"和"住宅室内设计（家装设计）定义"也是原理的一部分重要内容。前面"建筑室内设计专业学业指导"课程讲过，室内设计是交叉学科，家装设计也一样。其设计原理，涉及的知识面比较广（图 1.1–8）。有些知识还需要从其他课程中去获取，甚至从校外、从网上或更多的渠道去获取。总之，选择了这项工作，就要时刻关注行业的变化，家装属于时尚产业，新观念、新思想、新方法、新工艺、新技术、新流行、新风格、新配色、新肌理、新设备……随时随地会产生。设计师需要随时随地更新知识。

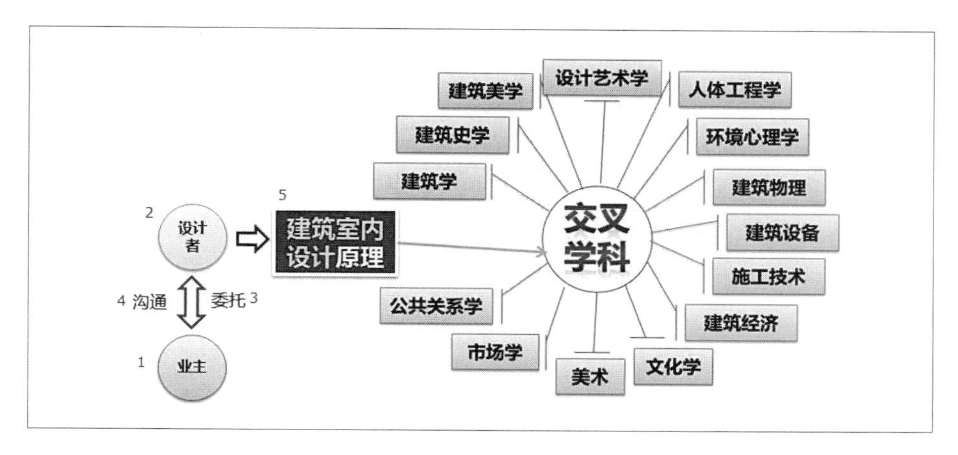

图 1.1–8　家装设计原理涉及的知识面

6. 国家法律法规／社会公共道德。这个部分十分重要，设计师一定要有强烈的法律法规和公德意识。所有的设计行为都要符合国家法律法规、社会公共道德，这是必须坚守的设计底线（图 1.1–9），因为设计师要终身为自己的设计负责。

家装方面的国家法律法规主要包括三个部分：行业规范、制图标准、其他法规，见图 1.1–10。

①制图标准关系的是工程语言规范性。主要的制图标准，见图 1.1–11。

②行业规范关系的是建筑的结构安全、环境安全、消防安全。主要的行业法规，见图 1.1–12。

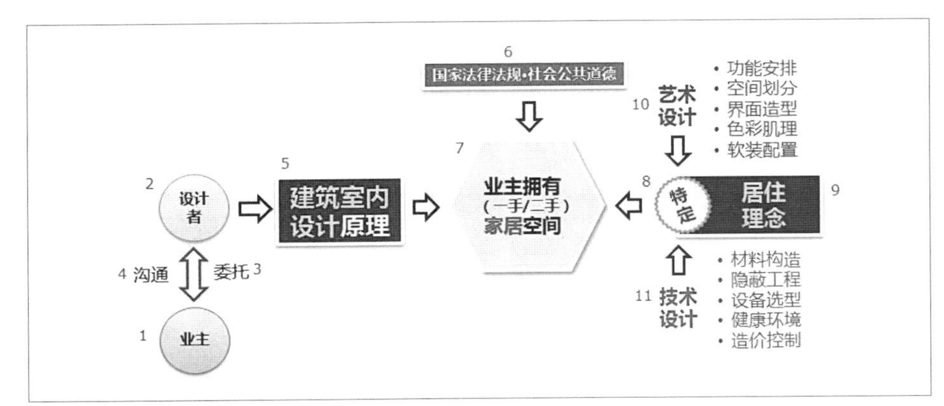

图 1.1–9　国家法律法规、社会公共道德是必须坚守的设计底线

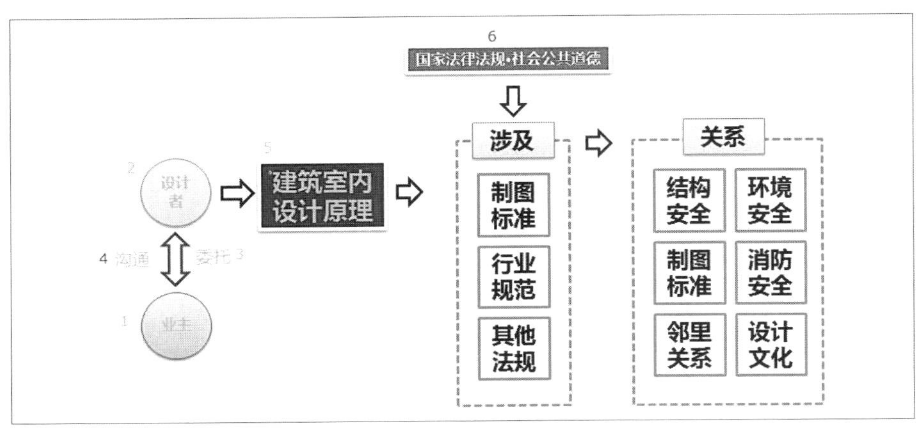

图 1.1–10　所有的设计行为都要符合国家法律法规、社会公共道德

房屋建筑制图统一标准
GB/T 50001—2017

总图制图标准
GB/T 50103—2010

建筑制图标准
GB/T 50104—2010

CAD 工程制图规则
GB/T 18229—2000

建筑结构制图标准
GB/T 50105—2010

建筑给水排水制图标准
GB/T 50106—2010

暖通空调制图标准
GB/T 50114—2010

图 1.1–11　主要的制图标准

图 1.1–12　主要的行业规范

③其他法规关系是方方面面的法律关系，涉及的其他主要法规见图 1.1–13。

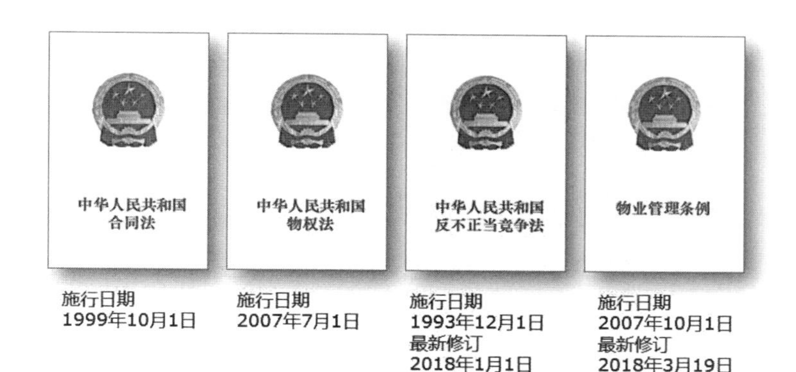

图 1.1–13　涉及的其他主要法规

④社会公共道德有很多也包含在其他法规之中。如物权法对住宅顶楼的所有权规定，违反规定必然引起公愤。著名案例见图 1.1–14、图 1.1–15。

此案例中，顶楼加建侵占公共空间，违反物权法，违反公共道德。

图 1.1–14　北京一业主违反《物权法》，引起公愤，被媒体曝光

图 1.1–15　该业主将所有权属全体业主所有的住宅顶楼据为私有，改建成屋顶花园

此案例主要违法点：一是违反《住宅室内装饰装修管理办法》。

第六条（一）搭建建筑物、构筑物应当经城规部门批准。

第三十四　装修人因装修活动侵占公共空间，对公共部位和设施造成损害的，由城市房管部门责令改正，造成损失的，依法承担赔偿责任。

二是违反《物权法》。

第七十条　业主对建筑物内的住宅、经营性用房等专有部分享有所有权，对专有部分以外的共有部分享有共有和共同管理的权利。

第七十一条　业主对其建筑物专有部分享有占有、使用、收益和处分的权利。业主行使权利不得危及建筑物的安全，不得损害其他业主的合法权益。

7. 业主拥有的家居空间。这个空间有一手、二手之分。

①一手家居空间。一手住宅是直接从房地产商手上买来的全新商品房。当前商品房的户型比之前有很大的进步，户型设计越来越先进。所谓户型先进就是户型的全明率高，通风好、南面光照面大，户型功能要素齐全，房间分割合理，大小适度、动线短而流畅，公摊面积小，有效面积大。用这几个方面去考察户型，符合的户型质量高，反之质量就低。如图 1.1–16 所示是 122m^2 的"神户型"。这个户型建筑面积 122m^2，基本也属于刚需户型，却有 5 室 3 厅 2 卫 1 厨 2 阳台的功能。主卧室还配套步入式衣帽间，而且间间全明，通风优越。四间房间是向南的，南向光照条件十分优越。该户型空间利用率极高，动线短，走廊面积少，可扩展面积大，空间利用率极高。能够遇到这样的原始户型，设计师只要做界面设计就可以了，无需更多考虑空间划分。

图 1.1–17 所示户型建筑面积达到 166m^2，是标准的改善型户型。该户型质量高。比起图 1.1–16 的 122 户型，各个房间有所放大，使用的舒适性大大提高。

图 1.1–16　建筑面积 122m^2 的四南户型

图 1.1–17　建筑面积 166m^2 的改善型户型

②二手家居空间。二手住宅就是从其他业主手上买来的住宅。有次新房和旧房之分。次新房是原业主没有使用过的房子，可以等同于一手房。旧房就是原业主使用过的房子，这个部分就需要拆改或局部拆改。一般旧房年代越久，户型越差，需要设计师在户型改造方面多动脑筋。这个部分设计师要做到扬长避短，尽量克服原户型的缺点（图 1.1–18）。对于业主家居空间的户型分析，我们在后续课程中专门学习。

图 1.1–18 某房产中介网站上的二手房户型图

8. 居住理念。使用住宅的主要想法和奉行的原则。这种理念被先进的、科学的居住理论和居住方式引领着。例如可持续居住、节能／环保／绿色／低碳、健康居住等先进的理念逐渐被社会认同。设计师有这样的义务去向业主宣传推广先进的、科学的居住理论和居住方式，引导社会向上发展（图 1.1–19）。

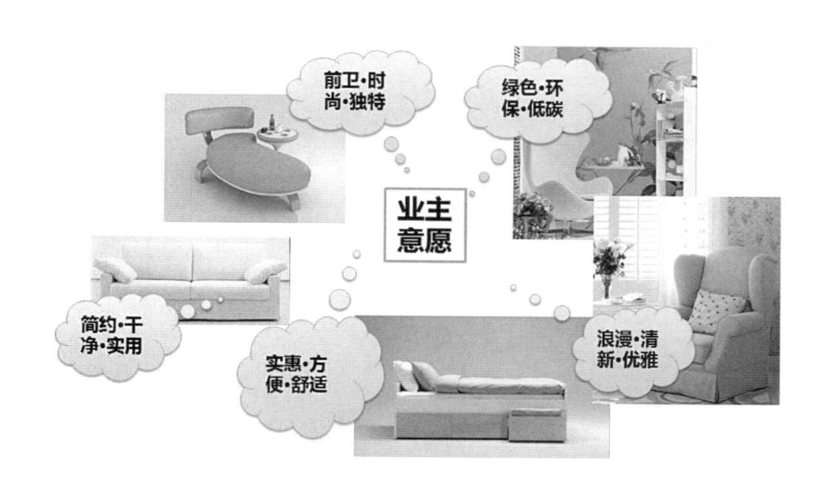

图 1.1–19 业主喜欢的五种设计理念

9. 特定。指的是个体业主所奉行的居住想法和居住意愿。并不是所有业主都选择先进的、科学的居住理论和居住方式，有些业主有固有的独特的居住想法，对此设计师必须加以尊重。例如有的业主对美的形式有执着追求，宁愿牺牲实用也要追求美的设计。而有的业主实用至上，对美基本无视，讨厌造型上沟沟坎坎、起起伏伏。这时，只有尊重才是“硬”道理。

10. 艺术设计。它是住宅室内设计（家装设计）的主要内容之一，也是这门课程常规重点教学的部分，但它们被分散在各个功能居室的设计方法中。本课程则按“功能安排”“空间划分”“界面造型”“色彩肌理”“软装配置”五个部分集中进行专题介绍（图 1.1—20）。

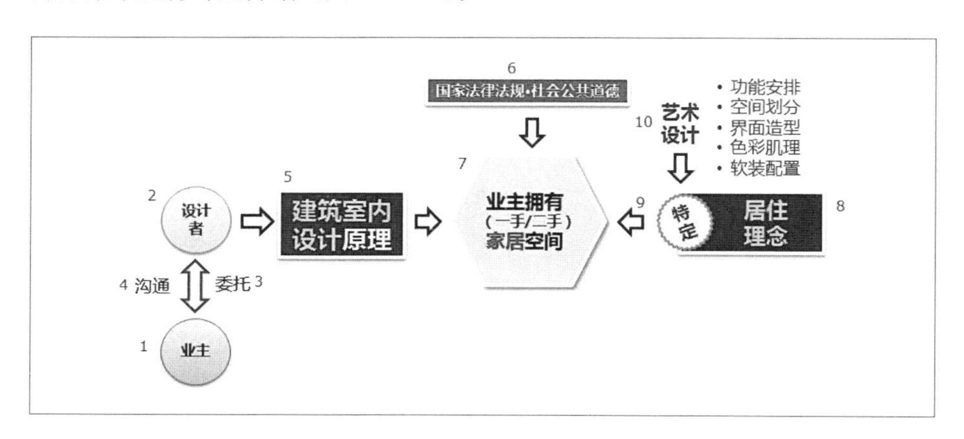

图 1.1—20　艺术设计的主要内容

①功能安排：按照业主的种种生活需求，即功能要求，安排对应的空间和设施去满足这种要求。房价越来越高，推涨生活成本。所以，并不是业主所有的需求都能得到满足。设计原理：业主的基本生活需求，即基本功能必须满足。其他的扩展功能则视业主的空间条件和经济基础，在许可的前提下尽量满足。

以卫生间为例（图 1.1—21），基本功能是盥洗、洗澡、大小便。这三个功能满足了，人的基本功能就满足了。要满足这三个功能需要洗脸盆、淋浴或浴缸、抽水马桶三件设施和能装下这三件设施的空间即可。如果有扩展要求，只要业主有空间支持和财力支撑即可进一步满足。例如兴趣爱好，同样是浴缸，有铸铁的、亚克力的、陶瓷的、木质的，依据业主喜好选择。例如生活情趣，有的业主注重，除了满足功能要求，还要营造环境与氛围，这样对空间及造价要求更高了。

图 1.1—21　功能安排的四个层次

②空间划分：将原始空间按功能要求进行科学和艺术的划分。设计原理：将业主的原始空间按其功能要求，首先按科学的要求，同时结合艺术的要求，进行合理划分。功能要求比较容易满足，而艺术要求则靠设计师对业主的判断，结合自己的设计水平尽量满足。

业主原始房屋有的户型好，有的户型差；有的空间已经划定，有的空间没有划定；有的已划定的空间能满足业主的要求，有的则不能。而同样一个空间，不同的业主就会有不同的使用功能要求。这就需要设计师按业主要求进行空间划分。图 1.1—22 是同一个户型的三种不同的空间划分。需要提醒的是：空间划分涉及墙体改造，对框架结构和剪力墙结构的房屋，混凝土现浇部分（黑色墙体）是不能改动的，其他可以拆改。如果是砖混结构，要清楚辨别承重墙，然后在不违反国家法规的情况下进行合理改造。

图 1.1—22　同一个户型三种不同的空间划分

③界面造型：界面即人眼看到的室内空间六个面，包括东南西北四个墙面，以及地面和顶面。对这六个界面的形态进行艺术设计就叫界面造型。设计原理：主要依据艺术设计的形式美原理，对界面的形状、色彩、肌理、光影等进行审美设计。与此同时，也需考虑界面的材料、隔声、保温，以及墙面、地面、顶面所涉及的隐蔽工程和界面构造设计。

界面设计要面面俱到，每个空间需要 6 张图纸：1 张顶平面图、1 张地平面图、4 张东南西北墙立面图。图 1.1—23 是卧室床靠背墙软装设计立面图，该墙面的形状、色彩、肌理、材料都直观地呈现了。

④色彩肌理：对居住空间的色彩设计和视觉及触觉效果设计。设计原理：依据业主的爱好和配色原理、形式美原理，以及市场流行趋势进行设计（图 1.1—24）。

首先要判断业主的喜好，在沟通的时候就需要特别留意观察，还要进行有目的的交流与沟通。其次注意应用彩色原理和形式美的原理。也要考虑市场流行趋势。设计师既要关注社会的流行元素，更要关注本地的流行元素。

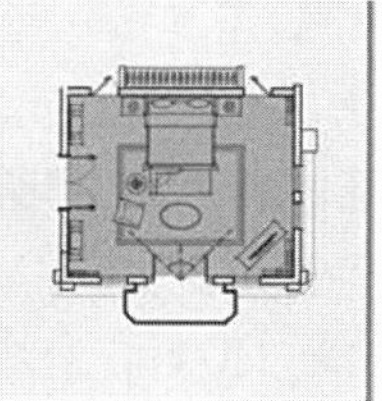

图 1.1–23　卧室床靠背墙软装设计立面图

图 1.1–24　不同界面的色彩肌理

⑤软装配置：软装是陈设的别称，它与硬装设计相对，是聚焦于家具、灯具、家电、织物、植物、艺术品等要素的艺术设计。设计原理：软装在已完成的硬装设计基础上进行，一般不涉及空间改造，但很多情况下也会涉及界面设计（图 1.1–25）。软装配置必须在硬装结束以后才能进行。

住宅室内设计与家装设计原来都包含了软装配置的内容，但现在需要另外付费设计与施工。而这一部分现在市场正在快速升温。究其原因，是现在社会提倡精装修住宅，好多省份已明确要求从 2017 年开始，新建商品房要完成精装修后才能交付。但房产商提供的所谓精装修房屋，其交房标准不包括样板房中美轮美奂的软装内容。交付时只有隐蔽工程、地面、顶面、墙面、门窗、卫生间和厨房是完成施工的。其他都是空白：墙面基本为白墙，没有家具，灯具也只有最简单的吸顶灯，甚至是最普通的灯泡。没有软装的房屋，还是不能居住的。新要求催生软装设计与施工这个新行业，为学生提供就业新选择。

图 1.1–25 软装配置概念表现图

11. 技术设计。技术设计是住宅室内设计（家装设计）另一个主要内容。这部分原"住宅室内设计"课程是完全不涉及的。但只包括艺术设计部分的住宅室内设计是不完整的住宅室内设计。实际的家装设计必须包含技术设计部分。行业／企业的家装设计师岗位要求也是如此。所以本课程将这部分知识也列入课程内容，主要涉及"材料构造""隐蔽工程""设备选型""健康环境""造价控制"五方面内容（图 1.1–26）。

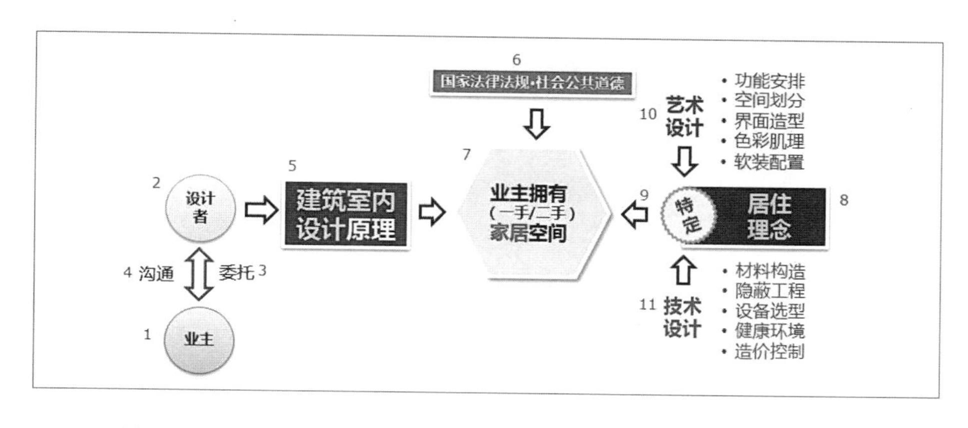

图 1.1–26 技术设计的内容

①材料构造：住宅空间中任何界面的视觉效果都是通过附着在表面的材料和支撑这种材料的内部构造实现的。设计原理：材料和构造是界面造型的基础物质，形成理想的界面效果，必须选择合适的材料、设计可靠的构造。

任何材料都有色彩、有质感、有用途、有品牌、有价值（图 1.1–27）。所以选择材料时需要考虑这五方面的因素。不同的材料价格差异很大，即使是相同的材料，不同的品牌其价格差异也很大。我们选择材料除了主要考虑色彩和质感外，还要看业主的投入水平。一定要选合适的材料。构造设计是施工图设计的主要内容，它是任何一个造型的实现基础，其最基本的要求是坚固耐用、结构合理。

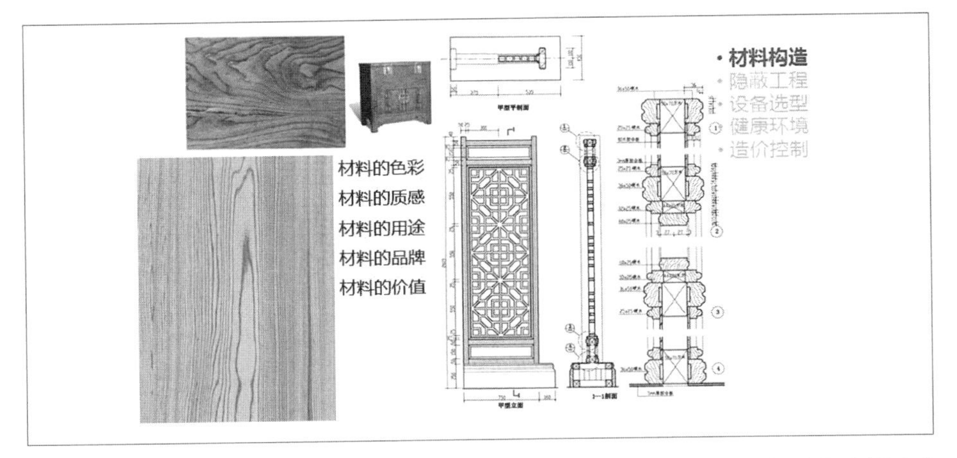

图 1.1–27　材料的五方面属性

②隐蔽工程：装修完成后看不见的部分叫隐蔽工程，主要有“强电弱电”“给水排水”两个部分（图 1.1–28）。设计原理：要按照“强电弱电”“给水排水”的技术要求科学合理安排管线走线，尽可能减少事故隐患，同时要注意方便日后的维修。

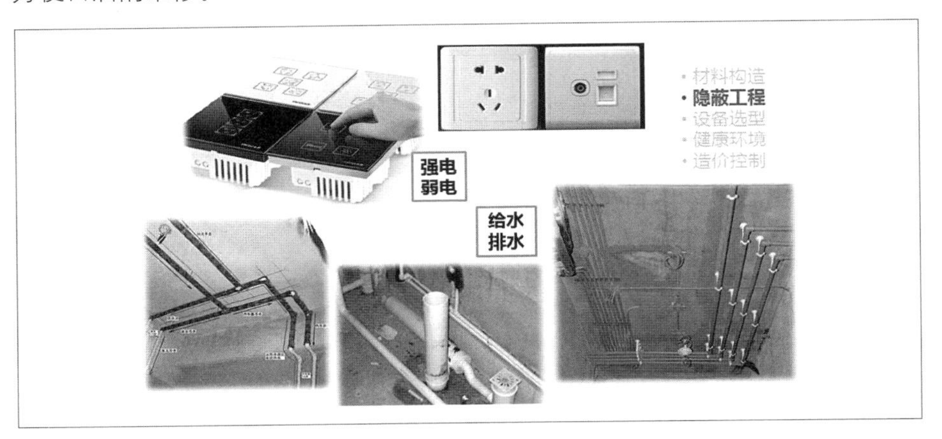

图 1.1–28　隐蔽工程示例

③设备选型：对家用成套设备的型号选择，主要包括空调系统、新风系统、供水系统、安保系统（图 1.1–29），还涉及视听设备、厨房电器、卫浴设备等。设计原理：从业主的喜好和投入水平以及家装设计的风格三方面进行权衡。

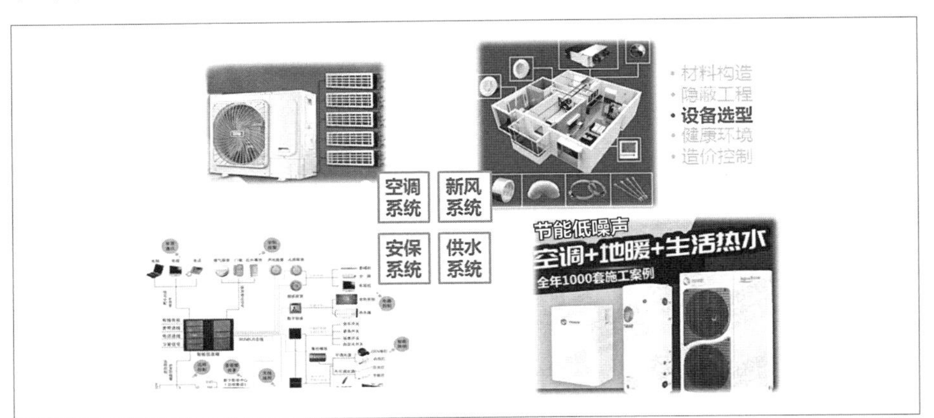

图 1.1–29　家用成套设备

随着物质生活水平的不断提高，家用设备越来越多，越来越先进，智能化程度也越来越高。对家装设计师而言，并不要求精通这些系统的设计，但要求懂得这些系统的基本运行原理、功能优劣、价格高低，以便向业主作出合理的推荐，并在设计时加以配合。

④健康环境：任何设计都事关健康，家居健康的标准来自联合国世界卫生组织。设计原理：不管是空间格局、通风、采光，还是材料、构造、设备，就连色彩、肌理也都关乎健康，关注健康问题是设计的基本要求（图 1.1–30）。

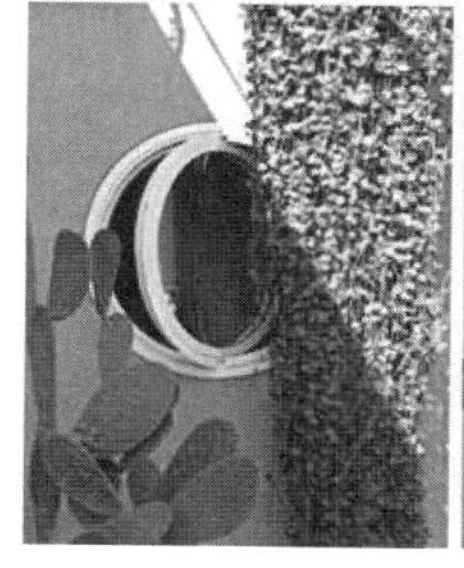

图 1.1–30 健康的家居设计

⑤造价控制：任何一个设计方案后面均关联着工程造价。确定的材料、确定的构造和施工工艺决定工程造价。设计原理：设计师必须依据业主的预算水平进行对应的设计，设计是控制造价的源头。

工程的施工依据是设计图。按图预算、按图施工、按图验收。预算控制的空间很大，如图 1.1–31 所示，不同档次的花洒，造价由几十元到几千元不等。同样是门套，简约风格的造价就低，欧式或中式风格的造价就高。所以设计师选择什么等级的材料与造价关系很大（图 1.1–31）。

12. 住宅实现预定功能使用要求。是业主的房屋经过设计师的艺术、技术设计和施工，最终要实现的基本效果。业主提出的预定功能和使用要求全部满足。判断的标准是基本功能全部实现，扩展功能在业主的空间条件和投入水平的范围内尽可能多的实现，以卧室为例，简单的卧室仅仅满足睡眠和储藏的预定功能，而豪华的卧室预定功能十分齐全（图 1.1–32）。

13. 空间展现独特文化和艺术风格。这主要是对设计的艺术要求，不仅功能齐全，而且设计具有文化含量，展现了被业主认可的独特文化和艺术风格。现在的业主除了物质功能，对精神功能的要求也越来越高，而家居空间展现的艺术风格正是家居文化的组成部分。喜欢简约风格的业主绝不希望在繁复的古

图 1.1–31 选择什么等级的材料与造价关系很大

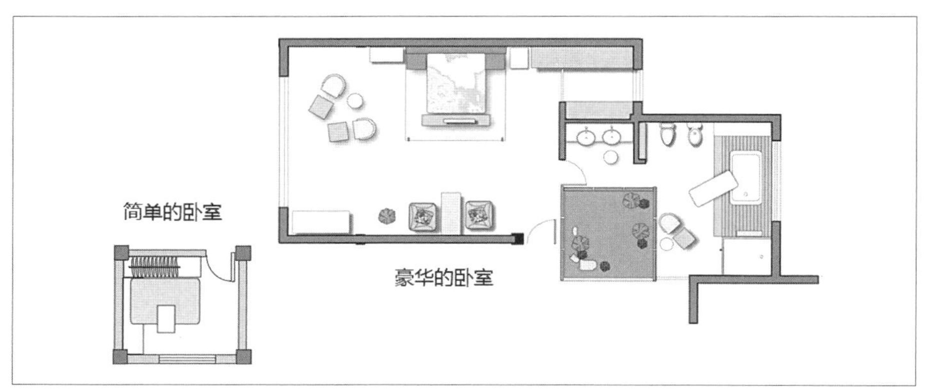

图 1.1–32 简单的卧室和豪华的卧室不同的预定功能

图 1.1–33 北欧风格和东南亚风格的卧室

典风格中生活，而东南亚风格为很多亚热带地区的业主所喜欢（图 1.1–33）。

14. 业主享受美好舒适的家居环境。这是设计的最终目的。业主的所有投入和设计师的所有努力都是为了这个目的。美好舒适家居环境有精神和物质两方面的含义，精神上的含义是令人愉悦的视觉环境，令人放松的家庭氛围。物质上的含义是家居环境符合健康标准，符合可持续要求。同时，美好舒适家居环境也是有等级的，例如图 1.1–34、图 1.1–35 是很高端的美好舒适家居环境。

图 1.1–34 美好舒适卧室环境

图 1.1–35 美好舒适起居室环境

我们要把握的等级，就是其美好舒适的家居环境要明显高于业主原先的生活水平和美好舒适程度，但也不能无限超越。

1.1.3 设计要求

我们学习做住宅（家装）室内设计，要达到什么要求？简单说就是五条（图 1.1–36），这就是家装设计师岗位的工作要求。

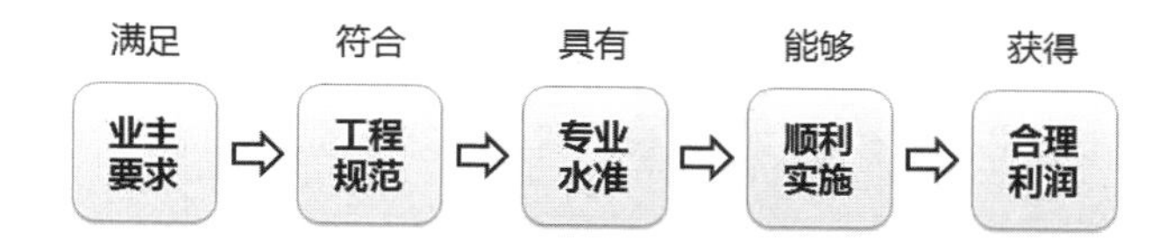

图 1.1–36 家装设计师岗位的工作要求

1. 满足业主要求。要使出浑身解数，努力满足业主的合理要求。业主是最终对设计付款的人，也就是验收人，业主满意了，设计就通过了。但业主是各式各样的，提出的要求也可能千奇百怪。设计师一定要设法弄清楚业主的要求。对于这一点，善于表达的业主就没有什么障碍。但很大一部分业主不善表达

(图 1.1—37)。对这类业主，要多加观察、多加分析、多加沟通。对于业主的不合理要求，设计师要加以告知、解释、引导，予以婉拒。

2. 符合工程规范。所有图纸都要符合制图标准、行业规范和其他法规(图 1.1—38)。标准规范意识一定要强，工程语言一定要标准。

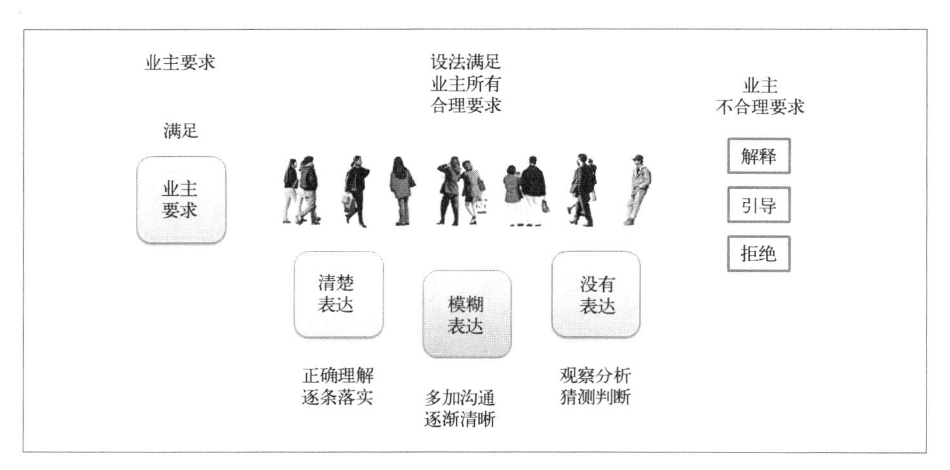

图 1.1—37 要努力满足业主的合理要求

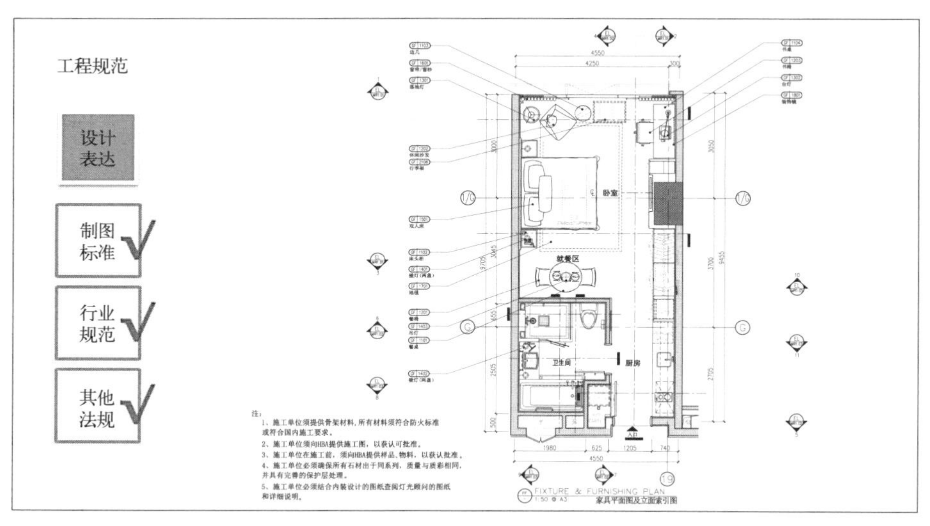

图 1.1—38 设计图纸要符合制图标准、行业规范和其他法规

3. 具有专业水准。在满足业主要求、符合工程规范的基础上，还要体现专业水准。所谓专业水准就是设计水平高低。尤其是现在国家提倡精装修商品房，房地产公司对样板房设计要求更高。必须理念超前，构思独特，设计合理，效果卓越，手法高超，特色鲜明（图 1.1—39）。一句话，设计要“大气、高端、上档次”（图 1.1—40）。

4. 能够顺利实施。所有设计必须面面俱到，设计措施都能落地，即设计应当是可行的。对于这一点在校学生因为生活积累和知识积累少，困难很大。设计往往非常概念化，非常空洞。没有意识，也不会标注材料、标注设备。这就需要从课程开始就注意这个问题，设计要尽可能详尽（图 1.1—41），而且要采用现有技术、现有工艺、现有材料。所谓现有就是能够实现的。设计的界面

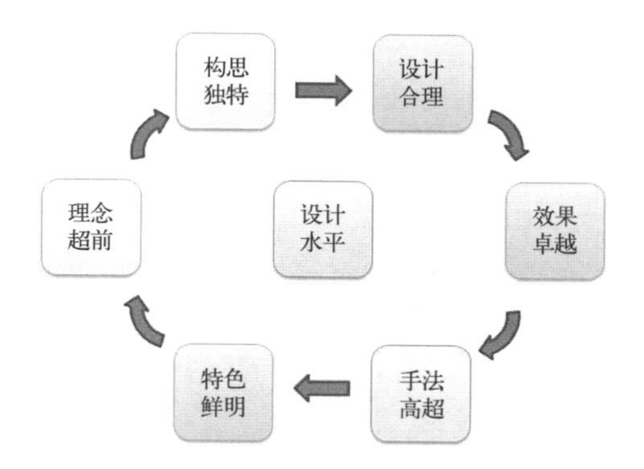

图 1.1–39 房地产公司对样板房设计要求

图 1.1–40 新加坡某住宅样板房

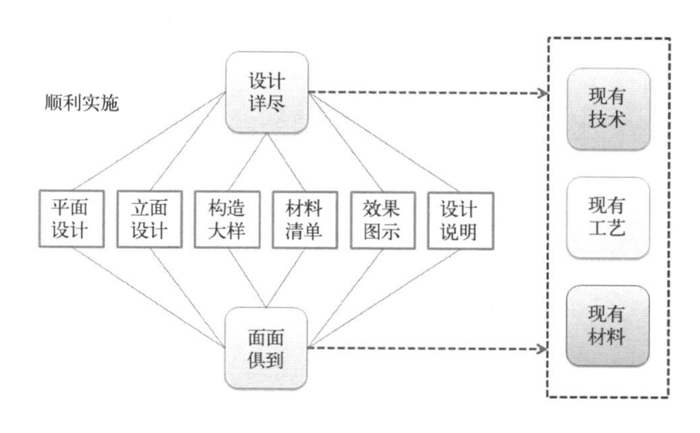

图 1.1–41 设计要求关系图

与构造不仅尺寸、材料、工艺等标注详细，而且是可以实现的，要给出材料样图（图 1.1–42）和详细的材料、设备清单。积累设计阅历，要广泛地涉猎相关网站，收集相关资料，并注重分类收藏，随时更新。当然，也不能使用过时的技术、工艺、材料，有失设计水准。

5. 获得合理利润。职场上的人都要为公司、为自己争取合理利润。如何通过设计获得合理利润，学问很大。有两个规律：新的东西利润大；有名的设

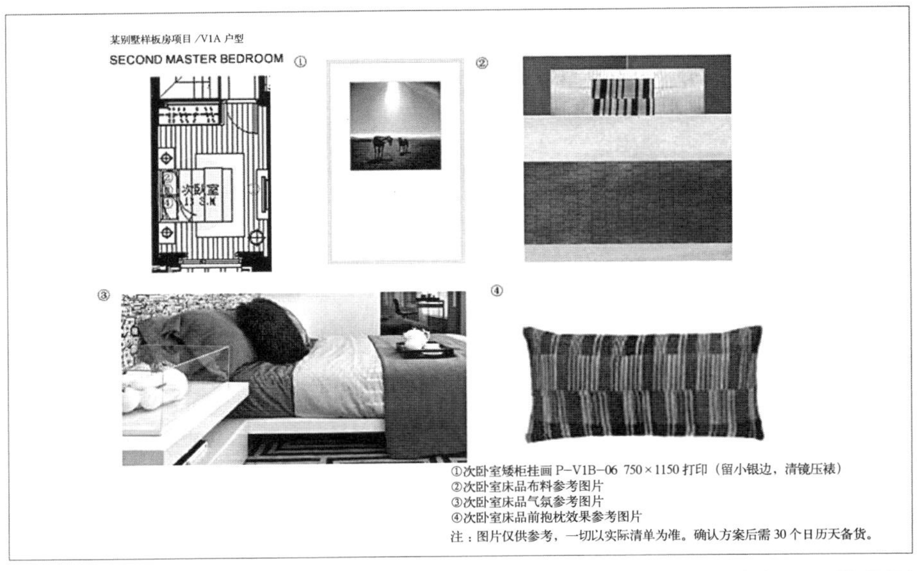

图 1.1–42　物件、设备清单图案例

计师收费高。给新设计用新材料、新工艺，设计利润就高。设计水平及其积累而来的名望也是合理利润的来源。

6. 分享设计项目案例。苏州某地产别墅样板房概念设计（图 1.1–43）。概念设计是交流项目理念用的，不是方案设计，给出的是一种设计概念，如市场定位、用户定位、文化定位、特定业主心理、设计理念、设计风格、设计手法、模拟效果图等，甚至还有情景示意和剧本（图 1.1–44）。概念设计必须理念超前，构思独特，设计合理，效果卓越，手法高超，特色鲜明，"大气、高端、上档次"。

图 1.1–43　样板房概念设计封面

×××——苏州 ×× 地产别墅样板房概念设计

目录 CONTENTS

- 市场定位分析
- 居住心理分析
- 地域文化分析
- 风格定位
- 情景示意及剧本
- 背景分析
- 一层原始结构图
- 一层平面图
- 一层门厅意向
- 一层会客厅/品茶区意向
- 一层水吧意向
- 一层餐厅意向
- 一层西厨意向
- 一层中厨意向
- 一层老人房意向
- 一层卫生间意向
- 二层原始结构图
- 二层平面图
- 二层家庭厅意向
- 二层客房意向
- 二层主卧室意向
- 二层主卧更衣室意向
- 二层主卫意向
- 二层景观阳台意向
- 三层原始结构图
- 三层平面图
- 三层亲子活动间&画室意向
- 三层小孩房意向
- 三层视听室意向
- 三层健身房/瑜伽房意向
- 三层景观阳台意向
- 三层水景阳台意向
- 负一层原始结构图
- 负一层平面图
- 材料示意图

二维码 1.1–1　详细设计图

图 1.1–44　样板房概念设计目录
（详细设计图请扫描二维码 1.1–1）

1.2 课程目标

1.2.1 完成角色转换

学习本课程要完成一个最重要的变化——逐步完成从学生到承担职业压力的家装设计师这一角色转换。具体而言要实现四方面的变化（图 1.2–1）。

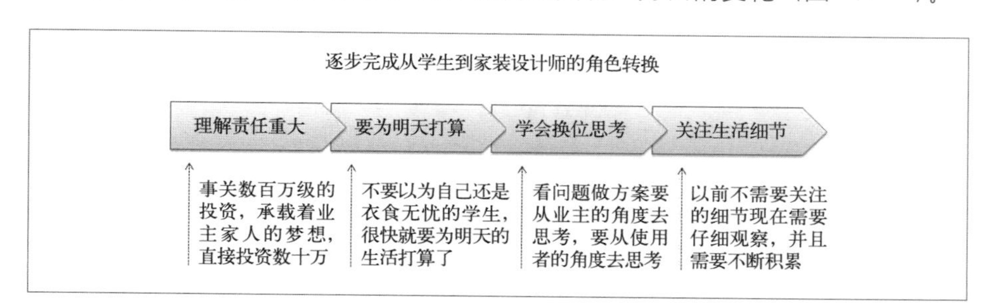

图 1.2–1 角色转换的四个方面

1. 理解责任重大。家装设计关系住的问题，事关数百万级的投资。一套 $100m^2$ 的住房，以 2018 年的中位数价格，一线城市 500 万～ 700 万元，甚至上千万元，二线城市 200 万～ 300 万元，500 万～ 600 万元的也不少，三线城市 100 万～ 200 万元，四五线城市 100 万元左右。这样一套房子，承载着业主家人的梦想，直接的家装投资数十万元至上百万元。每一个设计项目都是一项重大委托。

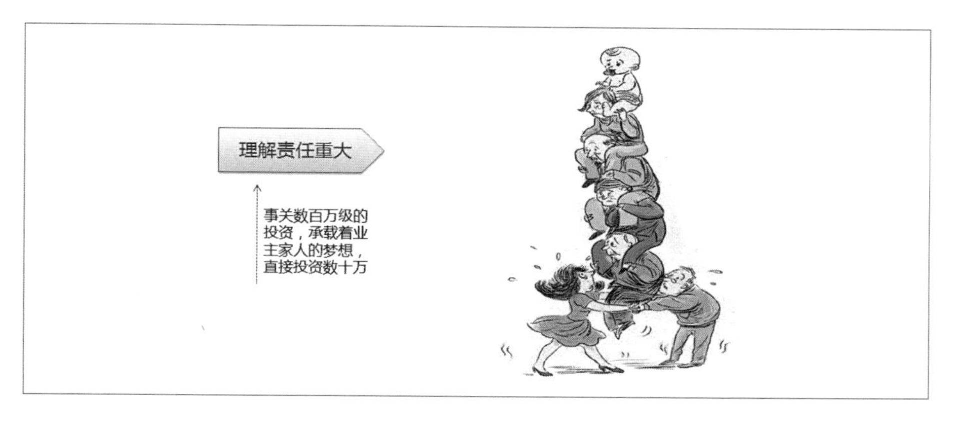

图 1.2–2 家装设计项目承载着一家三代人对居住的梦想

这件事是解决业主家庭住的问题，即是生存问题，也是生活质量的问题，是每家每户的“刚需”。不仅投资巨大，而且还承载着一家三代人对居住的梦想（图 1.2–2）。这是一个数十至上百万级的委托，设计师的责任重大。这项工作也十分复杂，事关艺术设计和技术设计。而且业主的投入水平和喜好很少得到明确表达。设计师还承担着公司业绩的压力，一个项目关系到公司数十至上百万的业绩（图 1.2–3）。

2. 要为明天打算。今天的你作为学生生活轻松、快乐，只需专注学业。毕业后，步入工作岗位，实现经济独立，生活环境由校园转入职场，不可避免会遭遇挫折，但不经历风雨怎能见彩虹？

3. 学会换位思考。学会从业主、公司、施工人员、材料商、设计师、管理者的角度思考问题（图 1.2–4）。

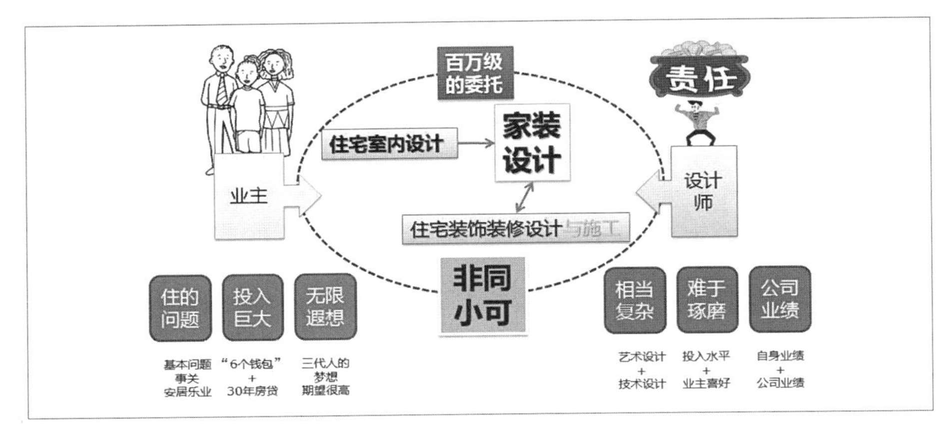

图 1.2–3　百万级设计委托

图 1.2–4　学会换位思考

例如，从业主的角度：你付费让设计师设计家装，会向他提什么要求？他做的设计我会怎样评判？从公司的角度：老板会看设计师能给公司带来多少利润？从施工人员的角度：你做的设计能不能按图施工？从材料商的角度：你的设计会不会采用我家的材料？从设计师的角度，我的设计能不能打动业主？从管理者的角度：你的设计是否合法合规？

4. 关注生活细节。以前我们对待生活基本上是以消费者的角度，是被服务的对象，是"甲方"。所以，只关心服务品种高低，服务质量的好坏。评价的标准是"好吃吗？""好看吗？""好玩吗？""合算吗？"，忽略了好多生活细节。例如，知道家里的菜好吃，几个礼拜没吃就想了。但你有没有想过它是怎么来的？有哪

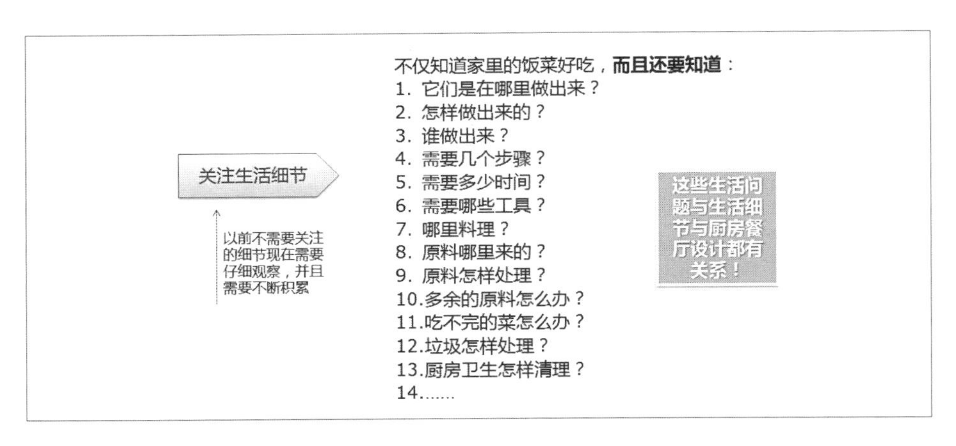

图 1.2–5　需要关注的生活细节

些细节？（图 1.2–5）这些你过去根本不会想的生活细节，从今天开始就要加以关注了！因为你将来要做家装设计师，在课程里就要设计厨房和餐厅。如果你不关注这些生活细节，怎样设计啊？它们与厨房、餐厅设计都有紧密联系！

1.2.2 满足岗位要求

要按行业对家装设计岗位的专业要求，学习本课程。具体要做到图 1.2–6 的四项要求。

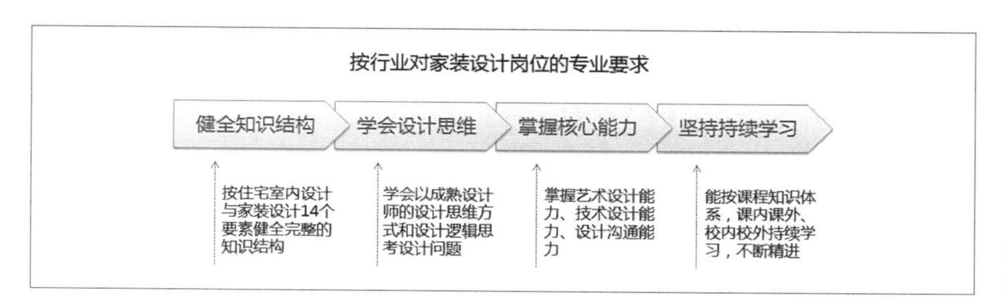

图 1.2–6 四项岗位要求

1. 健全知识结构。按住宅室内设计与家装设计 14 个要素（图 1.2–7），健全完整的知识结构。14 个要素一个都不能少。

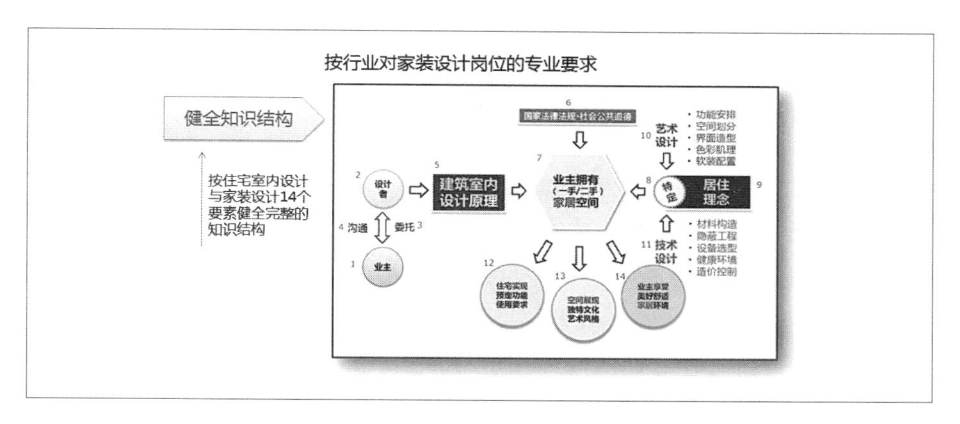

图 1.2–7 健全完整的知识结构

可以按 CDIO 的课程知识体系的框架积累知识（图 1.2–8）。社会上的项目无一不是按构思、设计、实现、运行这样四个环节在循环运转，逐步提升。

《住宅室内设计与家装设计》课程知识体系（A+T·CDIO工程项目训练模块➡知识·能力·态度）

构思Conceive		设计Design		实现Implement		运行Operate	
市场目标	概念设计	初步设计	施工设计	业务控制	工程控制	运行模式	自身演化
行业背景	★设计策略	★房间设计	设计依据	★业务承揽	规范适用	运行模式	设计总结
家装行业	设计理念	起居室	设计标准制	业务洽谈	质量规范	全包模式	设计反思
家装设计	档次定位	卧室	图规范	时间承诺	验收依据	清包模式	案例整理
设计职业	风格确定	书房	★界面设计	设计签约	法规自查	纯粹设计	做作品集
市场调研	构思切入	厨房餐厅	平面设计	★户型测量	强制条款	售后服务	声誉提高
流行风格	★技术应用	卫生间	立面设计	测量方法	超越范围	保养知识	设计参展
流行材料	功能配置	辅助用房	顶面设计	测量要求	公益损害	客户联络	设计获奖
流行工艺	房间分配	★艺术设计	地面设计	方案确定	★效果控制	业务开拓	论文发表
★需求分析	尺度运用	空间设计	构造设计	方案沟通	设计交底	营销战略	资历进阶
业主分析	平面布局	色彩配置	构造大样	设计改进	施工指导	技术战略	会员申请
房型分析	效果预期	材料运用	技术设计	文本递交	质量控制	价格策略	水平考试
市场分析	配套项目	灯光照明	强电弱电	项目计划	设计变更	自身包装	等级注册
	材料定牌	陈设配备	给水排水	进度网格	工程验收		
	家具定款	个性风格	空调暖通		★陈设选配		
	设备定型	设计品味	节能环保		家具选配		
		设计提案	智能安保		陈设选配		
		沟通方案	方案内审				
		设计说明	技术配套				
		设计估价	工种协调				

图 1.2–8 按 CDIO（构思、设计、实现、运行）理念架构的知识体系

2. 学会设计思维。学会以成熟设计师的设计思维方式和设计逻辑思考设计问题，即能够按行业对家装设计岗位的专业要求进行设计思考。任何一个项目，它必然关联着图 1.2–9 所示的三个方面。

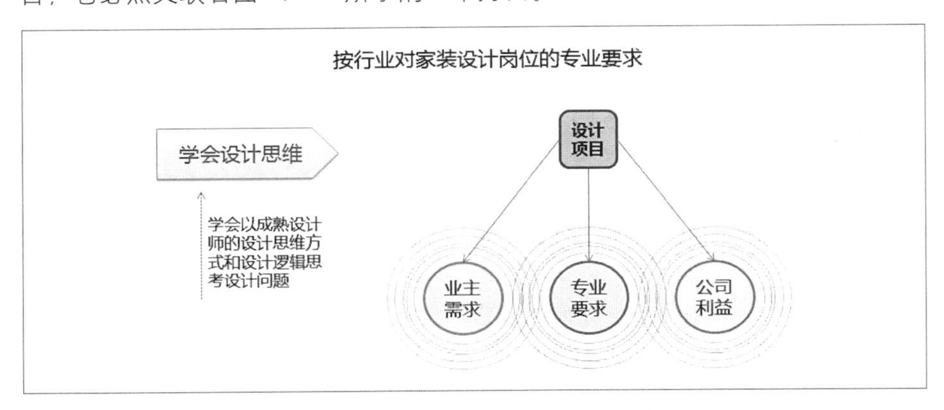

图 1.2–9　三个方面项目设计思维

其中的“专业要求”即设计问题，关联的内容非常多（图 1.2–10）。

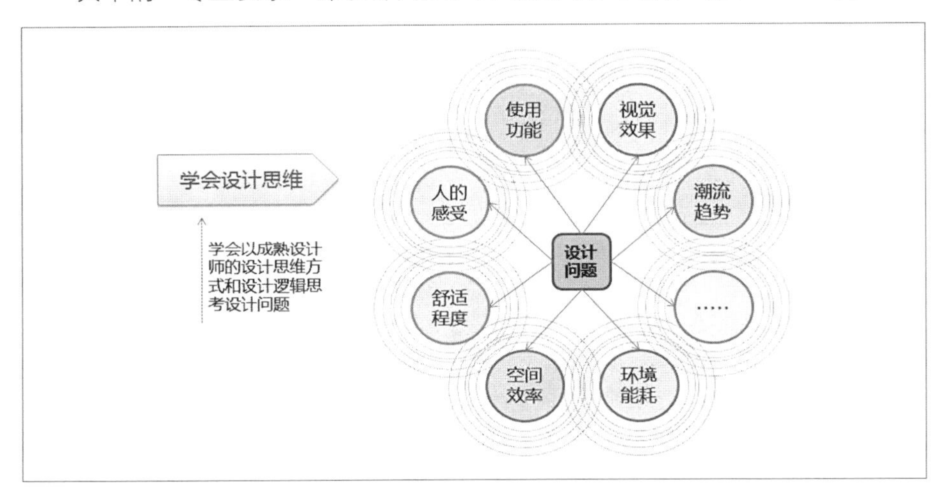

图 1.2–10　设计思维关联的内容

设计思维就是系统思维。设计思维是沿着设计逻辑的全要素思考，要学会用设计思维导图的方式进行全方位地、深入地设计思考。思维需要方方面面，层层深入。

如图 1.2–11“浪漫温馨的晚餐”这个主题，设计思维首先关注两个问题：①采用什么菜式？西餐、中餐？西厨、中厨？中西合璧怎么样？接着，思考中厨与西厨有什么区别？西厨设计怎么样？西厨的空间要求是怎样的？②除了菜还需要什么？怎样营造浪漫的效果？如果在家里经常需要这样的氛围应该怎样准备？环境怎样布置？程序怎样展开？怎样制造惊喜？灯光怎样处理？什么样的色温合适？灯具最好是怎样的？除了灯具还需要什么照明？什么样的色彩比较温馨？怎样控制开关？……这样层层深入的思考就是设计逻辑和设计思维。

3. 掌握核心能力。要掌握图 1.2–12 所示的四项能力。

首先是艺术设计和技术设计，无需赘言，这两项是家装设计师岗位的主要工作，是必须掌握的核心能力。设计沟通能力、信息管理能力也是核心能力。

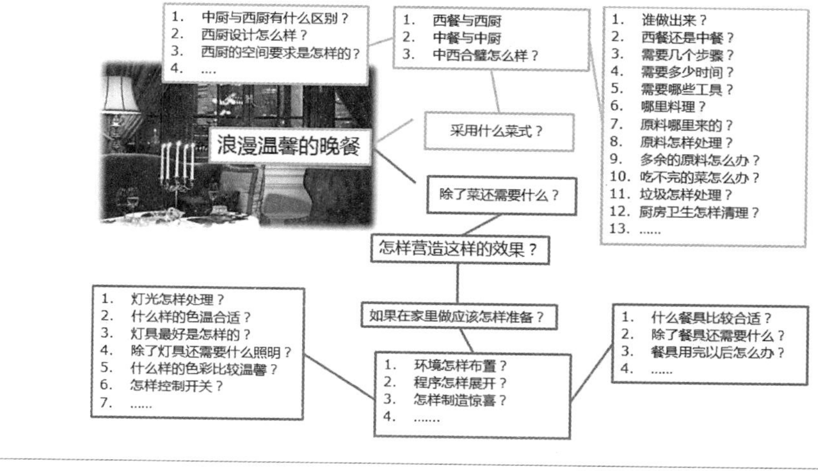

图 1.2–11 “浪漫温馨的晚餐”背后的设计问题

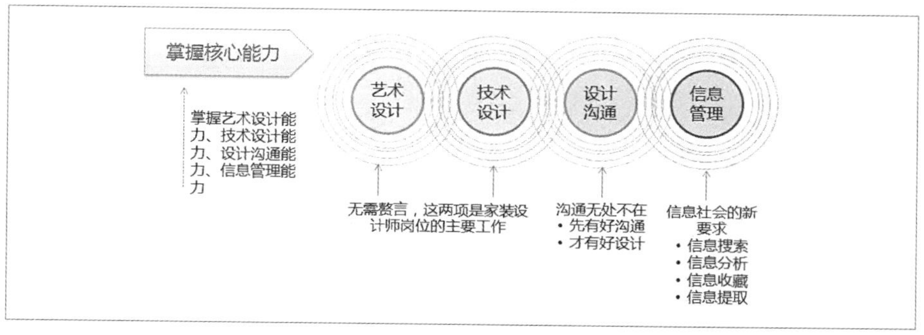

图 1.2–12 四项核心能力

因为沟通无处不在，先有好沟通，才有好设计；信息社会要求有较强的信息搜索、信息分析、信息收藏、信息提取能力。这在信息泛滥、信息爆炸的今天十分重要。信息转瞬即逝，不好好管理就很难再现了。信息管理有助信息积累，帮助设计师的设计得以实现。

4. 坚持持续学习。在课内、校内学到全部知识不现实（图 1.2–13）。课内、校内只能学到入门知识，架构起正确的知识框架。大量的学习还是在课外、校外。所以必须培养按自己职业岗位要求，持续学习的能力。俗话说“师傅领进门，修行靠个人”。

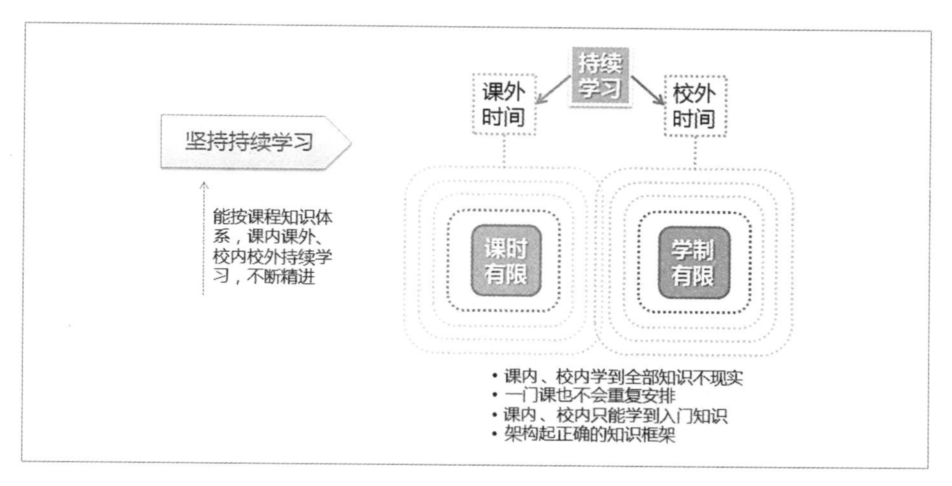

图 1.2–13 持续学习的能力

1.2.3 掌握教学方法

按设计类课程的教学规律行事，掌握图 1.2–14 列出的四条要求。

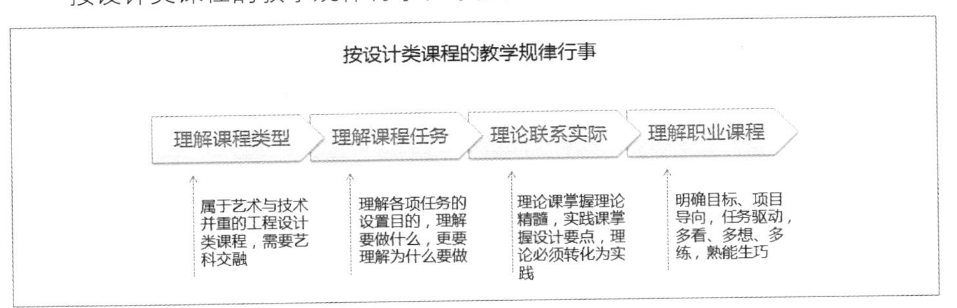

图 1.2–14 课程的教学规律

1. 理解课程类型。本课程属于艺术与技术并重的工程设计类课程，需要艺科交融。艺术人文给人震撼，科学技术让人信服。要有艺术家充沛的激情和想象，还要有工程师严谨的理性和逻辑。要用艺术思维和科学逻辑思考和解决设计问题（图 1.2–15）。

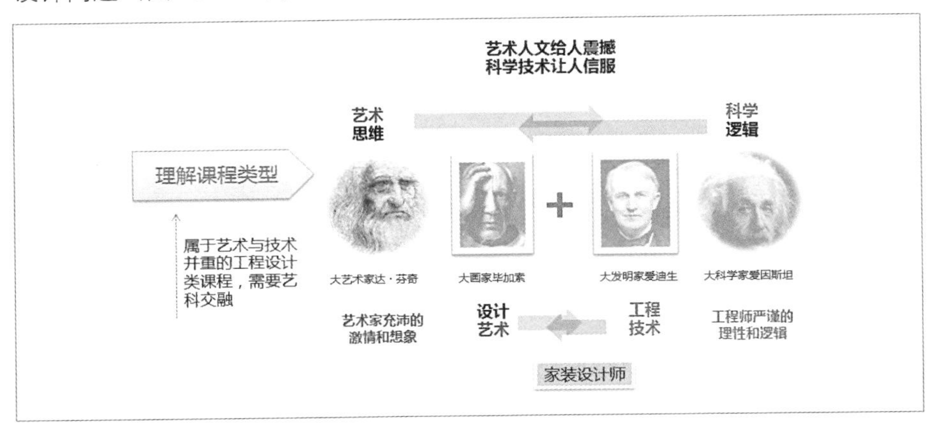

图 1.2–15 要用艺术思维和科学逻辑思考和解决设计问题

2. 理解课程任务。课程任务有 10 项（图 1.2–16）：理论讲解——理解设计原理；专题讨论——理解设计问题；测验作业——检验听课程度；工地考察——了解工地状态；情景模拟——模拟实际情景，学会换位思考；当堂设计——理解讲课内容；项目设计——成套设计任务；项目实训——实际操作训练；汇报交流——重要沟通能力；作业互评——知好歹知优劣。

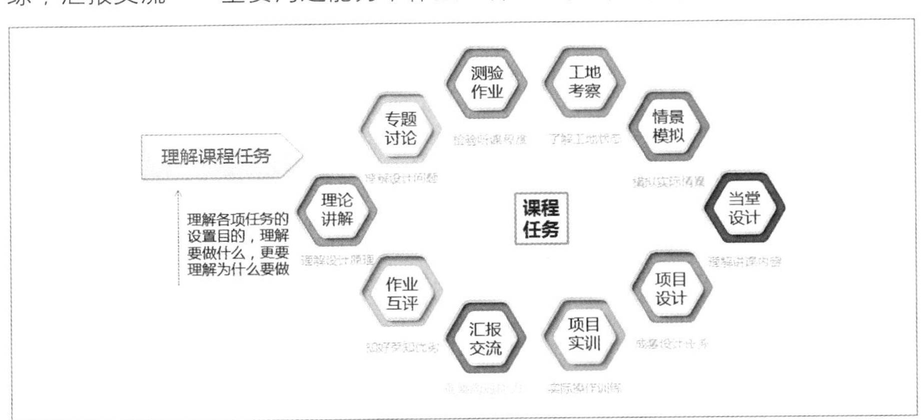

图 1.2–16 十项课程任务

3. 理论联系实际。理论必须转化为实践。课程分两个部分（图 1.2–17）。一是理论部分，主要学习设计原理。重点理解：家装设计原理与设计思维。二是实践部分，重点掌握：家装设计方法与评图要点。

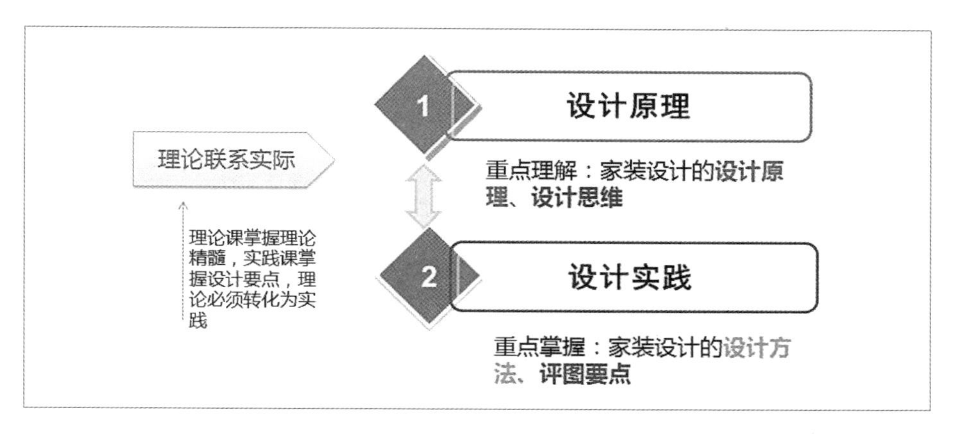

图 1.2–17　需重点理解和掌握的理论和实践知识技能

4. 理解职业课程。职业型课程与学术性课程最大的区别是：明确目标、项目导向，任务驱动。要多看、多想、多练，熟中生巧。需要完成如图 1.2–18 所示的课程任务。

理解职业课程

明确目标、项目导向，任务驱动，多看、多想、多练，熟能生巧

要完成的课程任务
- 一系列不同功能、不同类型的居室设计训练
- 按行业的深度要求，完成一项整体的家装设计仿真项目

通过这项仿真的项目设计
- 学生要消化原理课程的教学内容
- 学会家装设计的基本方法
- 能接受业主的委托，进行家装设计

图 1.2–18　职业型课程的课程任务

1.3　课程任务

1.3.1　课程项目

1. 课程理念。本课程将按照“与企业岗位工作流程需求无缝对接，一个项目干到底”的理念组织教学。按照家装设计师典型的工作流程（图 1.3–1），以一个模拟的“刚需”或“改善”家装业主的“全流程设计项目”为教学载体，进行一系列理论和实践教学。

2. 模拟业主。本课程以模拟业主为设计对象。模拟业主的产生方法是开放的。社会招募或以同班同学互为对象，结成学习团队。以结对的同学家庭为背景，进行一个完整的家装项目设计。

3. 具体要求。需按照教材设计每个项目的教学内容，从业主沟通、市场调研、房屋测评、设计尺度、设计对策、初步设计、沟通定案、深化设计、设计封装、设计交付、后期服务这 11 个项目来一步一步实施。

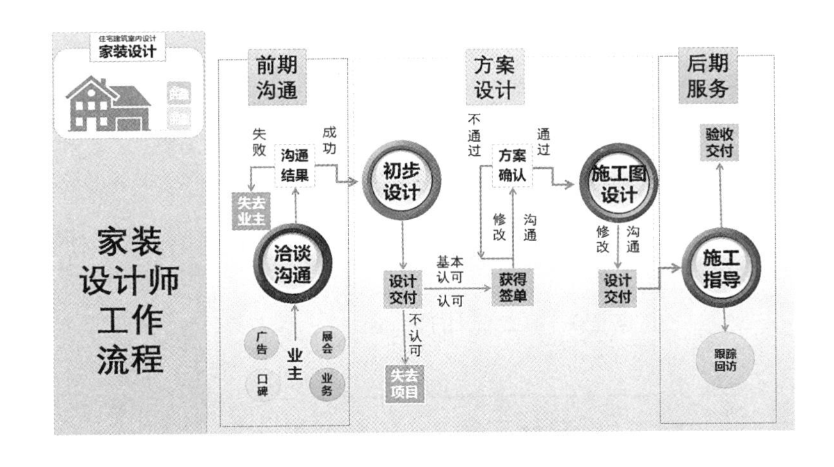

图 1.3–1 家装设计流程

1.3.2 课程任务

1. 教学任务。本课程将按前期沟通、方案设计、后期服务 3 个阶段，共 11 个项目实施教学，见图 1.3–2。

项目 1	项目 2	项目 3	项目 4	项目 5	项目 6	项目 7	项目 8	项目 9	项目 10	项目 11
业主沟通	市场调研	房屋测评	设计尺度	设计对策	初步设计	沟通定案	深化设计	设计封装	设计交付	后期服务

图 1.3–2 3 个阶段 11 个教学项目

每个项目首先将由 2 ～ 6 个知识点的理论教学和 1 ～ 4 个子项目的实践教学组成。11 个项目步步递进，每个项目都要完成相应的项目成果。最终完成一个完整的、典型的家装设计项目。教学内容与教学要求与企业的家装设计师岗位完全对接。

2. 教学内容。每个项目先给定一个教学任务，明确每个项目的教学内容和教学要求，然后实施理论教学和配套的实践项目。具体内容见二维码 1.3–1。

二维码 1.3–1 目录

1.3.3 课程教学

1. 教学手段。本课程的理论教学以案例教学为主要手段，实践教学以配套的设计实训为主要手段。教学内容与传统本专科学科化的内容完全不同。通过理论学习掌握每个项目的核心知识点，再通过配套的实训任务，理解消化理论知识，学习有用的设计技能、培养正确的设计思维、养成职业设计师的素质。

2. 教学案例。基本选用当今社会知名设计公司最近的设计案例。通过案例教学，给大家以启发，明白当今的知名公司是如何进行家装设计（住宅室内设计），家装设计有哪些基本内容，需要达到什么要求。

3. 实训项目。所有实训项目都是企业设计师岗位工作实际流程中的典型任务，我们在课程中把这个流程全过程训练一遍，当进入公司实习或就业时，就能学以致用，再也不会有面临真实项目不知所措的慌张和无助。

希望大家一步一步跟着教材的设计完成学习内容和实践项目，最终完成一项典型的学习任务。祝大家能够在课程中有较大的收获！

2 课程项目

设计前					设计中					设计后
项目1 业主沟通	项目2 市场调研	项目3 房屋测评	项目4 设计尺度	项目5 设计对策	项目6 初步设计	项目7 沟通定案	项目8 深化设计	项目9 设计封装	项目10 审核交付	项目11 后期服务

★项目训练阶段 1：前期沟通

项目 1　业主沟通

★理论讲解 1（Theory 1） 业主沟通

● 业主沟通定义

设计师通过被动或主动的行为，对业主进行观察、交谈、互动，设法了解、判断业主的类型属性、家装目的与心理、家装档次和风格意向，为今后的方案设计确定设计依据的过程称之为业主沟通。在沟通过程中要准确获取业主信息（T1.1）、快速判断业主类型（T1.2），同时要全面采集业主信息（T1.3）、系统归纳业主要求（T1.4）、学习如何与业主交流沟通（T1.5）。

● 业主沟通意义

这是家装设计第一个重要环节，今后其他所有设计工作均根据业主信息展开。如能对业主的关键信息了如指掌，在后续的设计中就能够有的放矢，制订出合理的设计对策，设计成功率因此会大大提高。

● 理论讲解知识链接 1（Theory Link 1）

T1.1 ➢ 准确获取业主信息

T1.2 ➢ 快速判断业主类型

T1.3 ➢ 全面采集业主信息

T1.4 ➢ 系统归纳业主要求

T1.5 ➢ 如何与业主交流沟通

★实训项目 1（Project 1）业主沟通实训项目

对将要在后续课程进行的设计项目进行模拟业主沟通实训。根据选定的设计业主，通过情景模拟，获取业主信息和要求、判断业主的类型、为设定业主的设计风格和装修档次收集足够的信息。

● 实训项目任务书 1（Training Project Task Paper 1）

TP1-1 ➢ 模拟业主沟通项目任务书

TP1-2 ➢ 归纳业主家装意向项目任务书

理论讲解 1（Theory 1） 业主沟通

对设计师而言，业主几乎都是陌生的。而设计师接触业主的时间是有限的，交往的深度也受到限制。有些想了解的重要信息恰恰涉及业主的隐私。因此，业主真正的想法和喜好是一道难以破解的复杂而神秘的题目。如果能正确地解开这道题目，就能将业主的家装业务揽到手中。那么，如何着手破解这道题目呢？

T1.1 准确获取业主信息

T1.1.1 要获取足够的业主信息

获取足够的业主信息是家装设计的前提。家装设计不同于一般的艺术创作，它是接受业主委托，并且以业主的家庭生活为基础进行的设计创作。它的最主要的目的是使业主一家在自己的生活空间里舒适地、高质量地生活。因此，了解业主家庭的需求成为设计师要做的第一件重要的事情。只有当设计师充分了解了业主的物质和精神的需求，才能有的放矢地提出合理的设计主张。

获取足够的业主信息，要注意"足够"两字。这两个字包含的意义有：

1. 要获取业主全家的信息。签家装设计委托合同的业主一般只有一个，但这并不表示业主只有一个。签合同的业主是业主代表，他代表的是他的家庭。所以，在跟业主接触的时候，不要只关注业主代表一个人的要求，而是应该关注他们全体家庭成员的要求。

2. 要获取有用的业主信息。有用的业主信息是指与其家居设计有关的信息，主要是指业主的家庭成员情况，包括年龄、性别、婚姻状态、职业、经济收入水平、兴趣爱好、个人生活习惯、宗教信仰等。这些信息在很大程度上涉及个人隐私，有的还比较敏感。因此，业主在披露这些信息时是有顾虑的。所以设计师了解这些信息时要注意分寸，不能过于直白，连续发问，既要尊重客户隐私，又要得到关键信息。如：了解业主的职业时，只需问从事的行业，不必问具体的工作单位。了解业主的年龄，只要观察即可。了解业主的收入水平时也只能旁敲侧击，不能直接问业主家庭的年收入多少。只要能够判断业主的收入水平在哪个层次就可以了。

在涉及业主敏感的私人信息时，设计师一定要恪守职业道德，为业主的个人信息保守秘密。

T1.1.2 哪些是有用的业主关键信息

1. 业主的想法。业主对自己房子的装修一定经过长期的酝酿和思考，有很多想法和愿望。但业主的表达能力是不一样的。有的善于表达，能把自己的想法表达清楚；有的不善于表达，自己怎么想的说不出来，表达的想法可能很笼统，很不具体，也很不专业。这些想法很重要，它包含了业主潜意识里对家装的理想。

2. 业主的职业。设计师并不需要知道业主具体任职的单位，但必须知道业主及其家庭成员从事的职业。业主是公司职员、艺术家、运动员、企业家或者是老师？为什么要关注这点呢？因为不同的行业，有不同的行业特点。教师家庭可能要配置书房，律师家庭可能要配置专门的洽谈室，画家家庭可能要配置专门的画室等。

3. 家庭成员。一般家庭都会有两名以上的家庭成员，房子的装修必须把所有家庭成员的情况都考虑进去。如果家里有婴幼儿，在一些装修项目的设计时就得考虑安全方面的因素。如现在一些楼宇阳台栏杆很矮，杆间距很大，有可能出现安全隐患，设计时就需要对这些设施进行改造。

4. 个人爱好。这是指业主一些特殊的爱好。如：注重健身的人会在家里放置健身设施；游戏玩家则要重点配置相关的空间满足相应的功能；喜欢收藏的博物型业主，要考虑藏品的储存和展示空间；音乐发烧友要配置专门的把玩音乐的空间等。

5. 特殊家具。如果业主有三角钢琴之类的大件家具，那么在开始设计时，就需要把它的安放位置考虑进去。除此之外，现有的家具如果以后还要使用，也要考虑放在什么位置，是否需要改造等问题。

6. 避讳事宜。每一个地方的人都可能有一些习俗上的避讳。例如，在广东，很多人忌讳在门口放置镜子之类的装饰，也有一些地方的人对诸如蝴蝶之类的图案有忌讳等。

7. 宗教信仰。一些业主会有特定的宗教信仰，如基督教、伊斯兰教、佛教等。还有很多地方有供奉先人、供奉关公像的习惯。对这些情况要特别给予关注，因为这涉及业主的精神生活，要百分之百地听从业主的意见。

在获得以上资讯后，成熟的设计师会形成大概想法。好的设计师可以马上用草图将设想勾勒出来。在经过业主认可后，进行下一步设计，以减少无用功。

T1.2　快速判断业主类型

采用什么设计风格？定位在哪个装修档次？这是两个最难回答的问题。要回答这两个问题就要对业主的类型进行判断。那么怎样判断呢？判断业主的类型除了提问或填表以外，更主要的是通过对业主衣着风格、居住小区、交通工具等各种外在要素的观察分析，得出一个大致的结论。

T1.2.1　观察业主衣着风格

家装设计的核心内容是家居的功能和形式设计，客户是什么品位，钟情什么形式，喜欢什么风格，这些初步可以从客户的衣着风格等蛛丝马迹中观察分析出来（二维码 T1.2–1）。

二维码 T1.2–1　案例

T1.2.2 观察业主的房子

伦敦大学教授理查德·韦伯在《你的客户住在哪里》一文中把居住类型描述为“马赛克组群”。

新区美宅、中心老区、地铁社群、长者社群……不同特点的居住区，对我们判断业主的情况有所帮助。如图 T1.2–1 ~ 图 T1.2–4，不同居住区里，居住着不同需求的业主。

在观察业主房子的时候还要设法留意下面两个信息：

1. 购房时间。根据购房时的房价，而不是现房价推测业主的装修预算。

2. 是否按揭购房。按揭购房，业主可能存在还贷压力，需具体情况具体分析。

图 T1.2–1 花园别墅：地处公众视野之外，环境优美。居住者：注重与公众的距离。
资料来源：http://roll.sohu.com/20140101/n392777322.shtml

图 T1.2–2 新区美宅：地处城市新区，远离传统市中心。居住者：注重居住品质。
资料来源：http://www.sohu.com/a/155526414_675141

图 T1.2–3　地铁社群：地处地铁口附近。居住者：注重效率。刚需人群居多。
资料来源：http://www.sohu.com/a/118707094_117335

图 T1.2–4　长者社群：地处城市中心。居住者：注重生活方便。生活闲适的长者居多。
资料来源：http://www.sohu.com/a/160891673_440916

T1.2.3　观察业主交通工具

以汽车为例。汽车是高价生活用品，因此在选择汽车时一般比较慎重，多数经过全家长时间的酝酿，最终选定的汽车是全家人的共同选择。因此从业主使用的汽车可以看出业主家庭的收入水平，同时也可以从一个侧面看出业主家庭的生活态度、审美爱好和生活品位。

T1.3　全面采集业主信息

T1.3.1　业主信息勾选表

通过业主信息勾选表的形式详细采集业主的基本信息、房屋情况、拟采用的装修档次、喜欢的风格、主材意向等，对家装设计师了解业主的家装设计要求十分有效。要事先设计好勾选表，对业主有关家装的信息进行系统的采集。

T1.3.2 业主信息表的形式

可以是纸质的印刷表，在业主来访时，采用设计师问、业主答的形式采集。业主信息勾选表案例见表 T1.3-1（电子版扫描二维码 T1.3-1）。

也可以使用电子表，通过网站、APP、微信公众号等途径收集。现在业主普遍习惯使用微信，这样采集信息更加方便。

二维码 T1.3-1 设计信息采集表

设计信息采集表 **表T1.3-1**

承诺：本表的填写目的是为了使我们的设计更有针对性。我们将为业主保密，保证不用于其他用途。

业主基本信息		
业主姓名：	地址：	电话：
业主职业：	年龄段 □ 25～35岁 □ 36～45岁 □ 46～55岁 □ 55岁以上 主要爱好：	
配偶职业：	年龄段 □ 25～35岁 □ 36～45岁 □ 46～55岁 □ 55岁以上 主要爱好：	
子女信息：	年龄段 □ 婴幼儿 □ 少年 □ 青年 □ 中年 主要爱好：	
居住类型：	□ 一代居住 □ 二代居住 □ 三代居住 □ 其他：	
家装目的：	□ 自住 □ 出租 □ 出售	

户型信息
设计户型：__室__厅__卫__厨 建筑面积： m^2 使用面积： m^2
结构类型：□ 砖混结构 □ 半框架 □ 框架结构 □ 框剪结构
□ 多层住宅 楼层____ □ 高层 楼层____ □ 复式 □ 跃层 □ 别墅

具体要求		
□ 起居室	□ 主卧室	□ 子女房
□ 真皮沙发	□ 1800双人床	□ 男孩 □ 女孩
□ 玻璃茶几	□ 1500双人床	□ 单孩 □ 双孩
□ 视听柜	□ 1350双人床	□ 单人床
□ 家庭影院	□ 床头柜	□ 高低床
□ 立柜空调	□ 梳妆柜	□ 床头柜
□ 落地灯	□ 电视柜	□ 衣柜
□ 酒水吧	□ 步入式衣柜	□ 书柜
□ 装饰画	□ 床凳	□ 电脑 □ 台式 □ 笔记本
□ 冰柜	□ 内书房	□ 游戏设施

续表

□ （长辈房）客房	□ 书房	□ 餐厅
□ 单人床 □ 双人床 □ 床头柜 □ 电视柜 □ 衣被柜 □ 台式电脑	□ 书柜 □ 写字台 □ 沙发 □ 椅子 □ 健身器 □ 台式电脑	□ 餐桌椅　按__人设计 □ 装饰酒（碗）柜 □ 冰箱 □ 电视
□ 厨房 □ 成品橱柜 □ 中厨 □ 西厨 □ 消毒柜 □ 微波炉 □ 洗碗机 □ 冰箱 □ 双门 □ 多门 □ 脱排 □ 侧吸 □ 顶吸 □ 脱排灶具一体化	□ 卫生间 □ 智能洁具 □ 浴缸 □ 嵌入式 □ 独立式 □ 淋浴房 □ 热水器 □ 电热 □ 燃气 □ 洗衣机 □ 干衣机 □ 电热毛巾杆 □ 梳妆台 □ 无障碍设施	□ 阳台 □ 洗衣机 □ 干衣机 □ 拖把水斗 □ 升降晾衣杆 □ 洗衣板（柜） □ 休闲椅 □ 健身器
□ 门厅 □ 鞋杂柜 □ 镜子 □ 换鞋凳 □ 玄关背景	□ 独立储藏室 □ 健身房 □ 内客厅 □ 棋牌室 □ 和室	□ 其他

拟定的装修档次		
□ 普通（1000元/m²左右）	□ 中档（2000元/m²左右）	□ 中高档（4000元/m² 左右）
□ 高档（10000元/m²左右）	□ 豪华（20000元/m²以上）	

对设计风格的要求			
□ 简约风格	□ 海派风格（港台流行风格）	□ 华丽风格	□ 工业风格
□ 中式风格（古典）	□ 欧式风格（古典）	□ 新中式风格	□ 简欧风格
□ 日本风格	□ 北欧风格	□ 东南亚风格	□ 地中海风格
□ 乡村自然风格	□ 怀旧风格	□ 贵族风格	□ 混搭风格
□ 其他			

拟采用的主要装饰材料						
地面：						
厅：	□ 瓷砖	□ 花岗岩	□ 大理石	□ 实木地板	□ 复合地板	□ 地毯
卫：	□ 瓷砖	□ 花岗岩	□ 大理石	□ 防腐地板		
房：	□ 实木地板	□ 复合实木地板	□ 复合地板	□ 地毯		
阳台：	□ 瓷砖	□ 花岗岩	□ 大理石	□ 防腐地板		
顶面：						
厅：	□ 是 □ 否吊顶	主卧室：	□ 是 □ 否吊顶	子女房：	□ 是 □ 否吊顶	
书房：	□ 是 □ 否吊顶	客　房：	□ 是 □ 否吊顶			

续表

墙面：					
厅：	是否采用	☐ 墙裙	☐ 壁纸	☐ 涂料	☐ 根据设计师意见
主卧室：	是否采用	☐ 墙裙	☐ 壁纸	☐ 涂料	☐ 根据设计师意见
子女房：	是否采用	☐ 墙裙	☐ 壁纸	☐ 涂料	☐ 根据设计师意见
书房：	是否采用	☐ 墙裙	☐ 壁纸	☐ 涂料	☐ 根据设计师意见
客房：	是否采用	☐ 墙裙	☐ 壁纸	☐ 涂料	☐ 根据设计师意见

拟采用的家庭设施
厨具： ☐ 采用成品 ☐ 自己定做
卫生间：拟采用何种品牌的洁具 ☐ 美标 ☐ ToTo ☐ 科勒 ☐ 心仪国产品牌：________
洗衣机：☐ 一般全自动 ☐ 滚筒 ☐ 干衣机 ☐ 心仪品牌：________
热水器：☐ 燃气 ☐ 电热 ☐ 太阳能 ☐ 心仪品牌：________
供热范围 ☐ 洗槽 ☐ 洗衣机 ☐ 浴缸 ☐ 淋浴间 ☐ 洗脸台
电话： ☐ 每间一部分机 ☐ 家用独立分机
电脑网络：☐ 有线 需要网络的房间 ☐ 厅 ☐ 主卧室 ☐ 子女房 ☐ 书房 ☐ 厨
☐ 客房 ☐ 卫
☐ 无线
电视： ☐ ____寸液晶 ☐ 投影仪 ☐ 激光 ☐ 心仪品牌：________
空调： ☐ 家用中央空调系统 ☐ 分体式空调 ☐ 地热 ☐ 心仪品牌：________

有何其他特殊要求：
忌讳的事情：
家庭布局的初步安排：
附户型简图。

通过详尽的信息采集能有效了解家装业主信息，这些数据对今后的设计非常有用，使设计能够有的放矢，制订出合理的设计对策，大大提高设计成功率。

T1.4 系统归纳业主要求

T1.4.1 为什么要系统归纳业主要求

在业主信息表的基础上，有效梳理业主信息，逐项归纳、提炼业主对家装设计的具体要求，这样才能为下一步的设计找到正确的依据。这也是设计后评价检验设计效果的参考指标。

T1.4.2 填写业主要求归纳表

业主要求归纳表是对业主信息表的归纳与提炼。通过这个表格的填写，设计师对业主的家装意向的了解更加直接明了。因而设计就可以更有针对性、更有效率。特别对空间分割和功能配置、风格选择和价位控制等有直接的指导意义。业主要求归纳表表样见表 T1.4–1（电子版扫描二维码 T1.4–1 获取）。

二维码 T1.4–1 业主要求归纳表案例

业主要求归纳表——广告设计师＋公司白领组合家庭（刚需）　　表T1.4-1

评估内容	设计要求
家庭类型	三口之家，收入固定
成员情况	青年：男主人广告设计，女主人公司白领，儿子幼儿园
交往情况	外向型，经常有客人来访
主要使用者情况	男主人工作强度大，需要在家加班；女主人朝九晚五、网购达人
必需的功能配置	家庭影院、快速上网、儿子的游戏空间
附加的功能配置	男主人需要不影响家人休息的工作空间
对文化的要求	夫妻文化程度高，品味比较高雅，喜爱西方文化
特殊爱好	电竞游戏
心理价位	总造价15万元左右，硬装大约花费1500元/m^2，软装约5万元
喜欢什么风格	北欧
客厅的功能意向	有家庭影院、招待客人、舒服地休息、侍花弄草
主卧的功能意向	上网、床上娱乐、衣柜要大
书房的功能意向	可供2人使用的大面积书桌、好友交谈的位置
主卫的功能意向	上网看电视、看书、听音乐
厨房的功能意向	经常外卖，要有简单的西厨
家具制作、选购意向	主要选购成品

有了业主要求归纳表，业主与设计相关的信息清楚明了，设计时就要按照业主要求进行针对性的专业处理。

T1.5　如何与业主交流沟通

T1.5.1　沟通的方法

1. 肢体语言观察。主要观察客户的肢体语言：动作往往会泄露心机。所以在沟通过程中对业主的肢体语言要细心入微地观察和揣摩，这样才能准确地把握客户的需求。例如，要细心留意客户在翻看自己的作品时流露出来的表情；在给客户介绍参考方案时客户的反应等。有时，客户看到自己喜欢的款式时会喜形于色，看到自己不喜欢的东西时会略略地皱起眉头等。这些都是有用的客户信息，更是自己设计时需要考虑的内容。

2. 口头语言交流。这是主要的交流方式，交流要讲究技巧。例如，提问要巧妙。有些问题可以直接提问，比如家里有几口人？喜欢什么风格？有些问题要曲折提问，比如经济状况等。避免有直接提问涉及隐私的问题。此外，回答问题要快速准确——设计师在与客户沟通过程中，要根据客户的情绪变化，调整自己的思路。

3. 图纸语言交流。形象毕竟是设计的主要属性，有时用语言描述形象毕竟比较抽象，这时就要拿出设计师的手绘功底，用形象、用图纸语言进行交流，有的公司还会使用效果图。

T1.5.2 初期阶段的沟通和交流

1. 用礼貌得体的外表树立形象。礼貌得体的外表是沟通前的准备。可以通过“一快、一慢”两条途径使外表得以提升。

“一快”是通过发型、服饰和必要的化妆技巧，快速改变一个人的形象。设计师的职业形象应该是得体、礼貌、有适当的文化意蕴。什么叫得体？得体就是符合场合和环境要求。在公司里接待客户，发型和着装要端庄，但不能太古板，衣服款式和配色一定要协调，否则设计师连自己的形象也设计不好，怎能取得客户的信任？什么叫礼貌？礼貌就是对人的尊重，注意自己的外表在一定程度上意味着对客户的尊重。

“一慢”是生活和知识的积累，这种积累可以使人的外貌富有涵养、提升气质。

2. 用赞美与客户拉近距离。适当赞美很容易拉近与客户的距离。对家装客户的赞美要有针对性。

赞美客户一般要从事业成功、商业头脑、眼光、气质风度、衣着品位、知识见解这样的角度出发。

赞美的时候语态要诚恳，眼睛要注视对方，让人感觉到，你对他的赞美是有感而发，是真诚的。

3. 打消客户的紧张和防卫心理。有的客户进来，很反感马上就有人凑上去提供所谓的服务。他想考察一下公司，这时你可以满足他的要求，说：“你可以先看看我们的公司，那边是样板房，那边是材料展示，这边是设计部，楼上是工程部，如果要看我们的样板工程我可以给你预约。”客户参观时你千万不要紧跟在后面，你可以说：“您先自己看，有需要的时候您可以来找我。我在设计部等您。”这样客户的心就会松弛下来。当他再次出现在你的面前时，他已经没有防卫心理了。这样你可以夸他：“您真是一个行家。您看我们公司的实力怎么样？”

4. 注意客户的第一个问题。搞懂客户的需求，从他的需要出发推荐自己的长处。一个客户第一次上门，他一定带了很多的问题，这说明他内心有相应的担心和需求。你一定要注意他的第一个问题。因为看起来是下意识的一个问题，但这个问题往往是他最关注的。例如，一个客户上来就问“你们公司的设计费是多少？”这句话里包含的信息有：①他可能比较重视设计，但怕负担过高的设计费；②如果设计费合适，可能单独对设计进行委托；③别的公司有免费设计，你们公司有没有。总之，他比较在乎价格。

设计师不要直接回答设计费是多少，因为这样马上就进入了价格谈判。你可以回答：“你如果委托我们施工，我们可以返还一定比例的设计费”，又比如“设计是决定效果的关键，与整个工程相比设计费其实算不得什么。”还比如“我们公司设计实力是很强的，已经得了很多奖项，如果单独委托我们设计，费用是比较高的。”

这里面每一个回答都带有一个比较和附加。第一个回答：可能我们的设计费比较高，但委托我们施工，设计费就可以部分返还，甚至全部返还。这样客户觉得设计费就不高了。第二个回答：与整个工程相比设计费可能只有百分之几。只要我们在工程里给你优惠，这点设计费完全可以忽略。第三个回答：优质高价，一分钱一分货。

又例如，一个客户上来就问：“你们公司的工程质量怎样保证？”这句话里包含的信息有：①客户关心施工质量；②客户关心公司的质量管理的机制和水平。这样你可以把公司管理工程的有关规定给客户作介绍，如配备专职监理、每个环节结束都要进行分项验收，最终验收邀请独立的法定检验机构等，同时介绍施工队伍的实力，还可以要求客户参观已经竣工的工程。

再如，一个客户上来就问：“你们公司的材料是不是采用环保材料，工程结束后是不是做空气检测？”这样的客户比较重视绿色装修和身体健康，那么设计师就要把公司对绿色装修方面的一些做法进行介绍。

凡此种种，根据客户的第一个提问，重点介绍公司的实力。这样做比较能够深入到下一步。

5. 用成功的案例建立信任。做好充分的准备，制作好设计作品集、理念PPT等宣传材料。设计师有名望了，一切事都会很好办。因为，很多客户是冲着设计师的名望来签约的。可是对于一些小公司，没有名望的设计师怎样吸引客户，必须准备一些自己认为是比较成功的案例，或者是自己的得意作品，将它们做成作品集，向客户展示，向客户证明自己的设计实力，求得客户的信任，这很重要。对自己的作品集，一定要精心准备，精心包装。作品集要按造价高低、不同风格做成多个版本。根据不同的客户，拿出不同的作品集。

设计师除了制作作品集之外，还要制作充分反映自己设计理念的作品库，选择不同的风格类型，用它可以作为检测客户喜好的一个载体，十分好用。

6. 举止行为要得体。举止符合身份，目光在意对方，外表有绅士风度，衣着要有设计师的感觉，个性适度，根据自己的目标群显示个性，衣着的品牌要合适。眼神要关注客户，讲话时注意力要集中。与客户交谈时若有电话进来，一定要说：“对不起，我接个电话可以吗？”或“不好意思，接个电话。”让客户觉得被设计师重视。要有绅士风度，为客户拉把椅子，为客户倒杯水，双手递或接名片，为客户开门，让客户先走……彬彬有礼，就会给客户留下好的印象。

7. 交际技巧要巧妙。洽谈业务，可选在茶室、咖啡厅等环境雅致的场所进行。良好的洽谈环境能够在与客户交谈过程中潜移默化展现实力。

更多业主沟通技巧扫描二维码 T1.5–1 延伸阅读。

二维码 T1.5–1 新房装修前设计师和业主必须要做的沟通重点

实训项目 1（Project 1） 业主沟通实训项目

P1.1 实训项目组成

业主沟通实训项目将有两个实训子项目：

➢ 模拟业主沟通实训；

➢ 归纳业主家装意向实训。

P1.2 实训项目任务书

TP1–1 ➢ 模拟业主沟通项目任务书（电子版扫描二维码 TP1–1 获取）

二维码 TP1–1 模拟业主沟通项目任务书

1. 任务

进行模拟业主沟通实训，获取业主信息和要求。

2. 要求

1）两人一组组成团队，互相扮演业主和设计师，进行模拟业主沟通实训。

2）按沟通要点，获取足够的业主信息。

3）协助业主填写业主信息表。扫描二维码 T1.3–1 获取“设计信息采集表”。

4）要注意设计接待礼仪，注重自身形象设计，学习沟通语言技巧，注意观察业主的衣着风格、座驾、居住地区，揣摩业主心理，尽可能准确地获取业主信息。

5）完成后的作业上传课程 APP 指定作业栏目。作业文件名：业主信息采集表。文件格式：*.docx。

3. 成果

填写业主信息采集表 1 份。

4. 考核标准

要求	得分权重
礼仪优雅	20%
举止得当	20%
语言亲和	20%
信息全面	40%
总分	100分

5. 考核方法

1）由模拟业主对设计逐项打分，得出总分。

2）老师给出最后得分。

TP1-2 ＞归纳业主家装意向项目任务书（电子版扫描二维码 TP1-2 获取）

二维码 TP1-2　归纳业主家装意向项目任务书

1. 任务

在已获取的业主信息和要求的基础上，制作业主要求归纳表。

2. 要求

1）在模拟业主沟通实训成果的基础上，依据业主关键信息，归纳整理业主家装要求。

2）逐项填写业主要求归纳表，扫描二维码 T1.4-1 获取“业主要求归纳表”。

3）完成后的作业上传课程 APP 指定作业栏目。作业文件名：业主要求归纳表，文件格式：*.docx。

3. 成果

业主要求归纳表 1 份。

4. 考核标准

要求	得分权重
归纳合理	25%
条目清晰	25%
要求明确	25%
信息全面	25%
总分	100分

5. 考核方法

1）由模拟业主对设计逐项打分，得出总分。

2）老师给出最后得分。

★项目训练阶段 1 ：前期沟通

项目 2　市场调研

★理论讲解 2（Theory 2）　市场调研

● 市场调研定义

设计师通过不同的传播媒介，用不同的方式对家装市场进行调查、分析、研究就叫作市场调研。

● 市场调研意义

它是家装设计第二个重要环节。家装是一项时尚产业，家装市场组成与格局、家装公司的运作方式、家装设计的风格随着社会发展在不断变化。没有调研就没有发言权，所以，设计师要通过有效的家装市场考察途径（T2.3），对家装的市场格局（T2.1）、家装市场流行规律（T2.2）进行长期不断的调查、分析、研究，才能全面准确地把握家装市场的动态、把握当今家装的流行思潮、流行风格、流行色彩、流行材料、流行搭配、流行产品、流行工艺，然后在后续的设计中加以运用。最终使自己的设计富有强烈的时代性，从而获得业主的认同。

● 理论讲解知识链接 2（Theory Link 2）

T2.1 ➢ 家装的市场格局

T2.2 ➢ 家装市场流行规律

T2.3 ➢ 家装市场考察途径

★实训项目 2（Project 2）　市场调研实训项目

对本地家装市场进行调研并写出报告。调研包括以下内容：1 ～ 2 处实体家装材料市场、2 ～ 3 处实体家居／家具市场、1 ～ 2 家当地知名家装公司、2 ～ 3 个房地产售楼处。

● 实训项目任务书 2（Training Project Task Paper 2）

TP2—1 ➢ 本地家装市场调研实训项目任务书

TP2—2 ➢ 本地知名家装公司调研实训项目任务书

TP2—3 ➢ 本地房地产售楼处调研实训项目任务书

理论讲解2（Theory 2） 市场调研

对设计师而言，只有经常对家装材料市场、实体家居和家具市场、家装公司、房产售楼处等一系列家装市场进行调查、分析、研究，才能准确把握家装市场的动态和家装设计的流行规律。

T2.1 家装的市场格局

T2.1.1 家装市场组成

家装市场规模庞大、产品繁多、人员复杂、竞争激烈、材料更新快。而家装设计师必须面对这个复杂的市场，时时琢磨这个市场的变化规律和发展趋势，这是一个合格的家装设计师必须具备的专业素养——家装市场是个规模庞大的复合市场，由众多的有形和无形，实体或虚拟的专业市场组成。

1. 有形市场。就是经营家装服务或家装材料的实体市场，即众多家装企业集中形成的买卖区域。在城市里有很高的知名度，消费者寻求家装服务或购买家装材料首先会想到这个地方。上规模的有形家装市场一般按产品大类分成若干专业市场，如木材市场、石材市场、陶瓷市场、灯具市场、涂料油漆市场、门窗市场、板材市场、五金市场、家具市场、布艺和面料市场、花鸟市场等，见图 T2.1—1、图 T2.1—2。

图 T2.1—1 材料市场地板街一角（左）
图 T2.1—2 材料市场门窗雕花店（右）

有形市场是市场经济发展的结果，它有很多优点。最大的优点是便于客户寻找、比较，在一个市场区域内能够买到许多产品。不利之处在于市场太大，鱼龙混杂，存在价格欺诈、销售陷阱和销售骗局。

另一种有形市场是有实力的企业独家经营的家装材料超市。在巨大商业空间内集中经营各类家装材料。它们打出的有吸引力的销售口号是："一站式销售"，"在我这里你能买到所有材料"。家装材料超市的优点是明码标价，货真价实，有售后服务的保障。缺点是价格相对较高。一些讲究品牌、不会砍价的客户比较适合在此消费，见图 T2.1—3、图 T2.1—4。

2. 无形市场。有市无形，经营家装的企业分散在城市的各个角落。一些家装公司、设计公司在成立之初大多没有考虑到今后要集中在一起，形成一个

图 T2.1-3　一站式销售家装材料超市（左）
图 T2.1-4　家装超市内部一角（右）

有形市场，它们的工商注册地址比较分散。总的来说，无形市场是市场的低级形态，慢慢地在向有形市场发展。

无形市场的另一个情况是，家装材料商店以便利店、家装杂货店的形式，三三两两地散落在城区各地。主要在新落成的住宅小区周边，以零售为主，价格比市场高，但购买方便。

3. 网上市场。随着电子商务的高速发展，家装网购市场也变得非常繁荣。无论是电脑端还是手机端，无论是高端还是低端，无论是大件还是小件，无论是平台还是店家，无论是个人还是企业，从家装设计、材料到施工，各种家装网站应有尽有。寻求家装购物和家装服务均极为方便。

网上家装市场与实体家装市场相比，最大的缺点就是看得见，摸不着，所见不一定所得。在网站上只能看到家装商品的平面的图片或动画，但无法知道其真实的质量和效果。

T2.1.2　家装市场的利益主体

家装服务业属第三产业，包括直接利益主体和间接利益主体。

1. 直接利益主体。直接利益主体包括家装业主、家装设计、施工、监理单位、家装材料、家居、家具制造和经销商、家用设备制造和经销商、家装工程质量监督检验机构等。

2. 间接利益主体。间接利益主体包括家装材料、家居、家具市场商、物流商、房产商、媒体、网络平台和技术服务商、教学科研机构。

T2.1.3　家装公司和目标客户

不同的家装公司吸引不同的客户群体（表 T2.1-1）。

各类家装公司属性表　　**表T2.1-1**

公司类别	优点	缺点	目标客户
大型公司	品牌、诸多荣誉、综合口碑、高等级资质、豪华的营业场所、大批高素质设计师、自己的施工队伍、过硬的施工质量、良好的管理和服务、可靠的售后服务、动心的广告	价格比较高	高端 中端

续表

公司类别	优点	缺点	目标客户
中型公司	特色口碑、不多的设计师、中低等级奖牌、过硬的施工质量、良好的服务和售后服务、价格适中、得体的广告	价格适中（偏高）	中端为主 若干高/低端
小型公司	不多的经营骨干，一定的质量口碑，经营成本低，价格实惠，良好的服务，营业手法灵活但不规范，广告以优惠措施主打，如赠品、免设计费等	信誉可靠度、操作规范度不易把握	低端 若干中端

因此，不同的家装业主有不同的选择。经济不敏感的可选大型公司，性价比好的可选中型公司，追求实惠的可选小型公司。

客户经过多渠道了解后选择家装公司，其中设计师的作用毋庸置疑。

T2.2　家装市场流行规律

T2.2.1　什么是流行

所谓流行，是指一个时期内在社会上流传很广、盛行一时的大众心理现象和社会行为。

1. 流行时间。个性、风格层面的东西没有时间限制，历久弥新。潮流的东西一般五至十年为一个周期轮回，时尚的东西一般一两年就过时了。

2. 流行内容。日本社会心理学家南博将流行分为三类：①物的流行——指与人们日常生活有关的物质媒体的流行，如流行服装、流行色等，大多经商品广告传播；②行为的流行——指文娱、体育活动以及人们的日常行为方式的流行，如广场舞、健身、瑜伽等的流行，大多以群众的集群行为出现；③思想的流行——广义的群众思想方法和各种思潮的流行，如尼采热、存在主义热、文化热等，大多经由舆论宣传工具直接或间接地宣传后流行。

T2.2.2　设计师需要特别关注的流行信息

1. 流行审美思潮。由于社会存在不同的阶层，这些阶层形成不同的文化特征，由这些特征形成各自独特的审美现象，这些独特的审美观就形成了审美形式的群体趋同现象，最终形成一种社会潮流。

流行审美思潮的公式：代表高级、先进、富裕、前卫的某一阶层创造出新的审美样式→模仿的行为→扩大的文化现象→形成大众审美共识→时尚→采用者越来越多→形成高潮→逐渐消退。

国际上的政治、经济的一些重大变化对审美思潮的影响非常广泛、深刻，有时具有决定性意义。文化传统、民族习俗也是形成独特的阶段性审美思潮的重要原因。我们观察到不同的文化圈、不同的地方民俗对同一事物产生不同的想法，这与文化崇尚、民俗色彩的各自不同的隐喻有直接的关系。地域特点是形成独特审美思潮的另一个重要原因。

除了政治、经济、文化、习俗、个体背景、生活习惯和生产技术进步引发的社会思潮外，其他如影视、美术、戏剧、音乐和小说等也影响人们的审美思潮。服装设计、室内设计、家具设计、建筑设计、工业品设计、纹样设计和手工艺品设计等艺术设计领域的审美情趣的变化更是对审美思潮产生较大的影响。

2. 流行色彩。装饰行业并没有发布流行色的国际组织，但这并不意味着这个行业没有流行色。相反，流行色彩对家装行业的影响相当大。家装设计师受服装流行色的启发而创作的设计作品明显受到大众的追捧。因此，关注服装流行色的变化是使设计富有时代特色的一个诀窍（图 T2.2−1、图 T2.2−2）。

图 T2.2−1 Fashion Snoops 发布的 2016 ~ 2017 年女装秋冬流行色（左）

图 T2.2−2 女装秋冬流行色在家居上的应用（右）

3. 流行材料。由于知名设计师的引导，某些家装材料会成为一个时期特别流行的材料。现在不少材料制造公司聘请著名的家装设计师设计新的家装材料，获得巨大的成功。材料商会同时聘请设计师根据这个个性材料，设计出令人耳目一新的样板房，这种样板房尤其能够引起业内人士的关注。材料商还会通过开新产品发布会，通过各种媒体的宣传和大量的广告投放推介这种新材料，引起前卫人士、时尚人士的兴趣，并很快出现在他们的生活空间中。紧接着通过推广，这种材料就会成为流行材料。家装设计师可积极把握流行信息，使作品新潮。

当前市场上的材料更新换代非常频繁，设计师可以通过经常调研家装市场，掌握新材料更替情况，见图 T2.2−3。

4. 流行搭配。材料的搭配也有流行。比如大块的仿天然大理石釉面砖近年特别流行，常常被用来做电视背景墙、卫生间墙面、厨房岛式餐台，与之搭配木本色非常和谐。木本色与白色、灰色材料的搭配也相当流行。常常出现在现代简约和北欧风格的家装中。

图 T2.2–3 2018 年开始流行的大块仿大理石抛光砖（左）
图 T2.2–4 某海景别墅客厅采用的弧线形大屏电视机与客厅空间完美匹配（右）
资料来源：https://www.sohu.com/a/194011752_803211

5. 流行产品。流行产品如数码产品、家用电器的推陈出新，对人们的审美流行影响极大。新产品推出带来新使用功能、新款式特点、新效果体验、新视觉冲击，对消费者诱惑很大。有些产品还是家庭中的主角，如视听产品。很多客厅的背景墙根据这个"主角"的风格来设计，见图 T2.2–4。

6. 流行工艺。施工技术的进步和施工设备的开发促使施工工艺的创新。水刀切割工艺可以使金属、玻璃、瓷砖像木板一样镂空雕刻；大块的瓷砖通过切割加工成间距不同的线条，使瓷砖形成线条疏密对比，见图 T2.2–5。木材的防腐、防水工艺促使木材大量进入卫生间，见图 T2.2–6。当自然主义风潮

图 T2.2–5 瓷砖线切割工艺形成线条疏密对比（左）
图 T2.2–6 木材的条状处理使洗脸台面不会积水（右）

主导家居装饰时，人们希望在自己的家里享受到身处田园般的乐趣，很多户外板材开始户内化。比如户外防腐地板铺在阳台上，木板铺在卫生间的地面或墙面上，为本来因为铺瓷砖而显得冰冷、生硬的卫生间增添了不少暖意。

T2.3　家装市场考察途径

T2.3.1　考察家装材料市场

考察当地家装材料市场，主要考察实体材料市场和一站式材料卖场。考察家装材料市场是认知常用家装材料的重要途径。

考察案例：宁波市中心城区主要家装材料市场分布情况（扫描二维码 T2.3–1 阅读）。

二维码 T2.3–1　考察案例

T2.3.2　考察实体家居、家具市场

考察当地主要实体家居、家具市场是认知本地流行的家居、家具品牌的重要方法。每一个地区都会有很多知名家居、家具厂商在行销自己的品牌家具。与实体市场相对应的是网上市场，经验表明，网络图片与实际产品往往有很大的差距。对家居、家具产品而言，设计时要对实际产品的造型、尺寸、色彩、肌理、质感、档次有确切的认知，避免被网上经过处理的图片误导。通过考察本地实体家居、家具市场，也可以对目前正在流行的家装风格作出正确的判断。以宁波为例，本地实体家居、家具市场分布以红星美凯龙、第六空间、德克德家、宜家宁波等为代表。

T2.3.3　考察本地家装公司

对当地的家装公司，特别是知名装修公司进行实地考察。知名装修公司是了解当前家装运行模式的重要场所。以宁波为例，本地知名装修公司分布情况见图 T2.3–1。

图 T2.3–1　本地家装公司区域分布

选择 1 ～ 2 家当地知名的家装公司对其公司规模、运作方式、经验理念、设计团队、薪酬待遇等进行深入了解。

T2.3.4 考察房产售楼处

对当地的房地产售楼处，特别是对在售户型和样板房的款式和风格进行实地考察，是了解流行家装户型、家装风格、家装材料、家装配式的重要方法。房地产商对售楼处的打造非常用心，一般均会请名家设计。所以售楼处是家装设计风格和档次的风向标，从中可以获取流行的户型、流行的装修风格、流行的家装材料、流行的施工工艺，对自己的设计有较大的参考意义。

"网红"售楼处案例扫描二维码 T2.3-2 ～二维码 T2.3-4 阅读。

二维码 T2.3-2 充满未来感的某售楼处装修设计

二维码 T2.3-3 一万个好看的售楼处，都比不上一个走心的示范区

二维码 T2.3-4 2017 年某地产商 24 个"高颜值"售楼处设计

实训项目 2（Project 2） 市场调研实训项目

P2.1 实训项目组成

市场调研实训项目包括 3 个实训子项目：

➢ 调研本地实体家装材料 / 家居 / 家具市场；

➢ 调研本地知名家装公司；

➢ 调研本地房地产售楼处。

P2.2 实训项目任务书

TP2-1 本地家装市场调研实训项目任务书（电子版扫描二维码 TP2-1 获取）

二维码 TP2-1 本地家装市场调研实训项目任务书

1. 任务

调研 1 ~ 2 处实体家装材料 / 家居 / 家具市场（商场），并写出调研报告。

2. 要求

1）8 人为单位组成调研团队，1 个团队下组成 4 个调研小组，最好男女搭配，2 人 1 组进行分工。

2）克服胆怯心理，大胆进行市场调研。

3）获取家装材料 / 家居 / 家具宣传单。调研结束后整理出调研报告，上传课程 APP 指定作业栏目。拍摄实地调研的自拍照片（以实体调研对象的公司店招为背景）上传课程 APP 指定位置。

3. 成果

1）每个小组完成 1 个调研报告（800 ~ 2000 字，*.doc），综述 1 ~ 2 处主要实体家装材料市场的地理位置、交通方法、营业范围、市场规模、市场特色、主要商家及知名品牌。

2）编辑 1 个短视频（3 分钟，*.mp4）或 1 个 PPT（6 分钟）。分享到班级微信群，并上传至课程 APP 指定位置。

4. 考核标准

要求	得分权重
调研扎实	20%
报告清晰	30%
图文并茂	30%
及时完成	20%
总分	100分

5. 考核方法

1）结对团队成员交叉评分。

2）老师给出最后得分。

TP2-2 本地知名家装公司调研实训项目任务书（电子版扫描二维码 TP2-2 获取）

二维码 TP2-2 本地知名家装公司调研实训项目任务书

1. 任务

调研 1 家当地知名家装公司，并写出调研报告。

2. 要求

1）自行联系家装公司或请老师协助联系。确定时间、地点、人员，按对方接待能力组团。参观考察家装公司设计部、材料部、销售部，有可能的话考察一个在建家装工地。

2）对公司规模、运作方式、经验理念、设计团队、薪酬待遇等进行深入了解。

3）调研结束后整理出调研报告。

4）以调研的公司店招为背景自拍照片。

3. 成果

1）每个小组完成 1 个调研报告（800 ~ 2000 字，*.doc），综述 1 ~ 2 家当地知名家装公司的外部形象、内部平面布局、装修风格、营业执照、资质证书，收集该公司对外广告文宣，请设计部负责人讲解公司业务流程、对设计人员的要求、公司规模、运作方式、经验理念、设计团队、薪酬待遇等。

2）编辑 1 个短视频（3 分钟，*.mp4）或 1 个 PPT（6 分钟）。分享到班级微信群，所有作业上传课程 APP 指定位置。

4. 考核标准

要求	得分权重
调研实在	20%
报告清晰	30%
图文并茂	30%
及时完成	20%
总分	100分

5. 考核方法

1）结对团队成员交叉评分。

2）老师给出最后得分。

TP2-3 本地房地产售楼处调研实训项目任务书（电子版扫描二维码 TP2-3 获取）

二维码 TP2-3 本地房地产售楼处调研实训项目任务书

1. 任务

对本地 2 ~ 3 个房地产售楼处进行调研，并写出调研报告。

2. 要求

1）8 人为单位组成调研团队，1 个团队分成 4 个调研小组，最好男女搭配 2 人 1 组。扮演购房的刚需业主，对任务场所进行调研。要克服胆怯心理，大胆进行市场调研。

2）获取在售户型广告，调研结束后整理出调研报告。

3）以调研的售楼处为背景，自拍 1 张照片。

3. 成果

1）每个小组完成 1 个调研报告（800 ~ 2000 字，*.doc），综述 1 ~ 2 个大型房地产售楼处，查看并记录售楼处的外部建筑、门头、内部平面布局、装修风格、楼盘模型、内外广告，获取所调研售楼处的所有在售户型广告。

2）编辑 1 个短视频（3 分钟，*.mp4）或 1 个 PPT（6 分钟）。分享到班级微信群，并上传至课程 APP 指定位置。

4. 考核标准

要求	得分权重
调研实在	20%
报告清晰	30%
图文并茂	30%
及时完成	20%
总分	100分

5. 考核方法

1）结对团队成员交叉评分。

2）老师给出最后得分。

设计前					设计中					设计后
项目1 业主沟通	项目2 市场调研	项目3 房屋测评	项目4 设计尺度	项目5 设计对策	项目6 初步设计	项目7 沟通定案	项目8 深化设计	项目9 设计封装	项目10 审核交付	项目11 后期服务

★项目训练阶段1：前期沟通

项目3　房屋测评

★理论讲解3（Theory 3）　房屋测评

● 房屋测评定义

设计师用专业的工具和眼光对业主需要设计的房屋进行详细的房屋尺寸测绘和内外空间质量评估就叫房屋测评。

● 房屋测评意义

房屋测评有两个环节，一是用专业的工具和步骤对业主需要设计的房屋进行详细的房屋尺寸测绘，画出业主房屋结构平面、立面、顶面、梁柱、门窗以及强弱电、给水排水等设施的全部尺寸数据草图（T3.1），并将此草图转化为CAD格式的原始平面图（T3.2）；进而观察业主房屋所处地理环境、楼盘位置、房屋朝向、户型格局、施工质量、设施状态等内外空间质量，并以专业的眼光给出评价意见（T3.3）。无论是房屋测绘数据、原始平面图，还是内外空间质量状态，它们都是设计师后续开展设计的必要基础。

● 理论讲解知识链接3（Theory Link 3）

T3.1 ➢ 业主房屋精确测绘

T3.2 ➢ CAD格式原始结构图绘制

T3.3 ➢ 业主房屋内外空间质量评价

★实训项目3（Project 3）　业主房屋测评实训项目

对模拟的业主房屋进行测评。①要全面测绘业主房屋，获取业主房屋结构的全部尺寸数据，并画出业主房屋原始平面图；②对业主房屋所处地理环境等内外空间质量进行评价，并写出业主服务评价报告。

● 实训项目任务书3（Training Project Task Paper 3）

TP3-1 ➢ 业主房屋精确测绘实训项目任务书

TP3-2 ➢ 原始结构图绘制实训项目任务书

TP3-3 ➢ 撰写业主房屋空间分析报告实训项目任务书

理论讲解 3（Theory 3） 房屋测评

设计师在收到用户的平面图之后，应该亲自到现场测绘及观察房屋所处的现场环境，以便掌握房屋结构、设施以及主房屋所处地理环境、楼盘位置、房屋朝向、户型格局、施工质量、设施状态等内外空间质量等第一手数据。进而，研究用户的要求是否可行，并且获取现场设计灵感。

T3.1 业主房屋精确测绘

T3.1.1 测绘的要求

要测出业主房屋结构、标高、平面、立面、顶面、梁柱、门窗等各个部位的尺寸（一般精确到毫米），以及强弱电、给水排水等设施的详细尺寸，同时对内容复杂的部分全景拍照保留房屋状态数据，最终整理出一张原始平面图。

在进行房屋测绘的同时，全面观察主房屋所处地理环境、楼盘位置、房屋朝向、户型格局、施工质量、设施状态等内外空间质量等第一手数据，摸清房屋现况对设计及报价的影响。

平面尺寸标示不能再用建筑平面图的墙中线的画法，而是要把墙的厚度也标示出来（图 T3.1–1）。

T3.1.2 测绘方法和步骤

1. 测绘工具

激光测距仪、5m 卷尺、画板、笔、纸。

2. 测绘步骤

(1) 先画户型平面图。入户后先观察房屋空间格局、房间分割、梁柱位置、门窗形状、标高变化，然后据此画出户型草图。

(2) 画出房间的立面图。如把立面图的数据反映在平面草图中，则可省去这一步骤。但画出主要房间的立面尺寸图，标注尺寸可更从容全面。

(3) 分别标出尺寸和设施位置尺寸。内容比较复杂的部分最好拍照留下全部现场状态图。

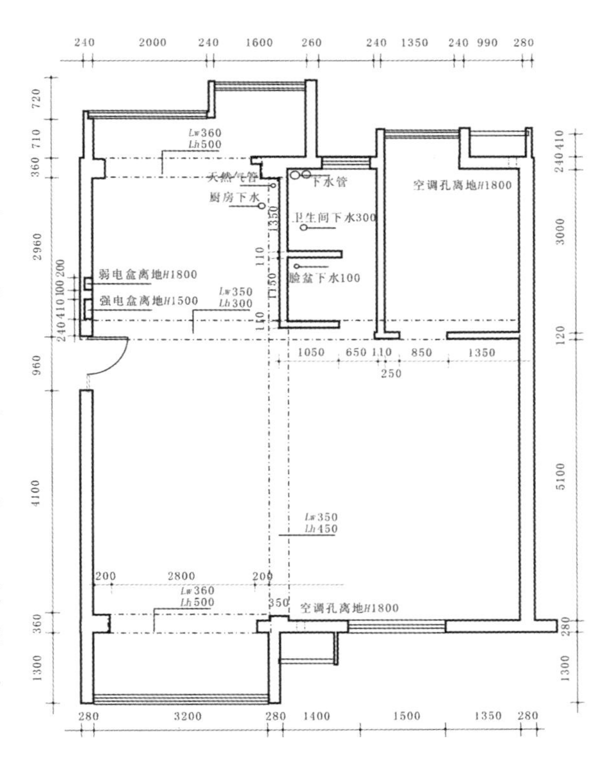

图 T3.1–1 测绘案例

3. 测绘内容

（1）定量测绘。测绘室内的空间、房间、梁柱、门窗、墙体的长、宽、高，并计算出各房间面积。

（2）定位测绘。测绘门、窗、强弱电箱、给水排水管（雨水、污水分开）、燃气管、暖气管等的空间位置（与墙体、顶面、地面的相对距离）。

（3）标高测绘。测绘各房间的标高。

（4）平整度测绘。测绘房屋的平整度和高差。

4. 测绘方法

测绘数据时，最好根据从大到小、从左到右、从上到下的原则，有序展开，以防遗漏。测绘完成以后要核对检查相关数据。最好有一份检查指引，逐项核对是否遗漏，如有遗漏及时补测。

测绘草图完成后，要将草图整理成 CAD 格式的原始平面图。

T3.1.3 测绘注意事项

学生在测绘中出现最多的失误是测绘信息遗漏，依靠细心和责任心减少该失误发生。测绘完成后要核对一遍，若发现疏漏，及时补测。

测绘失误会造成设计失误。阳台、地漏、柱角、水电设施、信息设施、过梁、水平差等看似不重要的部位都是容易疏忽的地方，而这些部位对设计的影响比较大。例如有无过梁，直接影响顶棚设计能否整体考虑。又如忘了柱角，在界面设计时也会出现多余的构造，影响设计效果。水电设施的位置没有看清，会造成放置卫生器具位置错误。在水电线路密集的部位设计了过多的构造，在施工过程中造成线路的故障，等等。

另外测绘失误也会影响设计师的信誉。因为测绘业主房屋往往需要业主陪同。如果不能一次成功，而是三番两次要求重新测绘，会引起业主的反感。

T3.2 CAD 格式原始结构图绘制

T3.2.1 CAD 格式原始结构图

原始结构图是将业主需装修房屋实地测绘的各类数据以 CAD 平面图的方式完整地表达出来的图纸。原始平面图集中展示了业主需装修房屋（一手房竣工状态或二手房目前状态）的户型、尺寸数据，以及房屋内给水排水、强弱电、燃气、供暖等设施，房屋所处地理位置、楼层、物业条件等完整信息，是家装设计师的设计空间和设计依据。这张图纸一定要通过亲自现场测绘而取得。房地产公司提供的户型图仅能作为参考，不能作为设计的依据。因为工程设计图与工程竣工图之间存在着一定的施工误差。

原始结构图是整套家装设计图的第一张基础图纸，今后其他所有图纸均根据这张图所显示的信息展开。所以这张图纸中的所有信息必须准确，无差错、无遗漏。此图若有错，将“一错百错”，所以必须仔细核对。

原始结构图可以用一张图或两张图表达。如用一张图表达，需将所有信息有序表达在一张 CAD 图中。如用两张图表达，A 图用来表达房屋结构的尺寸数据，B 图表达房屋的给水排水、强弱电、燃气、供暖等设施信息。以下提供一个采用两张图表达的案例，对初学者而言，更加容易掌握。

T3.2.2 CAD 格式原始结构图案例

原始结构图可以用一张图或两张图表达。如用一张图表达需将所有信息有序表达在一张 CAD 图中。如用两张图表达，A 图表达房屋结构的尺寸数据，B 图表达房屋的给水排水、强弱电、燃气、供暖等设施信息。以下提供的案例是采用两张图纸来表达，对初学者而言，这样更加容易掌握。

1. 原始结构图 A。案例见图 T3.2–1。

2. 原始结构图 B。案例见图 T3.2–2。

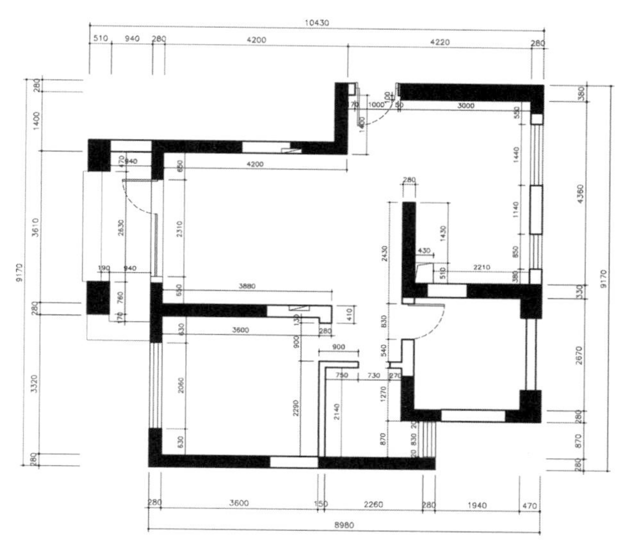

图 T3.2–1　原始结构图 A

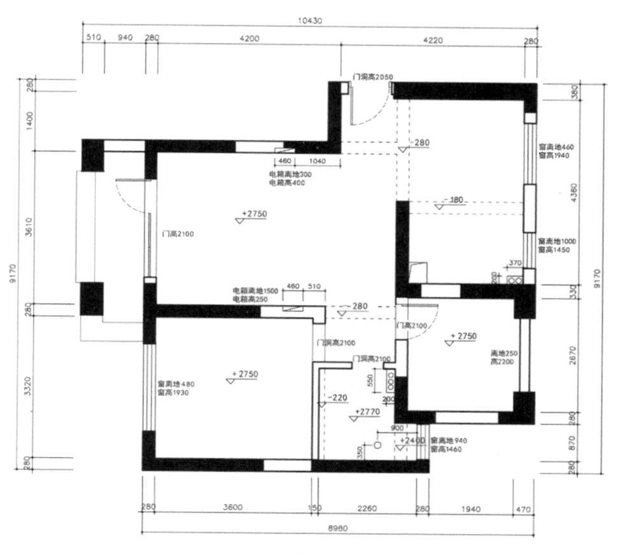

图 T3.2–2　原始结构图 B

T3.2.3 如何绘制原始结构图

1. 如何绘制原始结构图 A。绘制方法详见图 T3.2–3。

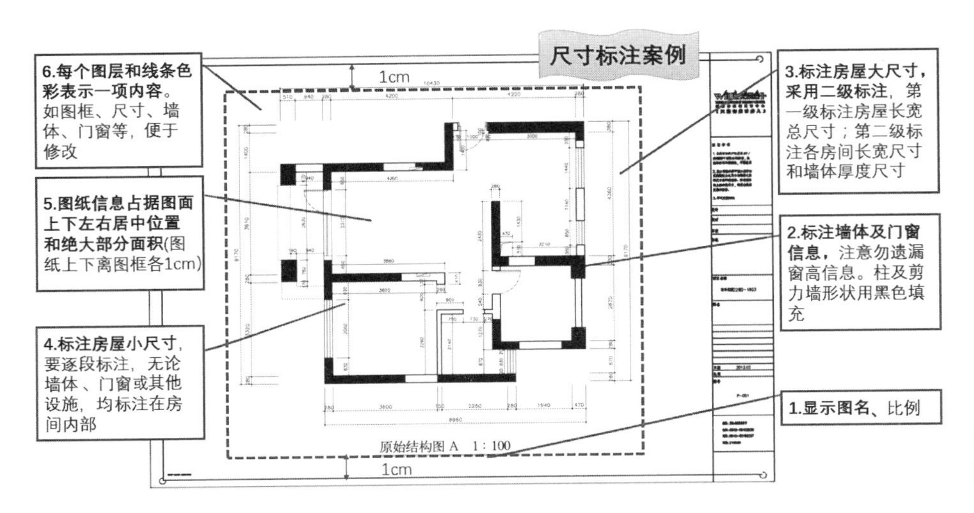

图 T3.2–3 原始结构图 A 绘制方法

2. 如何绘制原始结构图 B。绘制方法详见图 T3.2–4。

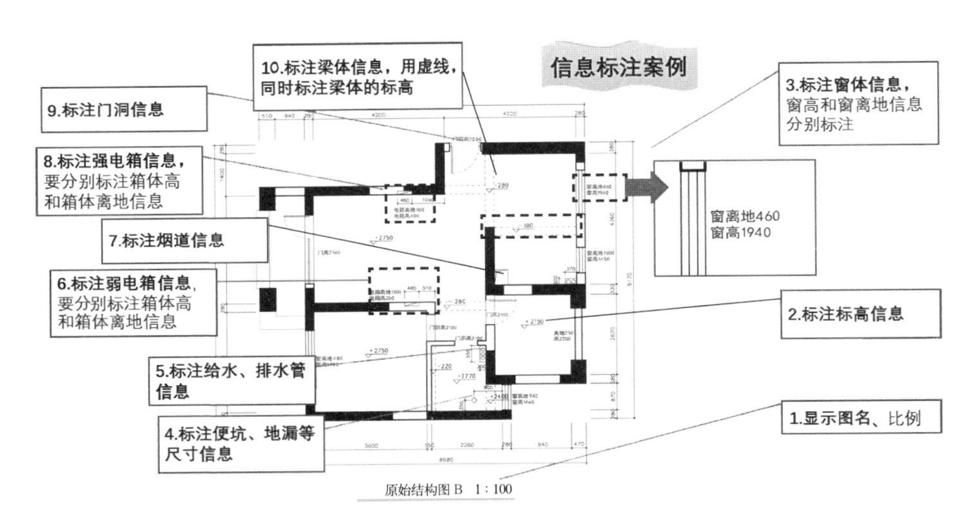

图 T3.2–4 原始结构图 B 绘制方法

T3.3 业主房屋内外空间质量评价

T3.3.1 内部空间质量分析

内部空间质量分析也称户型分析，是对业主房屋户型优劣的判断。对毛坯房要仔细观察，看清业主房子的优点和缺点，并在设计时扬长避短。内部空间质量分析有下列 12 个专业依据：

1. 朝向。南阳北阴，南面能够接受阳光的照耀。阳光不但带来光明，也带来生机和健康。各个朝向优劣分析见表 T3.3–1。

朝向位置的优劣权衡表　　　　**表T3.3–1**

朝向	评价	理由
东南	☆☆☆☆☆☆	最大限度地接受阳光
南	☆☆☆☆☆	主要时段接受阳光，冬暖夏凉
西南	☆☆☆☆	主要时段接受阳光，承受西晒太阳的毒辣
西	☆☆	承受西晒太阳的毒辣
西北	☆	西晒太阳的毒辣和北风的呼啸
北	☆☆	没有阳光，光线稳定，但要承受北风的呼啸
东北	☆☆☆	能够接受阳光，但也要受到北风的侵袭
东	☆☆☆☆	能够接受阳光

2. 通风。判断通风好坏主要看对流方向、对流高低、窗口数量等因素。通风评价原理见表 T3.3–2。

通风评价表　　　　**表T3.3–2**

风向		评价及理由	风向		评价及理由
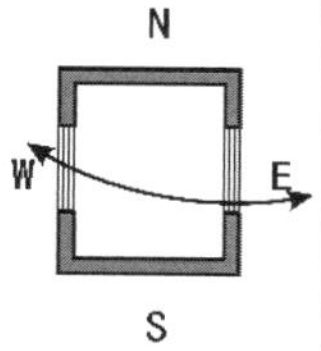 N W E S	东西贯通	☆☆☆ 夏热冬凉 通风尚佳	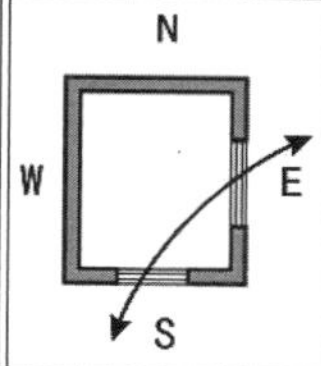 N W E S	东南贯通	☆☆☆☆ 优化通风
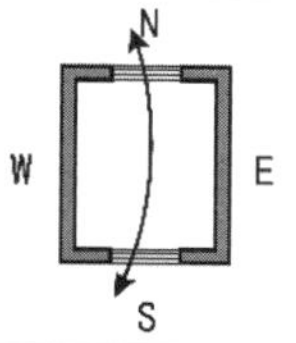 N W E S	南北贯通	☆☆☆☆☆☆ 冬暖夏凉	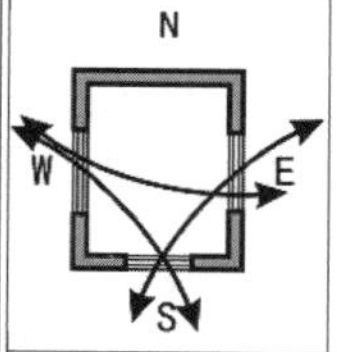 N W E S	三向贯通	☆☆☆☆☆ 优化通风
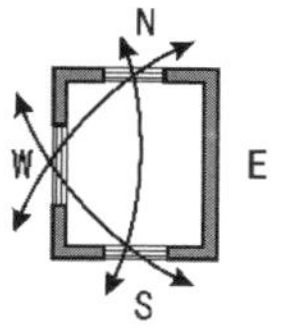 N W E S	三向贯通	☆☆☆☆☆☆ 冬暖夏凉 自由调节	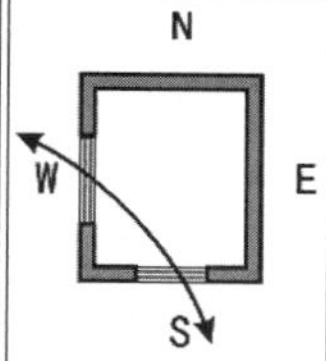 N W E S	西南	☆☆☆ 次优化通风
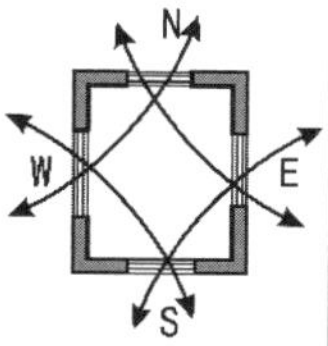 N W E S	四向贯通	☆☆☆☆☆☆☆☆ 冬暖夏凉 自由调节 最佳通风	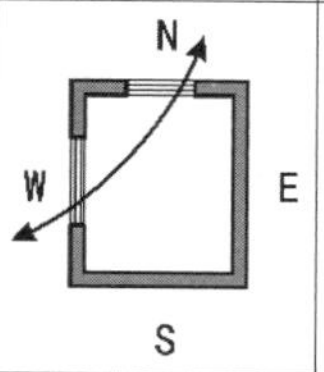 N W E S	西北贯通	☆☆ 不得已 单相通风
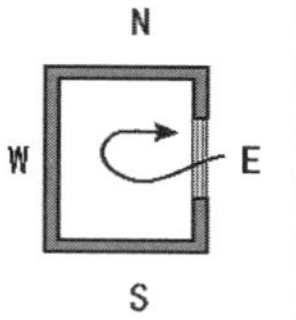 N W E S	东面单向	☆☆ 通风较差	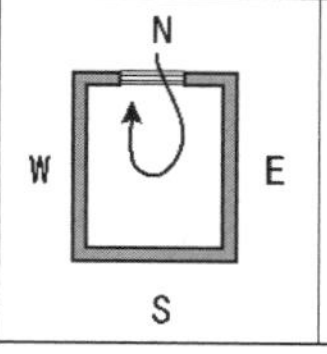 N W E S	北面单向	☆ 通风极差

续表

风向		评价及理由	风向		评价及理由
N W E S	南面 单向	☆☆ 通风较差	N W E S	西面 单向	☆ 通风极差
N W E S	南北 迂回	☆☆☆☆ 风速柔和	N W E S	复合 迂回	☆☆☆☆ 风速更柔和
	由下 而上	☆☆☆☆☆ 有调节的通风 凉进暖出		由上 而下	☆☆☆☆☆ 有调节的通风 暖进凉出

注：☆星号越多通风越好

3. 交通流线。好户型流线短而且顺畅。流线简短意味着到达快捷方便，流线流畅意味着行动自由，没有障碍，见图 T3.3—1、图 T3.3—2。

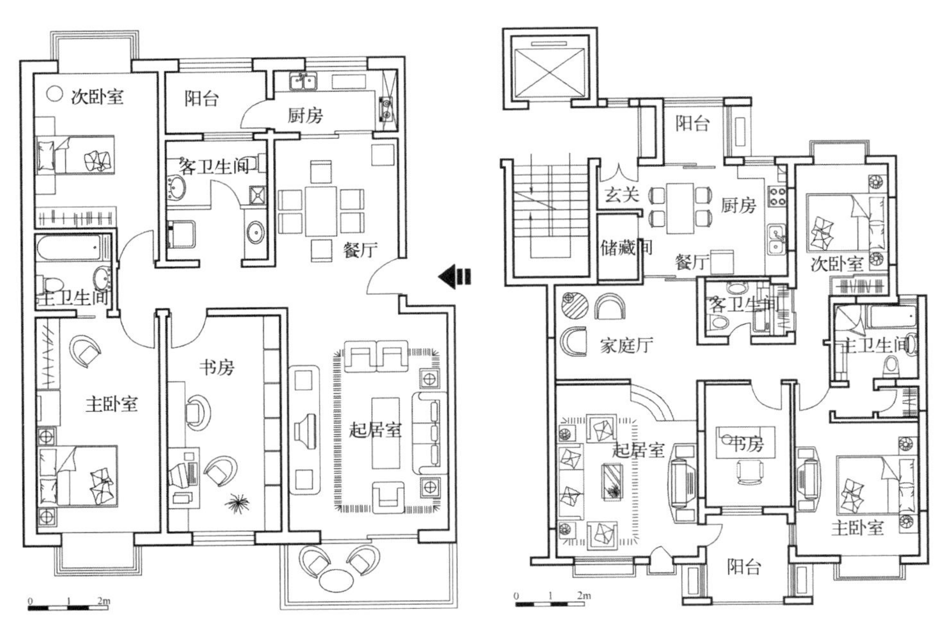

图 T3.3—1 动线顺畅且简洁的户型（左）
图 T3.3—2 动线滞阻且复杂的户型（右）

4. 层高。一般住宅的层高标准为 2.8m 左右，净高 2.65m 左右。但这个标准相对老旧，是经济短缺时代的产物。现在的住房面积大了，特别是客厅，还是套用这样的标准就显得不合适了。现在的高层住宅层高在 3m 以上。如错层、复式的住宅，局部加大层高，客厅采用挑空设计，层高可达 4m 多。见图 T3.3—3、图 T3.3—4。

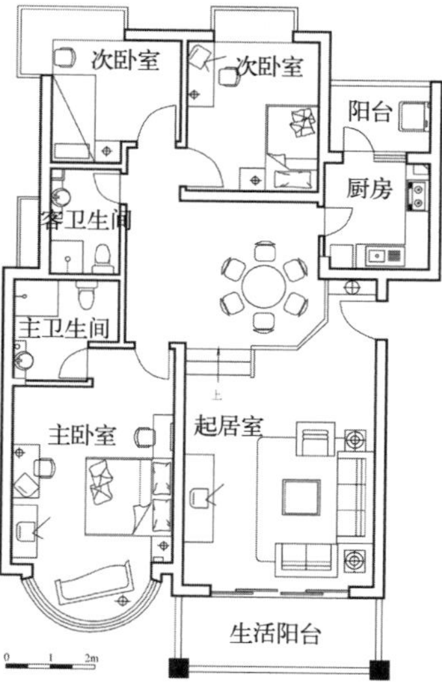

图 T3.3–3　复式挑空客厅旁的过道（左）
图 T3.3–4　错层户型（右）

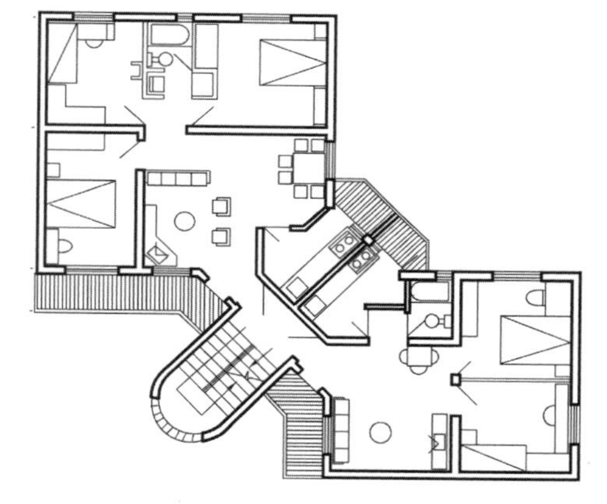

图 T3.3–5　不规则的房型

5. 梁柱。对室内设计来说，梁柱数量越少越好，尺度越小越好。但没有梁柱是不可能的。尤其现在的房子面积大，随之而来梁柱多，尺度大，这对设计很不利，尤其是关键部位，如大厅中间有不规则的加强梁，就是不利因素。

6. 形状。一般而言，房间的形状为矩形比较好，如出现不规则的形状，会造成面积的浪费。在高房价的今天，浪费宝贵的面积是十分可惜的，见图 T3.3–5。

7. 大小。房间的大小，特别是开间的大小，对设计，特别对起居室和主卧室设计的局限很大。对小康型的住宅来讲，起居室开间小于 3.9m，就会显得比较窄。主卧室小于 3.6m 的开间也会显得局促。对别墅来讲更加如此，见图 T3.3–6、图 T3.3–7。

8. 进深。房子的进深即南北向的距离。进深过大就会造成中间部位采光不足，房间的分割势必造成前后通风堵塞，见图 T3.3–8、图 T3.3–9。

9. 相邻。卫生间的马桶与卧室的床背相邻，起居室的电器设备与卧室的床背相邻，属于相邻不利的情况。对讲究“风水”的业主十分忌讳厨房正对主卧、卫生间正对厨房等相邻关系。见图 T3.3–10。

10. 厨卫大小。目前厨卫的大小标准普遍偏低。新的高档楼盘配置大厨房、大卫生间是一种趋势，尤其在一些高档楼盘的样板房中大厨房、大卫生间的效果令人怦然心动，激发很多消费者的购买欲，见图 T3.3–11、图 T.3.3–12。

11. 有无玄关。入口是一个家庭的第一印象。好的住宅其入口一般都要给

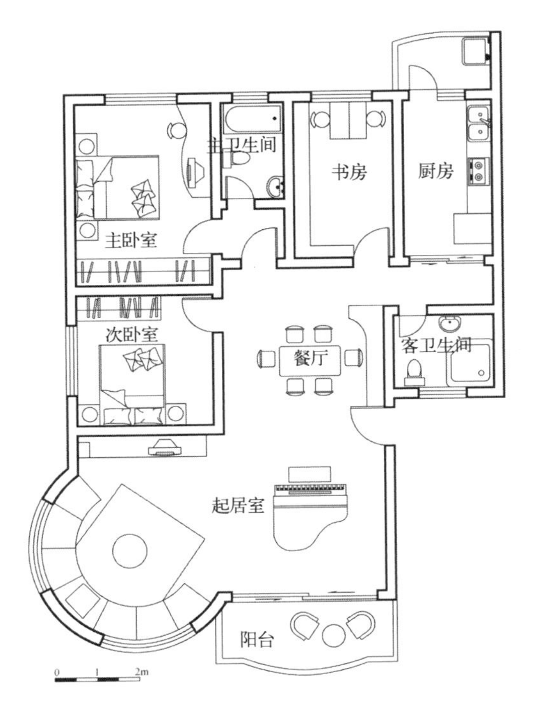

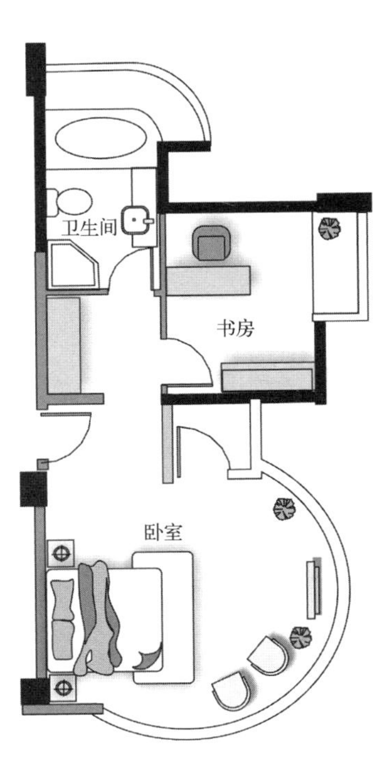

图 T3.3–6 大开间的起居室（左）
图 T3.3–7 大开间的卧室（右）

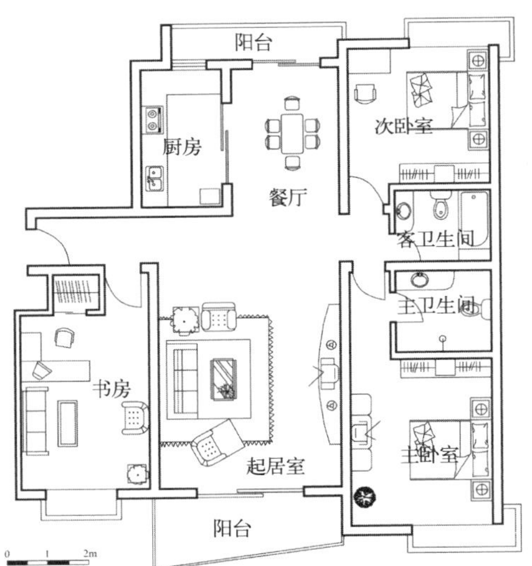

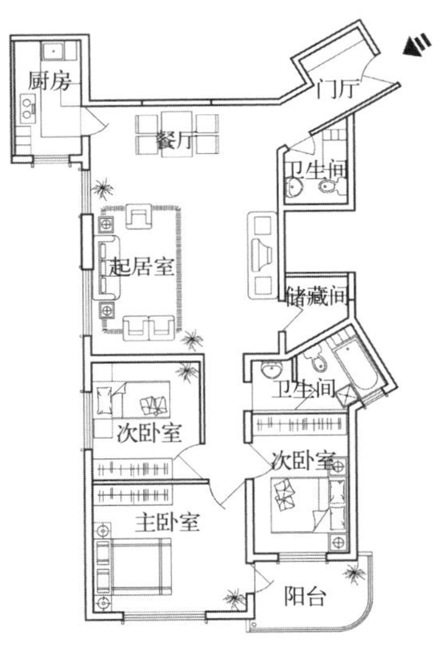

图 T3.3–8 进深合理的户型（左）
图 T3.3–9 进深过大的户型（右）

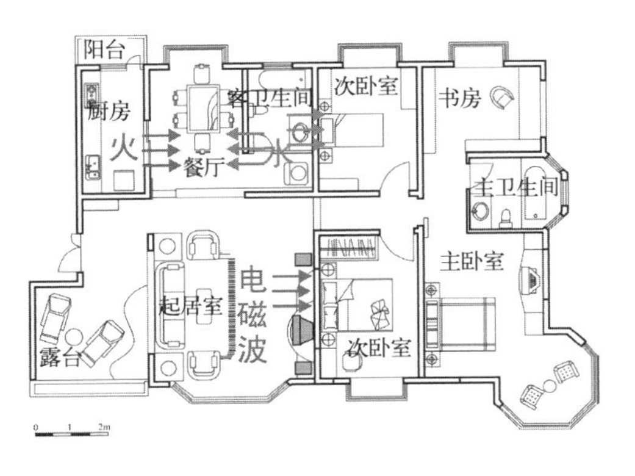

图 T3.3–10 相邻不利的户型

图 T3.3–11　大厨房（左）
图 T3.3–12　大卫生间（右）

业主留有设置玄关的空间，图 T3.3–13 虽然只有 88m² 但却有设置玄关的空间，图 T3.3–14 有 117m² 但却没有设置玄关的空间，不能不说是一种缺陷。

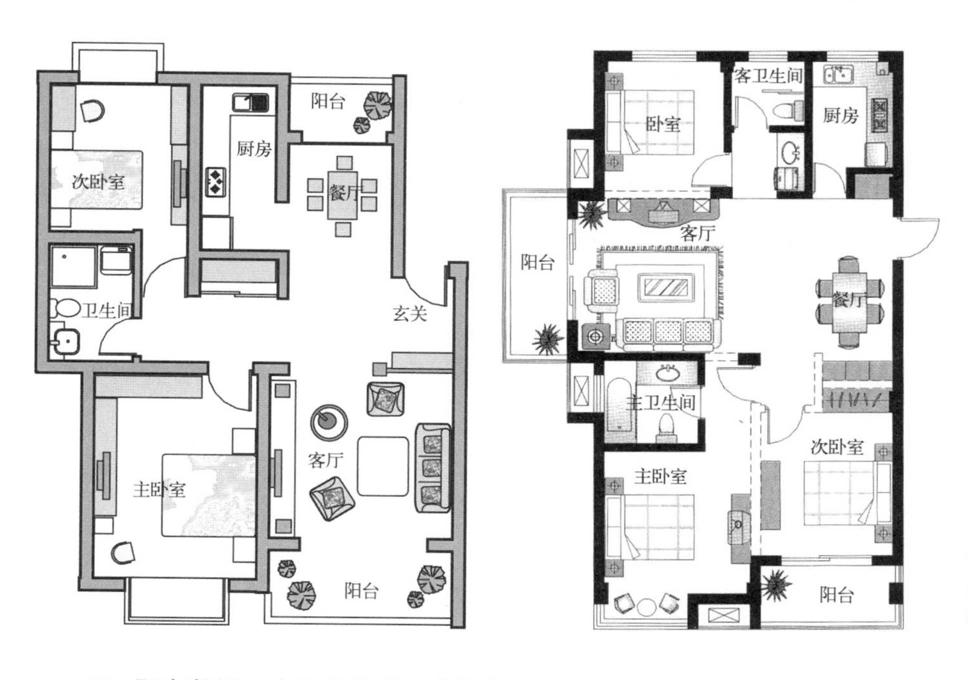

图 T3.3–13　88m² 有玄关空间（左）
图 T3.3–14　117m² 没有玄关位置（右）

12. 阳台数量。有无阳台是一个指标，阳台多少又是一个指标。阳台数量多，尺寸宽大，空间质量高。

这 12 个分析指标，在看房时要作出观察并做一些记录，设计时可以思路更清晰。在现场做一张毛坯空间分析，在设计的时候很有用，见表 T3.3–3。

户型空间质量分析表　　　　**表T3.3–3**

要素	有利因素	不利因素	如何改进
朝向	朝南间多	朝西北多	注意遮阳处理
通风	多向通风	关门后没有通风	配备人工通风设备
采光	间间全明	有暗间，窗墙比	如何改善采光条件

续表

要素	有利因素	不利因素	如何改进
交通	过道宽敞	局部比较狭窄	不能设计家具
流线	短、顺畅	长流线、有冲突	可以组织双流线
景观	窗前景观好	有人锻炼，有噪声	重点注意隔声处理
进深	进深小	进深大，中部光线不好	卧室可以隔出一个衣帽间
层高	层高	局部有梁，影响层高	注意高低错落形成对比、形成特色
柱子	无柱子	进门有柱子	利用柱子做一个玄关界面，隐去柱子
形状	形状方正	有不规则形状	组织一个功能区
大小	大小适宜	主卧室比较小	衣柜移出，在步入式衣帽间解决
厨卫	布局合理	厨房门对着大门	厨房门改向
入口	有独立玄关	没有独立玄关	在起居室里分割

T3.3.2 外部空间质量分析

主要考察房子所处的外部环境条件。

1. 城市区位质量。大环境、自然环境、交通出行条件、生活基础设施配套，如医院、学校、银行、菜场、超市、健身房等。

2. 楼盘建造质量。地产商品牌、楼盘品牌、物业品牌、楼盘品质、楼盘大小、电梯、绿化水平、健身条件、车位配比、容积率与得房率等。

3. 房屋区位质量。楼层高低、楼盘间距、朝向位置、景观条件、不利因素，如周围有没有车库出入口、垃圾周转房、配电房、燃气配置、道路噪声等。

外部空间质量分析同样可以编列分析表，见表T3.3–4。

外部空间质量分析依据 **表T3.3–4**

分析要素	有利因素	不利因素
视线	无视线干扰，私密性强	视线直视，没有私密性
景观	优美、风景好	杂乱
绿化	有绿化、造型优美、有利健康	无绿化、造型杂乱、有害健康
间距	空间开阔、视线通达	空间拥堵、视线闭塞
噪声	闹中取静、安静	有交通干道、铁路、工厂噪声
自然环境	无污染、空气质量好	有污染、空气质量差
健身条件	附近有、方便	没有健身条件
配套	全	不全
辐射	无	有
交通	便利	不便利
车位	有	无
楼层	楼层特点适合居住者的特点	楼层特点不适合居住者的特点

家装设计师主要考察房屋的自身要素，但也要兼顾环境要素。对有利的环境要素加以利用，对恶劣的环境要素予以回避。

T3.3.3 内外部空间质量评价

我们经常可以看到房地产商在销售房屋时给出的户型评价，一般以宣扬楼盘及户型优点为主，绝对不会讲楼盘及户型缺点。而我们室内设计师则要站在用户的角度，客观地分析优缺点，特别是以发现缺点为主，并努力在设计中加以克服。好的设计师能马上指出户型的不足，并形成很好的解决方案，从而赢得用户的赞赏和佩服。设计师在对业主的房屋作出客观专业的评估以后，最好给出一份简明的户型空间优缺点分析报告，以下是几个刚需和改善户型的评价报告案例。

1. 刚需户型评价报告案例

图 T3.3–15、图 T3.3–16 分别是 88m^2 和 95m^2 中小户型，在市场上属于典型的刚需户型。

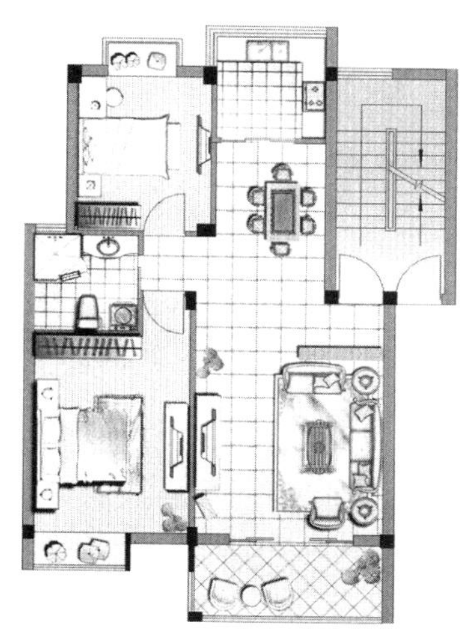

88m^2 刚需户型内部空间评价（外部空间略）

优点：

1. 进深合理，光线充足。坐北朝南，间间有窗，空气流通很好；
2. 房型方整大气，空间端正，户型紧凑，设计合理，没有浪费空间；
3. 就 88m^2 的房型而言，能够满足多数实惠型三口之家的生活需求。

缺点：

卧室两个房间的门相对，有时会比较尴尬。

总体评价：88m^2 房型属中小户型，是受房产市场欢迎的户型，是一种经济实惠的刚需户型。

图 T3.3–15 88m^2 刚需户型

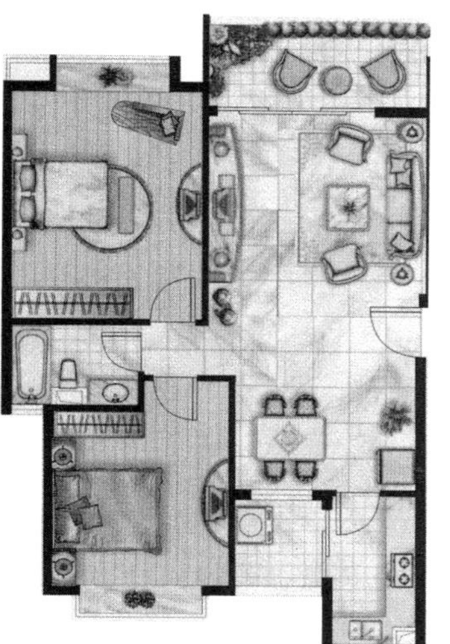

95m^2 刚需户型内部空间评价（外部空间略）

优点：

1. 进深合理，光线充足；
2. 房型方整大气，空间端正，户型紧凑，易于利用，无浪费面积；
3. 坐北朝南，间间有窗，空气流通很好；
4. 南北双阳台，南面可以享受阳光，北面成为工作阳台；
5. 厨房与餐厅距离合适，备餐、进餐方便；
6. 就 95m^2 的房型而言，客厅和卧室相对比较宽敞。

缺点：

1. 没有玄关的位置，私密性相对较差；
2. 入户门正对卫生间门，不雅；
3. 卫生间空间较小，使用不够舒适。

总体评价：95m^2 房型是房产刚需市场的主力户型，单身、新婚、三口之家都可适用。

图 T3.3–16 95m^2 刚需户型

2. 改善户型评价报告案例

图 T3.3–17 分别是 A1 183m² 和 A2 173m² 的户型，在市场上属于典型的改善户型。

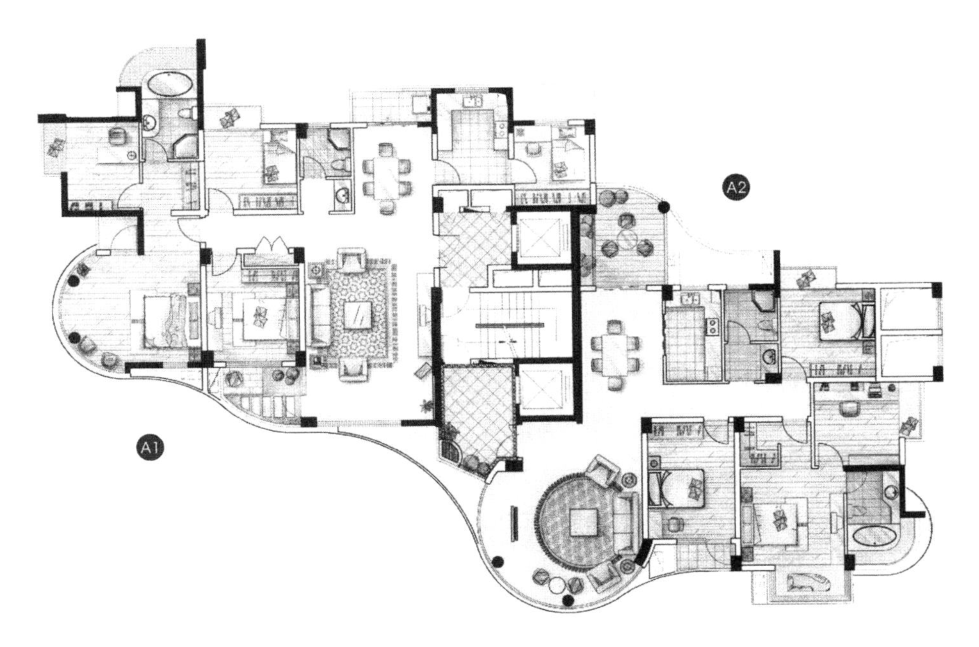

A1 改善户型（183m²）内部空间评价（外部空间略）

优点：

1. 环境是一大亮点，户型浪漫豪华；
2. 房间格局基本合理，可以满足高品位生活的需求；
3. 厨餐相近，使用方便，独立餐厅外接景观阳台，就餐氛围好；
4. 北面景观阳台提供接触自然的机会；
5. 为家政服务人员预留了空间；
6. 次卫干湿分离，符合使用需求；
7. 满足三口之家使用的同时配备客房，可供亲戚留宿；
8. 客厅配套景观阳台，为放松身心、远眺户外提供了有利条件。

缺点：

1. 如此豪华的户型没有为玄关考虑位置，对大户型的隐私安全十分不利；
2. 主卧室内的卫生间离床的距离比较远，且卫生间门对着床，很不理想；
3. 卧室朝西，大玻璃窗不利于抵抗夏天西晒的骄阳和冬天刺骨的寒风；
4. 主卧室内间隔无法调节，留下遗憾。

A2 改善户型（173m²）内部空间评价（外部空间略）

优点：

1. 户型浪漫豪华；
2. 房间格局基本合理，可以满足高品位生活的需求；
3. 厨餐相近，使用方便，独立餐厅外接景观阳台，就餐氛围好；
4. 北面景观阳台提供接触自然的机会；
5. 卧室面积大，带景观卫浴和景观凸窗，更显浪漫品位；
6. 次卫干湿分离，符合使用需求；
7. 满足三口之家使用的同时配备客房，可供亲友留宿。

缺点：

1. 入口过于偏于一边，导致客厅成为穿堂，流线过长；
2. 走廊长而单调；
3. 主卧室的入口要经过储藏室，去内书房流线不畅。

图 T3.3–17 改善户型 A1 和 A2

实训项目 3（Project 3） 业主房屋测评实训项目

P3.1 实训项目组成

市场调研实训项目包括 3 个实训子项目：

➤ 业主房屋精确测绘实训；

➤ 制作原始结构图实训；

➤ 撰写空间分析报告实训。

P3.2 实训项目任务书

TP3-1 业主房屋精确测绘实训项目任务书（电子版扫描二维码 TP3-1 获取）

二维码 TP3-1 业主房屋精确测绘实训项目任务书

1. 任务

对自己或朋友目前所居住的房屋进行精确测绘，获得详细的户型及尺寸数据，和房屋内给水排水、强弱电、燃气、供暖等设施，以及房屋所处地理位置、楼层、物业条件等完整信息。

2. 要求

1）两人一组组成团队，互相配合获得上述所有数据。

2）自带卷尺或其他测绘工具，带纸、笔、相机等记录工具，先入户观察户型内外部条件，然后画出户型草图。接着一边测绘，一边记录，直至完成全部任务。最后进行检查、核对，查看有无遗漏。信息密集的区域用拍照的方式补充信息。

3）完成的测绘草图拍照上传课程 APP 指定作业栏目。

3. 成果

1）业主需装修房屋精确测绘记录数据草图 1 份。

2）内外环境摄影文件夹 1 个，文件名：简短团队名 + 小区名（如：飞翔 + 姚江湾）。

4. 考核标准

要求	得分权重
户型正确	20%
草图流畅	20%
尺寸全面	30%
信息全面	30%
总分	100分

5. 考核方法

1）结对团队成员交叉评分。

2）老师给出最后得分。

TP3-2 原始结构图绘制实训项目任务书（电子版扫描二维码 TP3-2 获取）

二维码 TP3-2 原始结构图绘制实训项目任务书

1. 任务

根据房屋进行精确测绘获得的户型及尺寸数据，房屋内给水排水、强弱电、燃气、供暖等设施，以及房屋所处地理位置、楼层、物业条件等完整信息数据，用 CAD 软件绘制出原始结构图。可通过 1 张尺寸图、1 张信息图表达。

2. 要求

1）信息准确全面，无差错，无遗漏。尺寸标注位置合理，内外有别；大小得当，图示清晰。绘制符合国家制图标准，尺寸标注符合行业规范。

2）用 A3 纸的图幅绘制，完成后按 A3 纸的规格导出白底黑线 JPG 图，在规定时间内上传课程 APP 指定作业栏目。

3. 成果

1）CAD 原始结构图 1 份。文件名：姓名 .dwg。原始结构图 CAD 原文件需始终完整保存，不得删除。

2）按 A3 纸的规格导出白底黑线 JPG 图 1 份。

4. 考核标准

要求	得分权重
户型正确	20%
信息全面	40%
图纸规范	30%
上交及时	10%
总分	100分

5. 考核方法

1）结对团队成员交叉评分。

2）老师给出最后得分。

TP3-3 撰写业主房屋空间分析报告实训项目任务书（电子版扫描二维码 TP3-3 获取）

二维码 TP3-3 撰写业主房屋空间分析报告实训项目任务书

1. 任务

对业主房屋进行全面考察，写出专业的内外部空间质量分析报告。

2. 要求

1）根据已学的房屋内外空间质量分析的知识，对业主的房屋进行内外部质量分析。

2）站在设计师的角度，用精练的语言，撰写业主房屋空间分析报告。

3）排版在图纸的右边。

3. 成果

1）业主房屋空间分析报告。

2）按 A3 纸的规格，左边放原始结构图，右边排列业主房屋空间分析报告文字，完成后导出黑白 JPG 图 1 份。

4. 考核标准

要求	得分权重
分析全面	30%
语言精练	30%
条目清晰	30%
上交及时	10%
总分	100分

5. 考核方法

1）结对团队成员交叉评分。

2）老师给出最后得分。

设计前					设计中					设计后
项目1 业主沟通	项目2 市场调研	项目3 房屋测评	项目4 设计尺度	项目5 设计对策	项目6 初步设计	项目7 沟通定案	项目8 深化设计	项目9 设计封装	项目10 审核交付	项目11 后期服务

★项目训练阶段1：前期沟通

项目4　设计尺度

★理论讲解4（Theory 4）　设计尺度

● 设计尺度定义

设计师在住宅室内设计过程中根据人体工程学的原理，对人使用的空间、家具、设施及其相对位置、大小等设计指标选取的合理尺度数值就叫设计尺度。

● 设计尺度意义

设计尺度是室内设计的核心技术指标，它的选取是否合理反映了设计师的成熟程度和设计水平。在具体的设计中，主要反映在对人体尺度（T4.1）、空间尺度（T4.2）、家具尺度（T4.3）、设施尺度（T4.4）数值的合理选取上，既要符合人体工程学的基本原理，更要符合使用对象的特殊使用要求。设计尺度数值的选定要在确保人们在使用中能够顺利、方便、安全、舒适地完成空间、家具、设施功能任务的基础上，实现和谐统一的效果。

● 理论讲解知识链接4（Theory Link 4）

T4.1 ➢ 人体尺度

T4.2 ➢ 空间尺度

T4.3 ➢ 家具尺度

T4.4 ➢ 设施尺度

★实训项目4（Project 4）　设计尺度确定实训项目

全面了解住宅室内设计的主要空间尺度、家具尺度、设施尺度的常规数值。分别画出门厅、客厅、餐厅、厨房、卫生间、卧室、书房、衣帽间、阳台的平面及立面的常规尺寸，并为自己所选定的业主及其设计项目中各个空间、家具、设施确定合理的、个性化的设计尺度。

● 实训项目任务书4（Training Project Task Paper 4）

TP4—1 ➢ 家具尺度确定实训任务书

TP4—2 ➢ 标注指定房间设备安装尺寸实训任务书

理论讲解 4（Theory 4） 设计尺度

设计师在收集到业主信息、房屋测绘数据和业主要求以后，就要开始制订设计对策，进行构思、设计。在进行具体的设计时要根据人体工程学的原理，将人体、空间、家具、设施四个方面的尺度关系把握好。除了要熟练掌握设计尺度的基本数据，尤其要对在业主沟通阶段获得的业主数据（这里特指人体尺度数据）进行个案处理。

T4.1 人体尺度

T4.1.1 人体静态尺寸

人体尺寸是人体工程学研究的最基本的数据。我国不同地区人体的静态尺寸（1988 年）见图 T4.1–1。

编号	部位	较高人体地区（冀、鲁、辽）		中等人体地区（长江三角洲）		较低人体地区（四川）	
		男	女	男	女	男	女
A	人体高度	1690	1580	1670	1560	1630	1530
B	肩宽度	420	387	415	397	414	385
C	肩峰至头顶高度	293	285	291	282	385	269
D	正立时眼的高度	1513	1474	1547	1443	1512	1420
E	正坐时眼的高度	1203	1140	1181	1110	1144	1078
F	胸廓前后径	200	200	201	203	205	220
G	上臂长度	308	291	310	293	307	289
H	前臂长度	238	220	238	220	245	220
I	手长度	196	184	192	178	190	178
J	肩峰高度	1397	1295	1379	1278	1345	1261
K	1/2上骼展开全长	869	795	843	787	848	791
L	上身高长	600	561	586	546	565	524
M	臀部宽度	307	307	309	319	311	320
N	肚脐高度	992	948	983	925	980	920
O	指尖到地面高度	633	612	616	590	606	575
P	上腿长度	415	395	409	379	403	378
Q	下腿长度	397	373	392	369	391	365
R	腿高度	68	63	68	67	67	65
S	坐高	893	846	877	825	350	793
T	腓骨高度	414	390	407	328	402	382
U	大腿水平长度	450	435	445	425	443	422
V	肘下尺寸	243	240	239	230	220	216

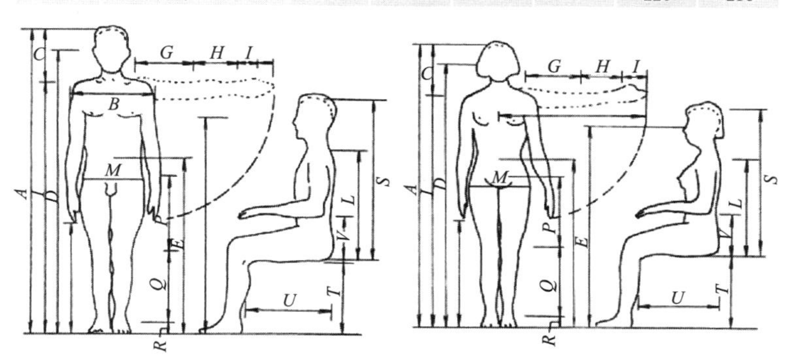

图 T4.1–1 我国不同地区人体的静态尺寸图（单位：mm）

以上是1988年的数据，40多年过去了，我国的身高数据已经有了大幅提升。2016年，英国帝国理工学院率领的国际研究团队发布了一项针对全球200多个国家人口的身高报告。报告显示，2014年中国男性和女性平均身高分别为171.83cm和159.71cm，在中、日、韩三国中位居第二，见图T4.1–2。

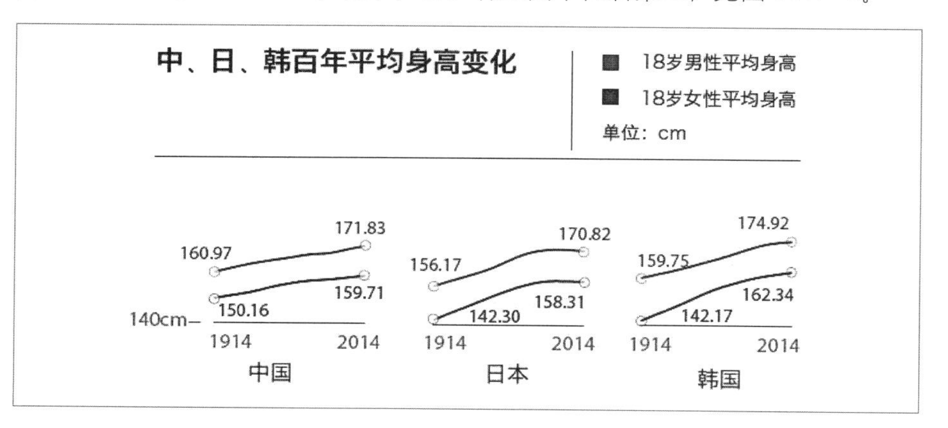

图T4.1–2　中、日、韩三国百年平均身高变化

有研究称[①]中国成年男性（老年人、中年人、年轻人）平均身高167.1cm，女性（老年人、中年人、年轻人）155.8cm，体重男性为66.2kg，女性为57.3kg。见图T4.1–3。该报告给出了我国各省男女的平均身高，对大家设计时选取相关数据有一定的参考意义。

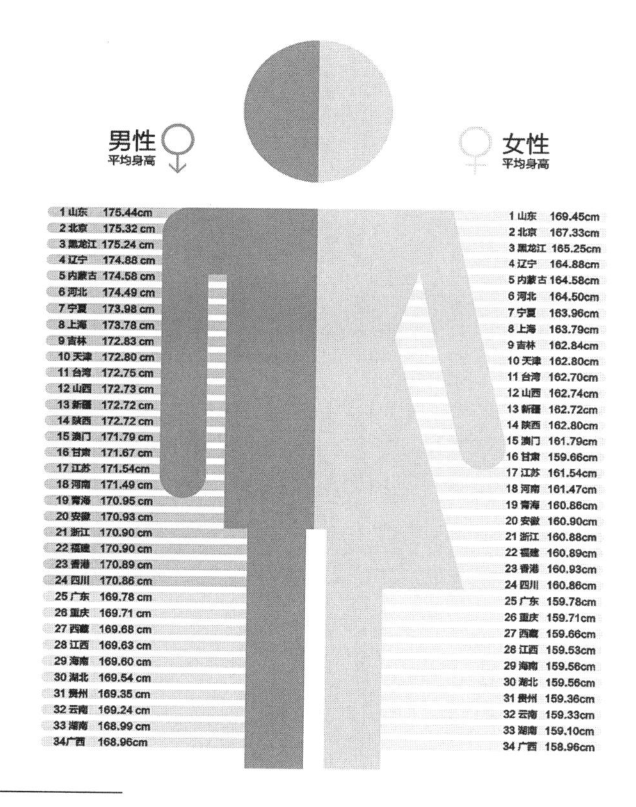

图T4.1–3　中国各省男女平均身高表
资料来源：https://baike.baidu.com/item/%E4%B8%AD%E5%9B%BD%E5%90%84%E7%9C%81%E7%94%B7%E5%A5%B3%E5%B9%B3%E5%9D%87%E8%BA%AB%E9%AB%98%E8%A1%A8/6910569?fr=aladdin

① 《中国居民营养与慢性病状况报告》，资料来源：百度百科“中国各省男女平均身高表”。

T4.1.2　人体动态尺寸

人体进行各种活动时，身体各部分所占空间的范围即是动作区域。由于是在人体活动的情况下测量得到的，故称动态尺寸，也称为功能尺寸。

动态尺寸对于各类设计领域具有非常重要的实用价值。在室内设计中，家具的尺度、座椅的高度等，都是建立在人体动态尺寸的分析研究之上的。人体站、坐、跪、躺及头部活动的各种动态尺寸可作为各种空间设计依据，如图 T4.1–4 所示。

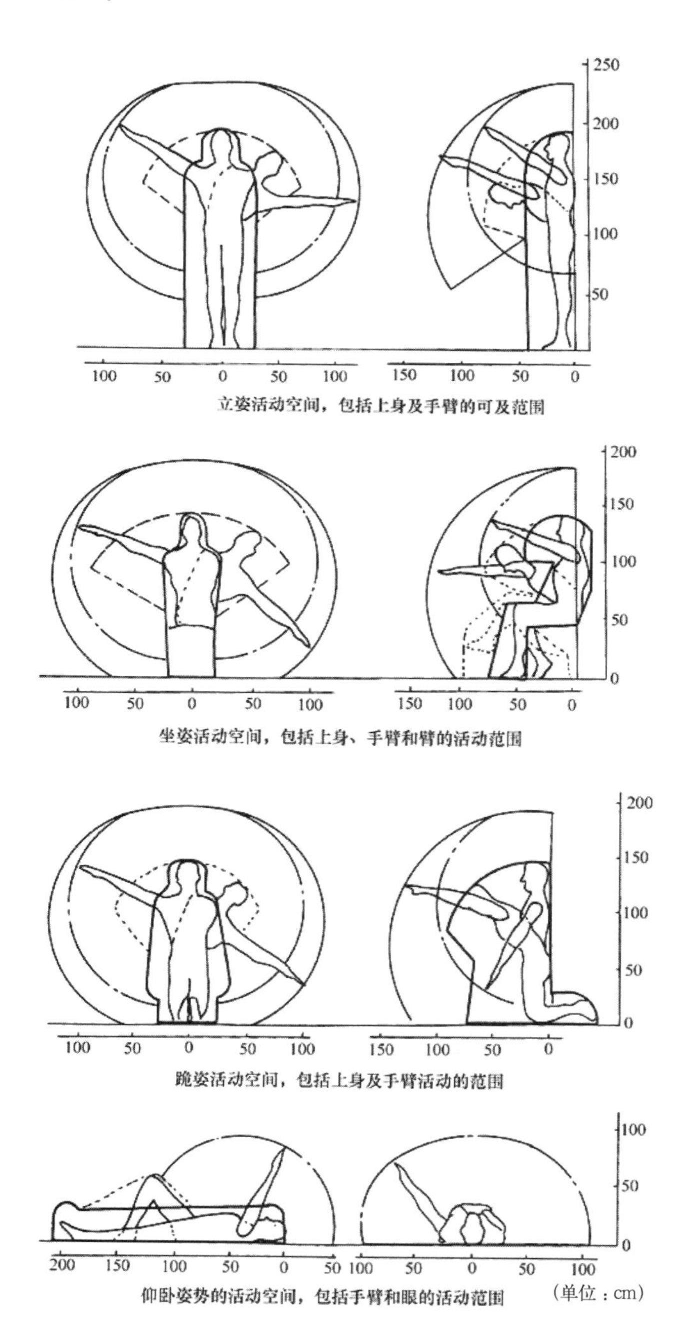

图 T4.1–4　人体基本动作的动态尺寸

根据日常生活起居的行为规律，分析人体工程学在居室环境设计中的具体应用，人体一般生活起居的行为动作如图 T4.1—5 所示，这些数据对住宅室内设计有很大的参考价值。

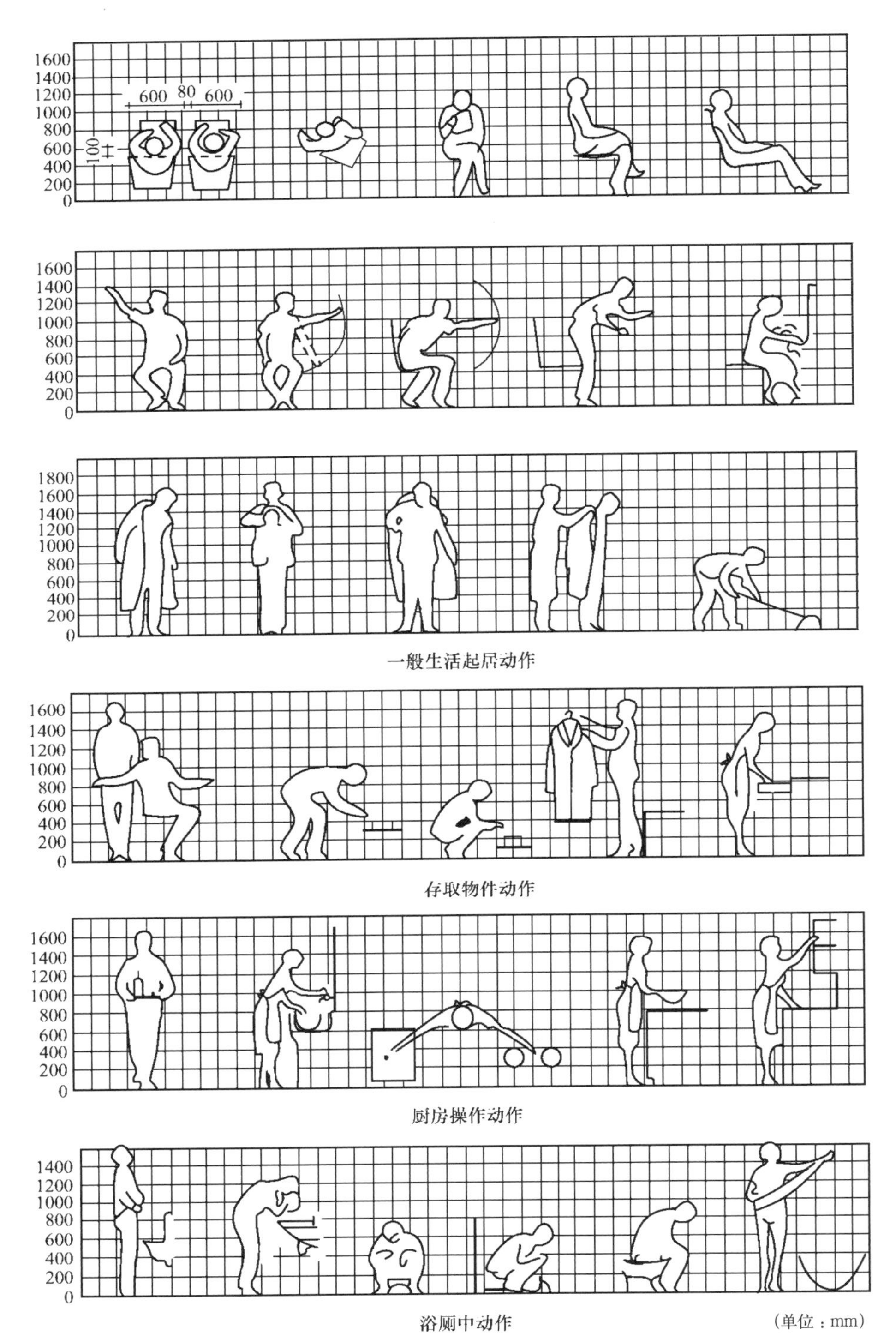

图 T4.1—5　人体一般生活起居的行为动作

T4.2 空间尺度

T4.2.1 起居室的空间尺度

1. 超大起居室——奢华型

空间面积：$100m^2$ 以上。

案例：某别墅设计。

功能区域：设置多个区域，如大型起坐区、书房区、大型休闲区、保密区、观景区 + 客卫。

功能配置：2 组多人沙发 + 豪华单椅 + 多个茶几 + 书柜 + 写字桌椅 +2 组沙滩椅 + 保密室 + 观景水池 + 客卫，见图 T4.2−1、图 T4.2−2。

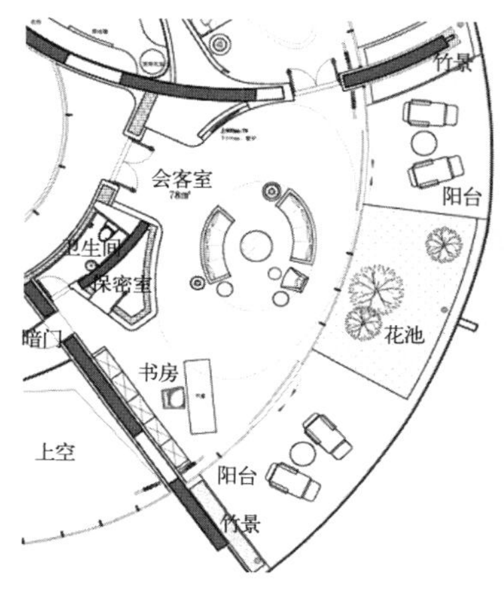

图 T4.2−1 超大起居室平面格局（左）
图 T4.2−2 超大起居室效果图（右）

2. 大起居室——优雅型

空间面积：$40m^2$ 以上。开间在 7m 以上。

案例：某样板房设计。

房型：7.44m × 9.35m+3m × 9.3m。

功能区域：主起坐区、就餐区、休闲区、健身区。

功能配置："3+3" 沙发 +2 把单椅 + 茶几、8 人餐桌等 + 沙滩椅，见图 T4.2−3、图 T4.2−4。

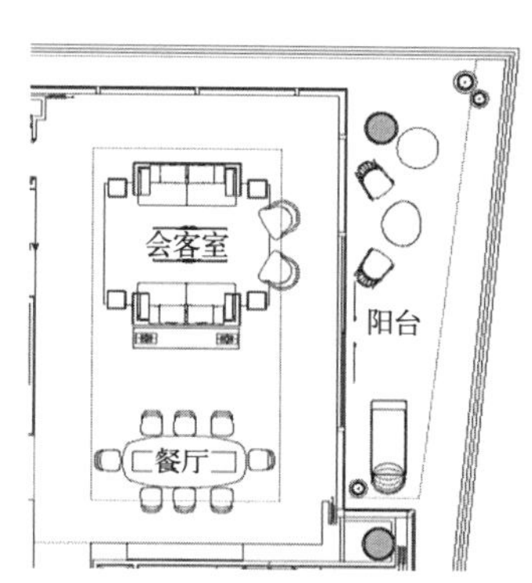

图 T4.2−3 大起居室平面格局（左）
图 T4.2−4 大起居室效果图（右）

3. 中起居室——舒适型

空间面积：20 ～ 40m^2，开间为 4 ～ 5m。

案例：湛江某公寓设计。

房型：4.1m × 6.3m。

功能区域：起坐区、就餐区、小阳台。

功能配置：转角沙发 + 单椅 + 茶几、4 人餐桌、休闲阳台，见图 T4.2–5、图 T4.2–6。

图 T4.2–5　中起居室平面格局（左）
图 T4.2–6　中起居室效果图（右）

4. 小起居室——基本型

空间面积：14 ～ 20m^2，开间为 3.6 ～ 4.2m。

案例：50m^2 小户型现代简约风格雅居。

房型：3m × 3.5m。

功能区域：主起坐区兼视听区。

功能配置："1+2" 沙发 + 视听柜 + 茶几，见图 T4.2–7、图 T4.2–8。

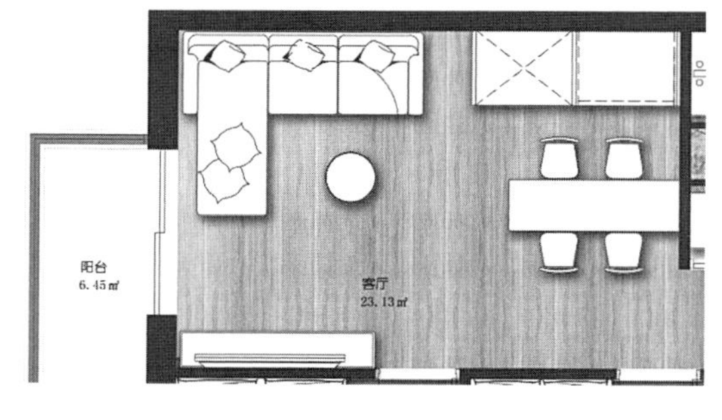

图 T4.2–7　起居室平面格局（左）
图 T4.2–8　起居室效果图（右）

5. 超小起居室——简单的起居室

空间面积：10m^2 左右，开间为 3.3m。

案例：50m^2 小户型现代简约风格雅居。

房型：2m × 3.6m。

功能区域：共享一个观赏区。

功能配置：2 人沙发 + 单椅，电视柜 + 茶几，见图 T4.2–9、图 T4.2–10。

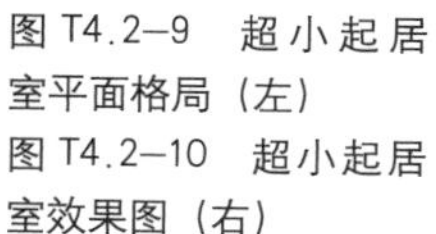

图 T4.2–9　超小起居室平面格局（左）
图 T4.2–10　超小起居室效果图（右）

T4.2.2　卧室的空间尺度

1. 超大卧室（全功能主卧）

空间面积：100m² 以上，开间在 8m 以上。

案例：北京某临水大宅设计。

房型：8.4m × 13.2m。

功能区域：卧区 4.2m × 4.2m（床组区域、视听区域、休闲区）+ 书写区 4.2m × 4.2m+ 更衣区 3m × 4m+ 专用卫生间 2.6m × 4.2m+ 阳台 2.4m × 8.4m+ 玄关 / 过道 5.6m × 1.6m+ 垂直交通 5.6m × 2.6m。

功能配置："国王床" 和床头柜组合 + 单椅 + 小茶几 + 视听柜 / 贵妃椅 + 写字桌 + 书柜 + 步入式衣帽间 + 淋浴房 + 厕所 + 双盆盥洗台 + 双人浴缸 + 玄关柜。见图 T4.2–11、图 T4.2–12。

2. 大卧室（全功能主卧）

空间面积：40m² 以上，开间在 4.8m 以上。

案例：上海某样板间设计。

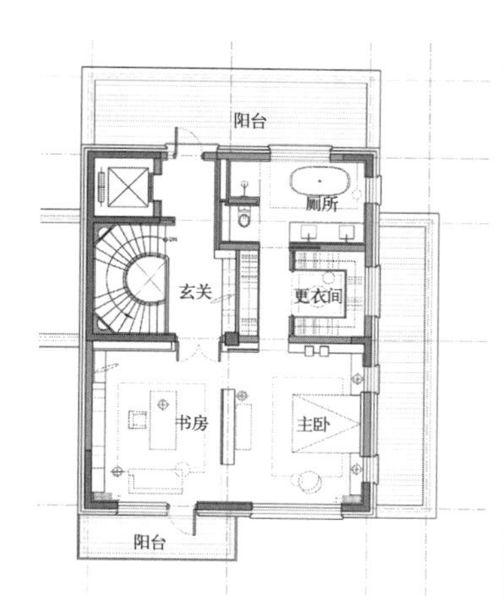

图 T4.2–11　超大卧室平面布局（左）
图 T4.2–12　超大卧室效果图（右）

房型：4.85m×10.4m。

功能区域：床组区、视听区、休闲区、书写区、梳妆区、步入式衣帽间、专用卫生间。

功能配置："皇后床"[①]和床头柜组合＋情趣椅＋单椅＋视听柜＋步入式衣帽间＋四分离卫生间，见图 T4.2—13、图 T4.2—14。

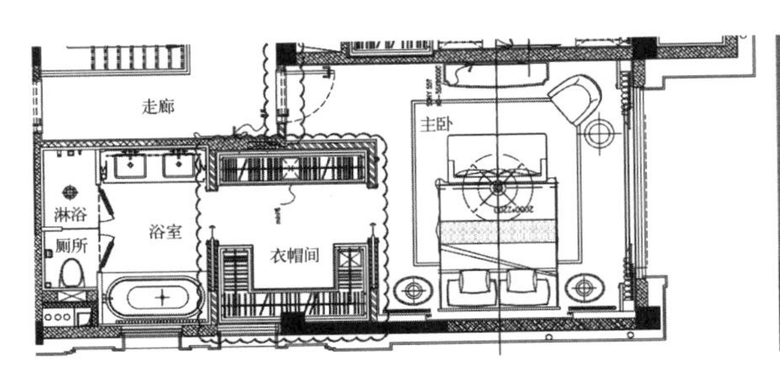

图 T4.2—13 大卧室平面布局（左）

图 T4.2—14 大卧室效果图（右）

3. 中卧室

空间面积：$20m^2$ 左右，开间在 3.9m 左右。

案例：某 $100m^2$ 样板间设计。

房型：3.9m×4.5m。

功能区域：床组区、视听区、休闲区。

功能配置："皇后床"和床头柜组合＋休闲单椅＋小茶几＋视听柜＋衣柜，见图 T4.2—15、图 T4.2—16。

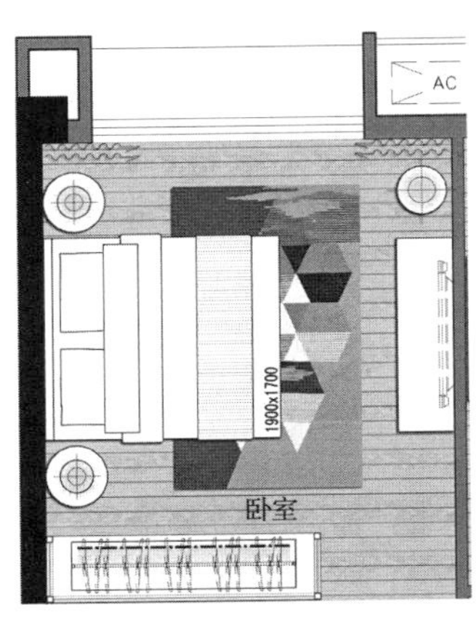

图 T4.2—15 中卧室平面布局（左）

图 T4.2—16 中卧室效果图（右）

4. 小卧室

空间面积：9～$12m^2$，开间在 3.3m 以上。

案例：$50m^2$ 小户型现代简约风格雅居。

房型：3.3m×3.5m。

功能区域：床区、储藏＋书写区。

功能配置：双人床、衣柜＋写字桌椅，见图 T4.2—17、图 T4.2—18。

---

① 业界将宽度 1800mm 的床叫"皇后床"、2000mm 的床叫"帝王床"。

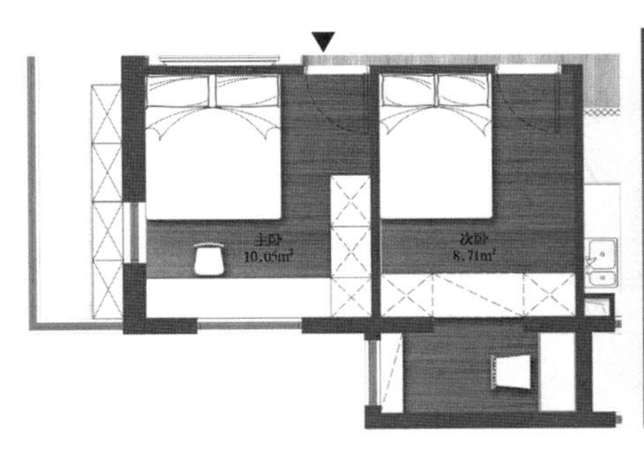

图 T4.2–17　小卧室平面布局（左）
图 T4.2–18　小卧室效果图（右）

5. 超小卧室

空间面积：6 ~ $8m^2$，开间为 2.6m。

案例：$50m^2$ 小户型现代简约风格雅居。

房型：2.6m × 3.35m。

简单的卧室：床 + 衣柜，见图 T4.2–19、图 T4.2–20。

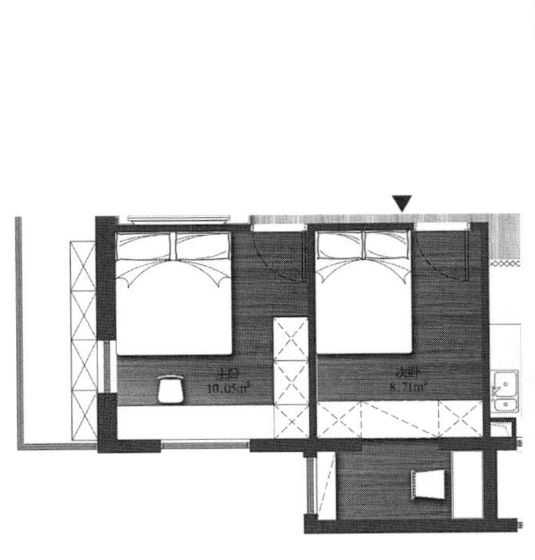

图 T4.2–19　超小卧室平面布局（左）
图 T4.2–20　超小卧室效果图（右）

T4.2.3　书房的空间尺度

1. 大书房（工作室）

空间面积：$50m^2$ 以上，开间为 6 ~ 8m。

案例：科帕卡巴纳公寓。

房型：8m × 6m。

功能区域：多个工作台区、展示书柜区、交谈区、休闲区。

功能配置：写字台 + 座椅 + 书柜 + 沙发，见图 T4.2–21。

2. 中书房

空间面积：14 ~ $20m^2$，开间为 5 ~ 6m。

案例：米兰公寓。

房型：6m × 6m。

图 T4.2–21　大书房（工作室）空间效果

功能区域：大书柜区、阅读区、会客交谈区、视听区。

功能配置：写字台 + 座椅 + 书柜 + 沙发，见图 T4.2–22、图 T4.2–23。

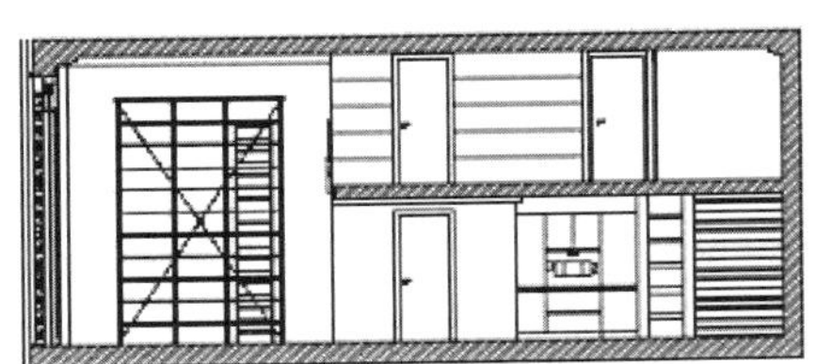

图 T4.2–22　中书房立面图（左）
图 T4.2–23　中书房空间效果（右）

3. 小书房

空间面积：6 ~ 10m²，开间为 2.7 ~ 3m。

案例：湛江某公寓设计。

房型：2.75m × 3m。

功能区域：写字台区、书柜、游戏区。

功能配置：写字台 + 座椅 + 书柜 + 小沙发，见图 T4.2–24、图 T4.2–25。

图 T4.2–24　小书房平面布局（左）
图 T4.2–25　小书房空间效果（右）

T4.2.4 厨房的空间尺度

1. 大厨房

空间面积：$30m^2$，开间为 4 ～ 6m。

案例：布伦特伍德住宅。

房型：5m × 8m。

功能配置：独立厨房（洗涤 / 储藏）+ 备餐台 + 西厨岛柜 / 便餐。

空间格局：独立厨房 +"L"形 + 岛式 + 休闲餐台的空间格局，见图 T4.2–26、图 T4.2–27。

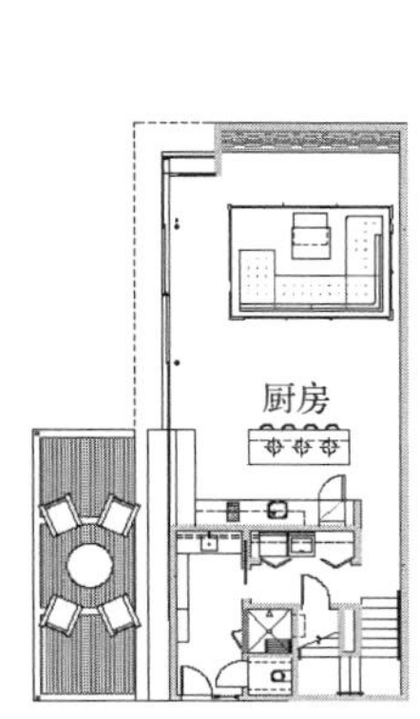

图 T4.2–26 大厨房平面布置（左）
图 T4.2–27 大厨房空间效果（右）

2. 中厨房

空间面积：5 ～ $10m^2$，开间为 2.5 ～ 3m。

案例：海南某住宅设计。

房型：2.5m × 3m。

功能配置：冰箱 + 烤箱 / 消毒柜 + 灶台 + 洗槽 + 备餐台 + 便餐台。

空间格局："U"形格局，见图 T4.2–28、图 T4.2–29。

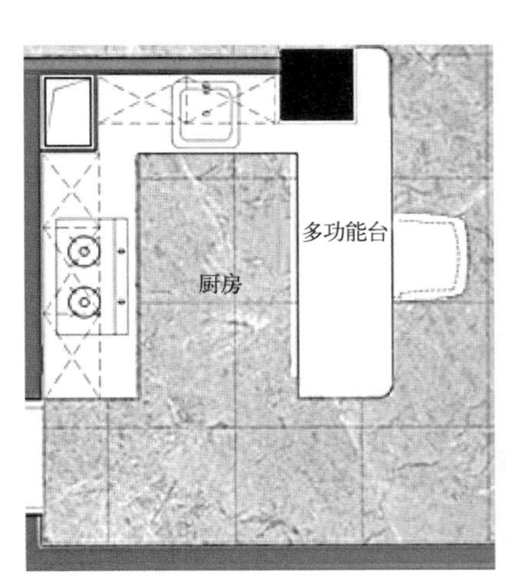

图 T4.2–28 中厨房平面布局（左）
图 T4.2–29 中厨房空间效果（右）

3. 小厨房

空间面积：3 ~ 4m²，开间为 1.8 ~ 2.2m。

房型：2m × 1.8m。

功能配置：冰箱、灶具、水斗、"I" 形或 "L" 形厨具。

空间格局："I" 形、"L" 形格局，见图 T4.2—30、图 T4.2—31。

4. 超小厨房

空间面积：2m²，开间为 1.2m 左右。

案例：50m² 小户型现代简约风格雅居。

房型：1.2m × 1.2m。

功能配置：灶台 + 洗槽。

空间格局："L" 形，见图 T4.2—32、图 T4.2—33。

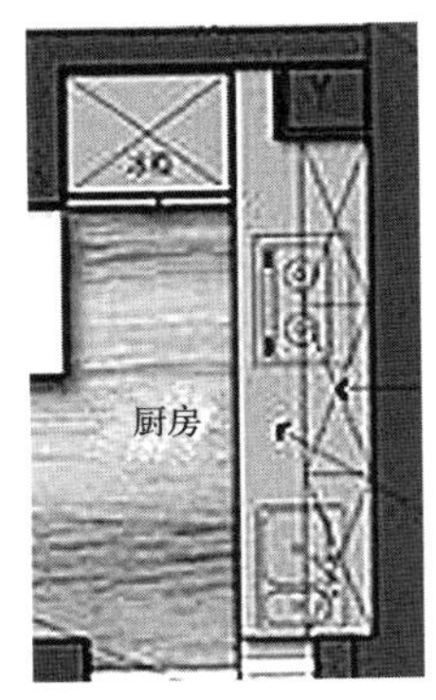

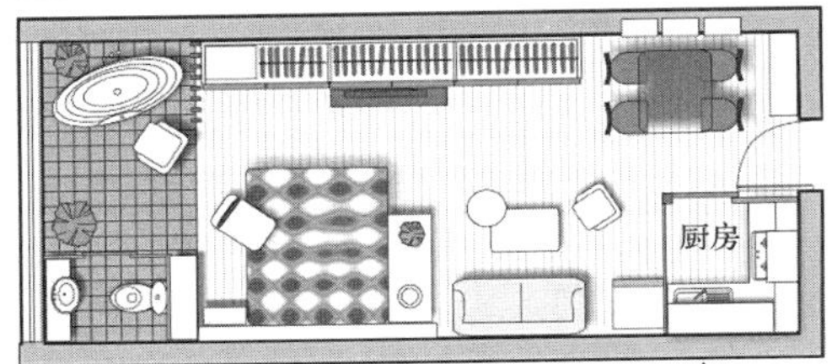

图 T4.2—30　小厨房平面布局（左上）
图 T4.2—31　小厨房空间效果（左中）
图 T4.2—32　超小厨房平面布局（左下）
图 T4.2—33　超小厨房空间效果（右）

T4.2.5　卫生间的空间尺度

1. 大卫生间——豪华型

空间面积：12 ~ 20m²，开间为 4.5 ~ 6m。

案例：北京某临水大宅设计。

房型：4.8m × 4.3m。

功能区域：淋浴区、如厕区、盥洗区、泡澡区、化妆区。

功能配置：2 个洗脸盆 + 电子除雾镜、坐便器、小便器、淋浴房 + 大尺寸功能浴缸（冲浪或加气或木泡澡桶）、垃圾筒、浴柜 + 衣柜、座椅、干发器、干手器、视听设备、电话。

空间格局：干湿分离、洗便分离、淋泡分离，见图 T4.2—34、图 T4.2—35。

图 T4.2–34　大卫生间平面布局（左）
图 T4.2–35　大卫生间空间效果（右）

2. 中卫生间——优雅型

空间面积：6 ~ 10m²，开间为 2.7 ~ 3m。

案例：上海某样板间设计。

房型：3.1m × 3m。

功能区域：淋浴区、如厕区、双盆盥洗区、独立浴缸。

功能配置：双盆洗脸盆 + 电子除雾镜、智能坐便器、淋浴房。

空间格局：四分离格局（厕所 / 淋浴 / 泡澡 / 盥洗），见图 T4.2–36、图 T4.2–37。

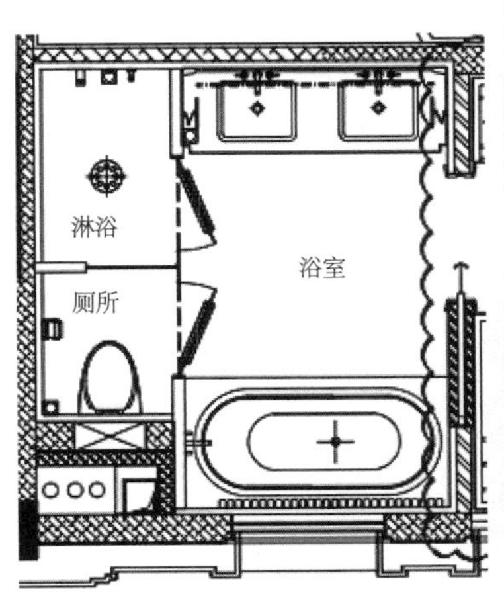

图 T4.2–36　中卫生间平面布局（左）
图 T4.2–37　中卫生间效果图（右）

3. 中小卫生间——标准型。

空间面积：4 ~ 6m²，开间为 2m 左右。

案例 1：上海某样板间设计；房型：2.2m × 2m。

案例 2：湛江某公寓设计；房型：2.1m × 2.5m。

功能区域：干区（盥洗）、湿区（淋浴 / 浴缸 + 马桶）。

功能配置：洗脸盆＋除雾镜、坐便器、淋浴房／浴缸、浴柜。

空间格局：混合型，见图 T4.2—38、图 T4.2—39。

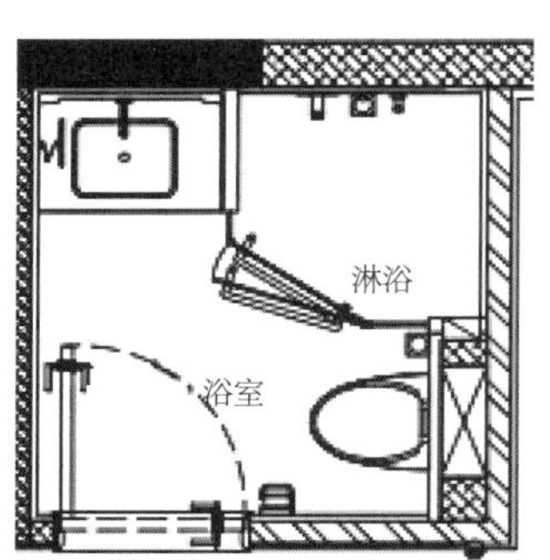

图 T4.2—38 中小卫生间（标准型）平面图（左）
图 T4.2—39 中小卫生间（标准型）空间效果（右）

4. 小卫生间——基本型

空间面积：3 ～ $4m^2$，开间为 2m 左右。

案例：湛江某公寓设计。

房型：1.8 ～ 2.6m。

功能区域：干湿分离。

功能配置：洗脸台＋镜子、坐便器、淋浴房。

空间格局：干湿合一，见图 T4.2—40、图 T4.2—41。

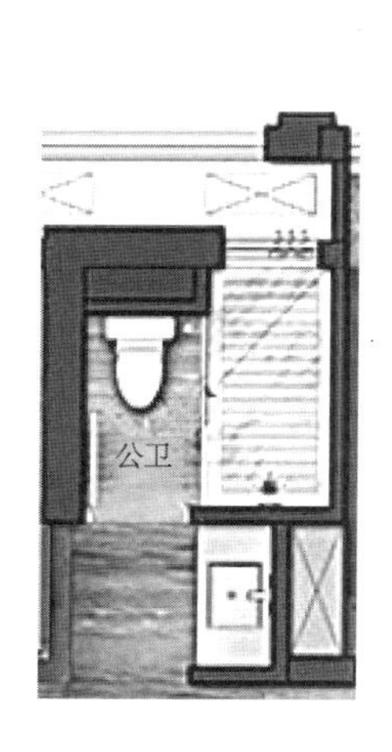

图 T4.2—40 小卫生间平面布局（左）
图 T4.2—41 小卫生间空间效果（右）

5. 最小的卫生间——生存型

空间面积：1.5 ～ 2m^2，开间为 0.9 ～ 1.8m。

功能区域：混合。

功能配置：洗脸台＋镜子、坐便器、淋浴房。

空间格局：干湿合一，见图 T4.2–42。

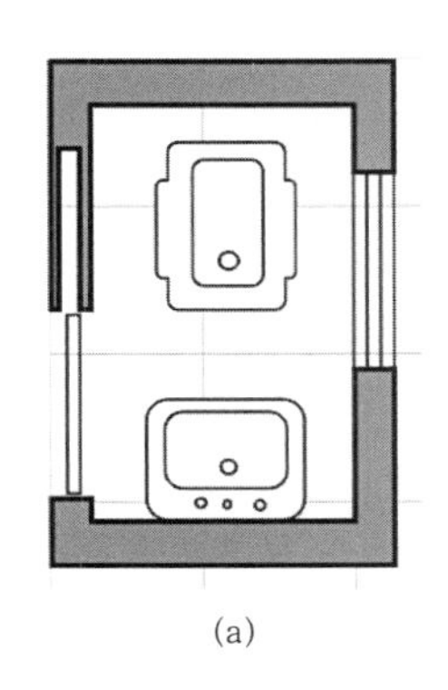

(a)

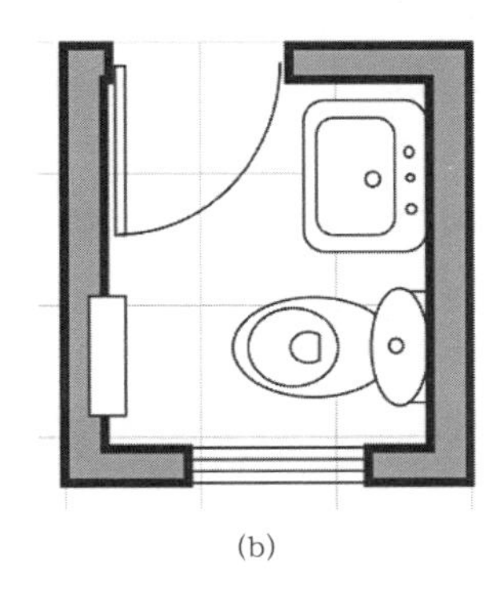

(b)

图 T4.2–42　两个超小卫生间平面布局

T4.3　家具尺度

家具的尺度主要从以下三个方面进行考虑。

T4.3.1　人体工程学的原理

人本身和各种姿态的测量数据；人在使用这件家具过程中的肢体活动范围；生理健康的要求；作业的流程和工作效率；视觉与触觉的要求；安全因素等。

T4.3.2　选择的原则

家具的目的性、使用人、舒适性及审美四个原则。

1. 目的性原则。即这件家具要达到什么目的，实现哪些功能。以床的形状和尺寸为例：首先要明白这个是什么床？其次要弄清楚这个床给谁使用？是为健康人设计的还是为残疾人而设计？还有要考虑这个床是仅仅用来睡觉还是另有其他的用途？

2. 使用人原则。即家具使用的对象，具体情况具体分析。

3. 舒适性原则。床的宽度有 900mm、1000mm、1100mm、1200mm、1350mm、1500mm、1800mm、2000mm 等，其使用的对象和舒适性不同。

如果回答了上述问题，那么设计这张床的尺度就会明晰了。这些问题都是围绕着人体工程学中的目的性原则而提出的。

又如餐桌的形状和尺度，主要围绕进餐人数、进餐方式、进餐人的舒适程度三个要素进行设计（扫描二维码 T4.3–1 延伸阅读）。

每一件家具的尺度选择，都应该从这些方面进行仔细思考。

二维码 T4.3–1　延伸阅读

4. 审美原则。 这是选择的另一个重要原则，以形式美的原理、设计风格和比例关系作为依据。

1）形式美的原理。就是对比与统一、节奏与韵律、比例与尺度、对称与均衡等。

2）设计风格。同样的床，中式、欧式、日式、美式风格其尺寸要求也是不一样的。

3）比例关系。家具本身的比例关系与美观性关系非常紧密。

T4.3.3 主要家具的尺度

家具尺度的选取没有绝对的标准，需根据业主的身高情况，选取相对合理的尺度，以下给出中位数的参考尺寸。

1. 起居室的几个常用尺度

（1）沙发区尺度。大 6000mm × 5000mm 左右，中 5000mm × 4000mm 左右，小 4000mm × 3000mm 左右。

（2）视听区尺度。视听区的宽度根据房间的大小和电视机的大小确定，32′～ 40′电视机在 2.5 ～ 3m，60′～ 80′电视机在 4 ～ 5m。

（3）视听台尺度。根据电视机的大小和音响的大小确定。平板电视一般采用挂式，所以可以脱离电视机进行设置，主要考虑音响的放置。由于现代音响的小型化，甚至可以取消视听台。

（4）电视机中心的高度。等于人坐在沙发上眼睛的高度，一般在 1000 ～ 1200mm 之间。

（5）走廊区尺度。宽度 1200mm 左右，最小不低于 1000mm。见表 T4.3–1。

起居室的家具尺度表（mm） **表T4.3–1**

家具	尺寸（长宽高）	家具	尺寸（长宽高）
沙发区	大沙发区6000 × 5000左右 中沙发区5000 × 4000左右 小沙发区4000 × 3000左右	单人沙发	1200 × 1000 × 坐面420左右
茶几	高度500左右，大小比较随意	双人沙发	1700 × 1000 × 坐面420左右
电视柜	电视的画面中心＝沙发上观看者的视高	三人沙发	2200 × 1100 × 坐面420左右
贵妃椅	1700 × 600 × 坐面450左右	写字台	1200 × 600 × 750左右
书柜	宽度根据房间 × 深度400 × 高度2000左右	壁炉	表面1200 × 1000左右

2. 卧室的几个常用尺度

（1）床区尺度。大 6000mm × 4000mm；中 4000mm × 3600mm；小 3000mm × 2700mm。

（2）视听区尺度。电视台 + 电视中心的高度等于坐床者的视高，宽度根据房间的大小，一般离地面 1200mm 以上。

卧室家具的常见尺度见表 T4.3–2、表 T4.3–3。

床的尺度表（mm）　　表T4.3—2

双人床	尺寸（长宽高）	单人床	尺寸（长宽高）
特大（"国王"）床	2100×2000×床面450	大单人床	1900×1200×床面500
大型（"皇后"）床	2000×1800×床面500	单人床	1900×1000×床面500
双人床	1900×1500×床面500	小单人床	1900×900×床面500
小双人床	1900×1350×床面500	折叠床	1800×700×床面450

其他卧室家具尺度（mm）　　表T4.3—3

家具	尺寸（宽×高×深）	家具	尺寸（长×宽×高）
床靠	床宽×1200×100	单人沙发	700×800×450
床头柜	（500～600）×（400～500）	双人沙发	1700×800×450
衣柜	房间宽度×（2000～2300）×600	化妆台的高度	600
贵妃椅	1700×600×450	衣镜的高度	500～1700

3. 书房的几个常用尺度

1）工作台的尺度确定

（1）工作面的高度不是以地面为相对标准，而是以人的肘部高度为相对标准。通常认为肘下 50mm 为最佳工作面的高度。

（2）工作面的高度不等于桌面的高度，桌面高度还应减去工作物的高度（如计算机的高度）。

（3）搁腿空间的确定必须满足坐姿的舒适条件，舒适的坐姿必须有宽敞的搁腿空间，其姿势是两腿近乎水平，两脚有稳定的支撑。

（4）工作面的形状要根据工作物的形状而定。

2）椅子的尺度确定

（1）座位高度的确定一般根据坐者小腿的长度，使坐者的脚能自然地平放于地面。座椅恰当的高度为 402 ～ 432mm；工作用的椅子减去 5 ～ 10mm，沙发坐面的高度为 400mm 左右。

（2）座位的深度 445 ～ 420mm 比较得当。

（3）座位宽度必须大于臀部的宽度，一般不能小于 450mm。

（4）座背的高度及倾斜度要根据不同的椅子性质来确定。工作椅一般是低靠背的，靠背的弯曲程度最好能把腰部托住。

（5）靠背的宽度一般在 350mm 左右，不能设计的太宽，否则影响人的自由转身。

（6）靠背与座面要形成一定的角度，115° 这个倾角常被采用，座面要适当向后倾斜，倾角一般为 3° ～ 5°。

（7）扶手的高度以手臂自然搁在扶手上为宜，一般以坐面以上 200 ～ 240mm 为宜。

（8）坐面还需要适当的弧度和弹性，以均匀分配臀部的压力。

扫描二维码 T4.3—2 解读古典红木家具的椅子尺寸标准 https://www.toutiao.com/a6498093311440454158/。

二维码 T4.3—2　根据人体工程学原理，解读古典红木家具的椅子尺寸标准

书房家具的尺度见表 T4.3–4。

书房的家具尺度 **表T4.3–4**

家具	尺寸（长×宽×高）	家具	尺寸（长×宽）（mm）
写字台	大2200×1200×750 中1800×800×750 小1200×600×750	沙发组	大4000×3000 中3000×2000 小3000×1500
茶几	高度50左右，大小比较随意	书柜	宽度根据房间条件×高度2000×深度400～500

4. 厨房及餐厅的几个常用尺度

厨房的相关尺度见表 T4.3–5、表 T4.3–6。

厨具尺度表 **表T4.3–5**

部位	尺寸（mm）	说明
厨具下柜	厨房墙面的长度×高度850×台面深度600	橱柜的长度至少达到4m，才有可能放下众多的厨房设备。有人为了减低洗槽操作时的弯腰程度，将洗槽面的高度升高到1000mm，较受家庭主妇欢迎
厨具上柜	房间长度×高度×深度370 距离下柜台面800	
岛式操作台	台面宽度1200×长度1600×台面高度800	要根据房间的大小确定，但如果操作台面小于800cm×600cm，就没有必要将厨房设计成岛式格局了。比较理想的尺度在1200cm×1600cm，甚至更大

餐桌尺度表（mm） **表T4.3–6**

餐桌桌面大小	圆形直径	方形	长方形
3人餐桌	600	600×600	600×1000
6人餐桌	1200	—	800×1200
8人餐桌	1400	（900～1000）×（900～1000）	（800～1200）×（1200～1500）
12人餐桌	1600	—	1200×（1200～1500）

5. 卫生间的几个常用尺度

卫生间的相关尺度见表 T4.3–7。

卫生间尺度表 **表T4.3–7**

设备	尺度（长×高×深）（mm）
最小的台盆大小	600×800×600
最小淋浴空间平面尺寸大小	800×800
淋浴龙头的高度	1600～2000
柜子	房间宽度×600×（2200～2600）
成人小便器的安装高度	600左右

T4.4 设施尺度

家庭生活离不开常用的设施，如空调、电视、热水器、开关、插座、龙头、卫生洁具。设施尺度的选取同样没有绝对的标准，需根据业主的身高情况，选取相对合理的尺度。

T4.4.1 房间设施的几个常用尺度

房间设施的相关尺度见表 T4.4–1。

房间设施尺度表 **表T4.4–1**

设备	安装高度（mm）
电视机中心位置（与人在沙发上的坐高相等）	离地面1100左右
电视机音响插座	300（23插/有线信号/网线/卫星信号连排安装）
开关安装高度	离地面1100
强电/弱电/立式空调插座	离地面300
柜式空调安装高度	离顶面300左右

T4.4.2 厨房间设施的几个常用尺度

厨房设施的相关尺度见表 T4.4–2。

厨房设施尺度表 **表T4.4–2**

设备	安装高度（mm）
煤气热水器最高处	离顶面100左右
开关	离地面1100
厨房小家电插座	离台面100左右
侧吸式脱排油烟机	离灶台面300左右
脱排油烟机插座	离顶面300左右
饮水器、垃圾处理器插座空调	离地面300左右

T4.4.3 卫生间设施的几个常用尺度

卫生间设施的相关尺度见表 T4.4–3、表 T4.4–4。

卫生间设施尺度表 **表T4.4–3**

设备安装高度	安装高度（mm）
淋浴龙头（花洒出水面）	1600～2000
洗衣机龙头	1100左右
智能马桶插座	离地面300
干发器/干手器开关	离地面1600
成人小便器	600左右
浴霸	与顶面平

卫生间洁具尺度表 **表T4.4–4**

设备	尺度（长×宽×高）（mm）
普通浴缸	1500×700×400
双人浴缸	1500×1200×400
三角浴缸	1500×1500×400
洗脸台	（600～1200）×800
淋浴房	（800～1200）×（800～1500）×170

实训项目 4（Project 4） 设计尺度确定实训项目

P4.1 实训项目组成

设计尺度实训项目包括 2 个实训子项目：

- 家具尺度确定实训；
- 标注指定房间设备安装尺寸实训。

P4.2 实训项目任务书

TP4-1 家具尺度确定实训任务书（电子版扫描二维码 TP4-1 获取）

二维码 TP4-1 家具尺度确定实训任务书

1. 任务

为居室家具标注三维尺度。

2. 要求

为居室家具标注三维尺度，要求比例准确、三维尺度准确。

1）标注单人沙发、双人沙发、三人沙发三维尺度。

2）标注单人床、小双人床、"皇后床"三维尺度。

3）标注 6 人长方形餐桌三维尺度。

4）标注"U"形厨房操作台桌三维尺度。

5）标注标准型卫生间三件套三维尺度。

6）标注家政阳台洗衣机龙头及水槽三维尺度。

3. 成果

手绘草图或 CAD 图（规格 A4 横向）。

4. 考核标准

要求	得分权重
比例准确	30%
尺度准确	30%
内容齐全	30%
上交及时	10%
总分	100分

5. 考核方法

1）结对团队成员交叉评分。

2）老师给出最后得分。

TP4-2 标注指定房间设备安装尺寸实训任务书（电子版扫描二维码TP4-2获取）

二维码 TP4-2 标注指定房间设备安装尺寸实训任务书

1. 任务

绘制指定居室的立面图，标注相关设备设施安装尺寸。

2. 要求

1）以手绘或 CAD 图方式绘制客厅电视墙、卫生间淋浴房、厨房操作台立面图。

2）标注相关设备设施安装尺寸。

3）规格 A4 横向，作业拍照上传课程 APP 指定作业栏目。

3. 成果

手绘草图或 CAD 图（规格 A4 横向）。

4. 考核标准

要求	得分权重
比例准确	30%
尺度准确	30%
内容齐全	30%
上交及时	10%
总分	100分

5. 考核方法

1）结对团队成员交叉评分。

2）老师给出最后得分。

设计前					设计中					设计后
项目1 业主沟通	项目2 市场调研	项目3 房屋测评	项目4 设计尺度	项目5 设计对策	项目6 初步设计	项目7 沟通定案	项目8 深化设计	项目9 设计封装	项目10 审核交付	项目11 后期服务

★项目训练阶段1：前期沟通

项目5 设计对策

★理论讲解5（Theory 5） 设计对策

● 设计对策定义

设计师在完整收集、整理业主家庭需求信息、房屋测评结果、市场信息的基础上，还要根据业主的居住形态（T5.1）、家装目的与心理（T5.2）和市场流行的家装风格及装修档次（T5.3），对业主委托的设计项目形成的设计思路，称为设计对策。

● 设计对策意义

所有设计对策的形成不是盲目的、随意的、刻板的，而是设计师根据自己的经验和对设计的理解，对业主所有信息进行综合分析、判断，得出自己的结论。在此基础上再与自己的设计理念相匹配，形成委托业主的设计项目最为可行也最能被业主接受的设计对策，为下一阶段的初步设计奠定可行的设计基础。

● 理论讲解知识链接5（Theory Link 5）

T5.1 ➢ 业主的居住形态及设计对策

T5.2 ➢ 业主的家装目的与心理及设计对策

T5.3 ➢ 家装风格选择与档次定位

★实训项目5（Project 5） 设计对策制订实训项目

在完整收集模拟的业主家庭需求信息、房屋测评结果、市场信息的基础上，根据该业主的家装目的与心理为其选定家装风格及装修档次，并确定针对该业主的设计思路和设计对策。

● 实训项目任务书5（Training Project Task Paper 5）

TP5—1 ➢ 制订家装设计对策实训项目任务书

TP5—2 ➢ 家装风格与档次定位实训项目任务书

理论讲解 5（Theory 5） 设计对策

设计师在收集到业主信息、房屋测绘数据和业主要求以后，就要开始制订设计对策，进行构思、设计。在这之前要厘清业主的居住形态、家装目的和家装心理。

T5.1 业主的居住形态及设计对策

T5.1.1 家庭的类型和发展趋势

1. 家庭类型

按家庭的模式可划分四个类型：核心家庭、主干家庭、扩大家庭、不完全家庭。

2. 发展趋势

按照社会的发展形态，城市的家庭在向小型化发展，而且这个趋势在加剧。现阶段多数家庭是三口之家，2017 年国家推出二胎政策，80 后与 90 后的家庭就会逐渐演变成四口之家。在城市这类家庭是主流，另一类家庭也有相当数量，值得关注，即 2+2+1/2 式家庭，也就是核心家庭加父母的类型。这样的家庭三代人居住，要小心处理代际关系。

T5.1.2 主要的居住形态及设计对策

1．一代居住

即同代的人一起居住的家庭，最典型的有新婚两人世界、“空巢”家庭、丁克之家。同代人居住最大的特点是观念比较一致，容易达成共识，生活模式和功能都相对简单，比较容易配置。

（1）新婚两人世界。婚房的家装讲究排场，这也是多数婚房家装业主的共同想法。新婚是特殊而重要的过渡时期。两人世界是甜蜜的，也是短暂的。一般说来，一个新的生命马上就会来到。因此不必过于为新婚考虑，只要按三口之家的模式设计即可。

设计对策：功能配置要齐全，要强调浪漫和爱的感觉，要讲究生活的品位和档次，要有喜庆的氛围，要给未来的孩子预留空间。

（2）“空巢”家庭。“空巢”家庭是对只剩老人的家庭的形象比喻。据专家预测，50 年后，我国老人家庭的“空巢”率将达到 90%，因“空巢”而引发的老年人身心健康问题也将更为突出。“空巢”家庭的特点基本上是同代人生活，但也要预留子女短暂回家，共同的生活功能。

设计对策：预留“鸟儿归巢”的空间。安全因素应重点考虑，老年型“空巢”家庭必须设置无障碍设施。适当缩小空间单位、消除空旷感觉，提升人气。强调阳光因素。丰富空间，增加视觉情感要素。

2. 多代居住

（1）2 + 1/2 家庭。典型三口／四口之家是社会学意义上的“核心家庭”，由夫妇和未婚子女组成。这种家庭是当代家装的主要对象。

设计对策：家装的主流方法都是为这类家庭准备的。

（2）2+2+1/2 家庭。是祖辈＋父母＋孩子的三代同堂家庭，社会学上所称的“主干家庭”。这种家庭过去比较多，现在已大为减少。这种家庭的特点是三代人生活在一起，也许有三个生活核心。这种家庭因为两代人的代沟，较容易产生家庭矛盾。

设计对策：设计时除了要设计一个大的共同空间以外，还要同时为每代人考虑相对独立的活动空间。一般老人在进行家装时把子女的需要都作为一个重点，要为他们预留空间。房间要特别注意隔声的处理，因为老人一般是早起早睡的，而子女往往是晚起晚睡的，隔声条件如果不好就容易互相影响。

3. 特殊居住

独身、离异等家居状态现在越来越多。家装时必须从他们的居住特点出发，做一些具有针对性的设计。

（1）独身家庭。奉行独身主义的男或女，主张按自己的愿望生活，讲究生活品质。

设计对策：设施齐全。麻雀虽小，五脏齐全。家具低矮小巧，适合小空间。家具多功能化、多方向化。空间利用最大化，灰空间多。

（2）离异家庭。离异家庭很容易发展成为再婚家庭。再婚家庭的一个现实问题是出现 2+2 的格局，即再婚双方都有一个子女，特别需要强调平等关系。

设计对策：对这类家庭，一定要考虑空间和设施公平性，否则很容易出现矛盾。新组合的家庭如果一切重新开始，只要满足各自的需要即可。如果在某一方的家庭上组建，则对原家庭要进行适当的改造，以平衡各方面的需要。

T5.2 业主的家装目的与心理及设计对策

T5.2.1 业主的家装目的及设计对策

1. 用于自住

多数房子的装修都以自住为目的，装修好坏可直接影响生活品质，所以需用心布置，精心打造。

设计对策：讲究、实用、货真价实。

2. 用于出租

这也是当今一部分人投资房产的一个重要目的，既可收租，又可坐等房产升值。在出租市场上有这样一个现象：装修讲究的房子租价高，并且出租方便；反之租价低，并且出租困难。因此，出租房的功能配置要大众化，不必追求个性化。

设计对策：干净、耐用、实惠、感觉高档，花费较低。

3. 用于出售

买房者除房型外，都会关注房子整体质感，装修精良的房子售价较高。

设计对策：通过家装升值，视觉效果好。

4. 用于样板房

样板房设计的顾主是房地产公司，业主内行。设计要有独到的理念和效果。用材要好，特别要用一些新颖的材料，功能可以略微忽略一些。

设计对策：气派、高档、前卫。概念鲜明，效果第一。视觉冲击力和感染力要强，展示性要强。

T5.2.2 业主的家装心理

1. 享受型

资金充足，家装高档。从设计师的选择，到材料的选用等，尽善尽美。

设计对策：根据户型面积水平，尽可能采用比较高端的设计手法。如卧室采用全功能配置，卫生间不能“四分离”至少也要“三分离”等。

2. 时尚型

紧跟潮流，追求更好。

设计对策：跟着流行走，多用“网红”设计手法。

3. 理性型

预算紧张，注意装修造价，投入非常理性。或采取“分步到位”的对策，先把必要的基本装修做好，其他的慢慢来，一步一步实现。

设计对策：量力而行，先硬装后软装。先把隐蔽工程和基本装修做好，其他的逐步完善。

4. 实用型

家装一定要实用、实惠，是家常男女的典型想法。

设计对策：功能第一，只要好用，不在乎是不是高端品牌。

5.“房奴”型

控制装修总价，精打细算，缓解资金压力。

6.“洁癖”型

外观洁净，日常清洁方便。

设计对策：不选用容易积灰尘的材料和构造。

7. 过渡型

过渡期住宅，简单家装。

设计对策：不考虑昂贵材料。

8. 改善型

房子升级了，家装档次当然也要升级改善。已多次买房的业主、买到比较中意房子的业主一般都有强烈的改善心理，比上一次的家装要上一个大台阶，各方面要来个飞跃。

设计对策：按流行风格如轻奢、华丽、北欧设计。

9. 一步到位型

一次性装修到位，避免浪费。

设计对策：追求性价比，多数采用普通材料，重点部位高档材料。

T5.3 家装风格选择与档次定位

初步设计的第一个任务是要回答两个问题，一是采用什么设计风格，二是采用什么装修档次。这是两个最难回答但必须回答的问题。

T5.3.1 风格选择

就家装设计而言，风格的表现形式很多，但归纳起来可以分成地域风格和其他风格。

1. 地域风格

一种风格或主义的形成，有其特殊的历史背景，同样，它的回归和流行也是需求的必然。不同地区的设计师在设计空间作品时总是有意识地将地区性和民族性的特征融入其中。地区风格中最常见的有中式风格、日式风格、南洋风格、欧式风格等。

1）中式风格。风格符号：红木家具、粉墙黛瓦、石狮子、花窗、皇家及民间园林、吉祥图案、中国书画、中国红、中国节、中国印等，见图T5.3–1。

（1）明式风格。造型简洁、质朴，不仅富有流畅、隽永的线条美，还给人以含蓄、高雅的意蕴美。尤其是明式家具以结构部件为装饰部件，不事雕琢、

图 T5.3–1 中式风格的设计元素

不加修饰，充分反映了天然材质的自然美。同时以精练、明快的形式构造和科学合理的榫卯工艺，产生了耐人寻味的结构美。

明式风格特点：造型简练，以线为主；结构严谨，做工精细；装饰适度，繁简相宜；木材坚硬，纹理优美，见图 T5.3–2。

图 T5.3–2　明式风格的书房

（2）清代风格。在明式装饰风格的基础上发展演变而来，从发展历史看，大体可分为两个阶段：清初继承了明代风格的传统，风格基本上保留了明式的特点。从康熙末至雍正、乾隆，乃至嘉庆这一百余年，是清代历史上的兴盛期，也是清代装饰风格发展的鼎盛期。清代风格的特点：浑厚和庄重，用料宽绰，尺寸加大，体态丰硕，繁缛富丽。

（3）新中式风格。新中式风格对传统的空间处理和装饰手法进行适当的简化，使传统的样式具有明显的时代特征，同时使其更适合现代人居住。新中式古典不是纯粹旧元素的堆砌，而是通过对传统文化的认知，将现代元素和传统元素结合在一起，以现代人的审美需求来打造富有传统韵味的事物，让传统艺术的脉络传承下去。新中式风格的特点：将繁复的装饰凝练得更为含蓄精雅，将古典美注入简洁实用的现代设计，使得家居装饰更有灵性，使得古典的美丽能够穿透岁月，使生活变得活色生香，见图 T5.3–3。

图 T5.3–3　两个新中式风格演绎的现代卧室
资料来源：陈海山海南定安汪宅居设计

2）日式风格。风格符号：方格子、榻榻米、低矮家具、浮士绘、书法等，见图 T5.3–4。

日式的“榻榻米”和低床矮案给人以非常深刻的印象，这源于日本人跪坐的生活方式。典型的日式风格可参考近年流行的日式偶像剧里的布景。一个空明的房间，铺以实木地板，再配以原木矮桌和舒适的榻榻米坐垫，墙边悬挂书画，整体简洁大方、线条流畅。在一个家居中配置一间和式风格淡雅的茶室，感觉新鲜，慵懒惬意。

图 T5.3–4 日式风格的设计元素

3）南洋风格。风格符号：热带作物（芭蕉等）、纱幔、泰丝靠垫、印尼木雕、泰国锡器等。

东南亚地区的家居风格一般被称为南洋风格。糅合多样殖民文化的南洋风格受限于当地气候与天然环境的客观条件，总体上热闹、休闲、慵懒、舒适、明媚，室内与室外空间融为一体，既充满自然气息又极其舒适，在南方地区受到人们的欢迎。配设方面：一条艳丽轻柔的纱幔、一双泰式绣花鞋、几个色彩妩媚的泰丝靠垫、一个流动着水中花的烛台，或者由椰子壳、果核、咖啡豆串起来的小饰品，再加上热带作物。视觉效果妩媚中蕴藏着神秘，温柔与激情兼备，独具特色的东南亚风情，见图 T5.3–5。

4）欧式风格。欧式风格是我国消费者乐见的家居风格，其中最受欢迎的有古典欧式风格、北欧风格、地中海风格、现代欧式风格。

（1）古典欧式风格。风格符号：古希腊—罗马艺术、拜占庭艺术、哥特艺术、巴洛克艺术、洛可可艺术、新古典主义艺术、前拉斐尔派艺术等西方传统的欧式风格要素。

古典欧式风格也有地区、民族、文化、地理的差别。英、法和意大利各国也不同，即使同一个国家，不同的历史时期也不一样。以法国古典风格为例，18 世纪时，出现洛可可风格装饰，室内装饰和家具造型趋向小巧、轻盈，采用织锦做壁挂和铺设，门窗、柜橱装饰以大型刻花玻璃镜子，悬挂晶莹夺目的枝形灯，室内还装饰有著名艺术家的绘画和雕塑珍品等，见图 T5.3–6。

（2）北欧风格。风格符号：直线条的座椅、金属的边框、松木表面的家具材质、精致的细节和精湛的加工技术。

北欧风格突出的感觉是简约和精致，尤其以北欧风格的家具为代表。北欧风格的家具最大的特点是具有直线条的椅子腿和桌腿。这些直线条的家具腿令人体会到简洁风格的魅力。目前，市场上可以看到的北欧家具主要有板式组合和松木两大类。贴木皮的板式家具集典雅和实用于一身，易于拆装的结构也

图 T5.3-5　南洋风格的设计元素（左）
图 T5.3-6　古典欧式风格的书房（右）

图 T5.3-7　北欧风格的设计元素

十分适合现代生活的需要，见图 T5.3-7。

（3）地中海风格。风格元素：半户外的回廊，灰白手刷墙面，门窗外的蓝色景致，手工艺术的铸铁、陶砖、陶瓷锦砖、编织等装饰，原木建材，显露朴质的表漆，低彩度、线条简单且修边浑圆的木质家具。地面多铺地砖、陶砖，地中海风格颜色明亮、大胆、丰厚却又简单，见图 T5.3-8。

2. 其他风格

除了地域风格，家装领域还有众多的其他设计风格，主要流行风格列举如下。

1）自然风格。风格符号：植物、花卉、阳光、石材、竹、藤制品、铁艺、原木本色家具、本色配饰，见图 T5.3-9。

图 T5.3-8 地中海风格的设计元素

图 T5.3-9 自然风格的设计元素

现代人面临着城市的喧嚣和污染、激烈的竞争压力，还有忙碌的工作和紧张的生活。因而，更加向往清新自然、随意轻松的居室环境。越来越多的都市人开始摒弃繁缛豪华的装修，力求拥有一种自然简约的居室空间。自然主义流派在室内外空间环境设计中引入天然的山石、绿化、水体，追求田园风味。在空间界面中采用较为自然的石材和竹木等天然材料的质地，来烘托一种自然的空间氛围，追求一种天然的空间属性。

2）乡村风格。风格符号：松木、石板、红砖、椽子、火炉、土灶、农家用具。

古今中外各地乡村风格各有各的面貌，地域风情十分突出。例如美式乡村家具起源于18世纪，是由一群美国人及从英国移民至美国专门为美国各地的拓荒者建造房子的工匠创建的一种美国当地的乡村居家风格，以"多色彩""原始自然"为最大的风格特征。乡村风格重视基础装修，但并不需要使用昂贵的材料，鹅卵石或粗糙刷墙都可能形成最佳效果。但简单且粗陋的材质却需要十分强调全面风格的统筹设计和精致的装修功夫，否则就会显得简陋粗糙，见图T5.3–10。

图T5.3–10　美式乡村风格设计元素

3）现代简约风格。风格符号：排斥装饰，以纯粹的空间、线条、色彩为设计语言，表现现代抽象的形式感。

遵循现代主义建筑大师密斯·凡·德·罗"少即是多（Less is more）"的设计名言，主张形式简单、高度功能化与理性化，反对繁复的装饰化风格。非常强调室内各种材料与色调的丰富对比。色调要尽可能用材料的自然色，突出触感，强调金属、石材与软质材料的对比，用光来丰富视觉感受。对于设计师来说，以简单表现丰富是相当困难的。因为对于室内设计而言，用简单设计语言传达出丰富的感觉，就意味着设计师必须具备赋予简单的东西以丰富内涵的本领，这样才不至于因为简单而变得苍白无力，见图T5.3–11。

4）华丽风格。风格符号：用现代的设计手段将古典宫廷化的设计要素改造得精致典雅，见图T5.3–12。

图 T5.3–11 现代简约风格的客厅
资料来源：维业盛世公司深圳湾 T2–28F

图 T5.3–12 华丽风格设计元素

华丽风格源于欧洲宫廷的洛可可风格，但它是对古典欧式风格的适度简化，追求视觉华丽和舒适实用。常采用不对称手法，喜欢用弧线和“S”形线，尤其爱用贝壳、漩涡、山石、卷涡、水草及其他植物等花纹作为装饰题材，通过局部贵重材料制作的家具和设备来装饰房间。家具框条部位饰以金线、金边；

墙面用高级材料，如铝镁合金或锦缎、高级墙布、墙纸装饰；用大理石或高级木板铺地或纯羊毛地毯铺地，地毯、窗帘、床罩、帷幔的图案以及装饰画或物件为古典式。房间内再放上一些古玩或艺术珍品，使室内金碧辉煌，但又充满现代生活情调。

5）工业风格。风格符号：加工痕迹明显的金属材料，结构感强的家具和房屋构造，用看似粗犷的装饰材料构成粗野的视觉感受。

在空间的构成上，工业风格充分运用现代技术，崇尚现代机器美感；采用高新建筑结构技术，通过新颖别致的结构构成，力求表现出建筑结构本身所体现的装饰艺术风格。它诞生在工业化时代，钟情于工业产品的使用，尊重那种很理性、结构感很强的“机械美”。工业风格的家居对加工技术的要求很高，因此也被称为高技派。正因如此，工业风格看上去粗犷，但使用起来却很舒服，见图 T5.3–13。

6）禅意风格。风格符号：沉稳的深色，空灵的空间，自然的材料，仪式感的饰品，见图 T5.3–14。

图 T5.3–13　工业风格的起居室（左）
图 T5.3–14　禅意空间——宁静而神圣的空间（右）

禅意空间中的色彩运用，以深色系为主，可以使人感到空间的沉稳。因此，禅意空间多偏向运用木质原色、深黑色、暗红色等沉稳色调，以对比的白色墙面作搭配；装饰品起到画龙点睛的作用，竹帘的挂置可提升空间的意境与质感；蜡烛、风铃、线香与石雕等饰品则加强空间空灵禅修的内涵。

T5.3.2　常见的家装档次

1. 风格与家装造价

每一种设计风格都有自己的适应人群，这与家装造价的选择也有密切的关系（表 T5.3–1）。

风格特点与适合人群表 表T5.3-1

风格类型	特点	适合人群类型/年龄层次	流行程度/造价
自然风格	清新	知识人士/中、老	次流/中端
乡村风格	质朴	知识人士/中、老	次流/中端
简约风格	清爽	实惠型/青、中、老	主流/中低端
古典中式	精致	实力人士/中、老	次流/高端
古典欧式	精致	实力人士/中、老	次流/高端
新中式	清雅致	知识人士/青、中、老	次流/中高端
Art Deco风格（装饰艺术）	丰富	浪漫型/青、中、老	次流/中端
华丽风格（新古典风格）	精致	浪漫型/青、中、老	主流/中高端
怀旧风格	文脉	知识人士/中、老	次流/中端
工业风格	硬朗	艺术家/青、中	个别/中端
海派风格	精巧	实惠型/青、中、老	主流/中端
禅意风格	空灵	知识人士/中、老	个别/中端
混搭风格	复合	浪漫型/青、中、老	次流/中端
前卫风格	个性	艺术家/中年	个别/中端
粗野风格	自然	成功人士/中年	个别/中低端
异域风格	别致	知识人士/中、老	个别/中端
科技风格	高技术	科技精英/青、少	个别/中高端
梦幻风格	迷离	浪漫型/青、中	个别/中高端
贵族风格	富丽	成功人士/中、老	次主流/高端

2. 常见的家装档次

1）基础档。只做基本装修，解决基本的使用功能问题。通水、电、气，有基本的生活设施。只求有，不求好，满足最基本的功能需求，视觉上清清爽爽就可。基础档无所谓设计风格，装修造价在500～800元/m^2。

2）实惠档。除了做基本装修，解决基本的使用功能问题外。在选择基础材料和生活设施时讲求性价比。除了满足最基本的功能需求，对审美也有要求，表面材料和设施可以用流行中高端品牌中的基础款，例如洁具可能选择TOTO、科勒等入门款。设计风格以现代简约、简欧、简中等为主，也可以采用北欧、地中海等风格。装修造价在1000～2000元/m^2。

3）轻奢档。不但讲究使用功能的使用效果，更讲究功能的使用体验。例如中央空调、新风系统、中央供水系统、地暖系统、智能家电等都会进入选项。大量采用中端品牌，重要材料和重要部位选择高端品牌。华丽、北欧、新中式、欧式、工业、混搭等都是该设计风格选项，装修造价在2000～5000元/m^2。

4）豪华档。高端进口材料和高端功能如智能安防系统、智能洁具、中央空调、新风系统、中央供水系统、地暖系统都是标配选项。设计风格以个人爱好为主要参考。装修造价在10000元/m^2以上。

5）奢华档。不考虑装修造价。

实训项目 5（Project 5） 设计对策制订实训项目

P5.1 实训项目组成

设计对策制订实训项目包括 2 个实训子项目：

- 设计对策制订实训；
- 家装风格与档次定位实训。

P5.2 实训项目任务书

TP5–1 制订家装设计对策实训项目任务书（电子版扫描二维码 TP5–1 获取）

二维码 TP5–1 制订家装设计对策实训项目任务书

1. 任务

在模拟业主信息收集归纳的基础上，进一步分析该业主的居住形态、家装目的与心理，研议出若干条家装设计对策和设计思路。

2. 要求

1）业主信息收集全面、准确。

2）用简明的语言准确归纳业主的家装目的和家装心理。

3）根据以上分析归纳列出 5 ～ 8 条家装设计对策。上传课程 APP 指定作业栏目。

3. 成果

简述模拟业主的居住形态、家装目的和家装心理，研议出若干条家装设计对策和设计思路。

4. 考核标准

要求	得分权重
分析正确	30%
对策合理	30%
表述简明	30%
上交及时	10%
总分	100分

5. 考核方法

1）结对团队成员交叉评分。

2）老师给出最后得分。

TP5–2 家装风格与档次定位实训项目任务书（电子版扫描二维码 TP5–2 获取）

二维码 TP5–2 家装风格与档次定位实训项目任务书

1. 任务

1）对当前流行的家装风格进行综述。

2）为业主进行家装风格和设计档次定位。

2. 要求

1）两人一组组成团队，在网上收集家装流行风格信息。

2）归纳分析最流行的十大流行家装风格，每种风格至少收集 4 张案例图片。或列出最流行的十大流行家装风格列表，选择其中 2 种自己最心仪流行风格，归纳出其风格元素及适应人群。

3）根据业主居住形态、家装目的、家装心理为业主进行家装风格和设计档次定位。

3. 成果

以下 1）或 2）二选一，3）必做。

1）微信图文：家装流行十大风格，分享班级微信群。

2）PPT：2 种自己最心仪流行家装风格的风格元素及适应人群分析。

3）家装风格和设计档次定位。

4. 考核标准

要求	得分权重
信息全面	30%
图文并茂	30%
定位准确	30%
上交及时	10%
总分	100分

5. 考核方法

1）结对团队成员交叉评分。

2）老师给出最后得分。

设计前					设计中					设计后
项目1 业主沟通	项目2 市场调研	项目3 房屋测评	项目4 设计尺度	项目5 设计对策	项目6 初步设计	项目7 沟通定案	项目8 深化设计	项目9 设计封装	项目10 审核交付	项目11 后期服务

★项目训练阶段 2：方案设计

项目 6　初步设计

★理论讲解 6（Theory 6）　初步设计

- **初步设计定义**

初步设计是设计师在接受业主委托意向后，根据业主各方面信息和房屋测评情况，结合自己的专业经验，为业主量身定制的一个意向性设计方案，用于征求业主对自己的家装工程的确定意见。

- **初步设计意义**

初步设计方案主要包括设计构思与创新创意（T6.1）、功能设计与平面规划（T6.2）、艺术要素的各项设计（T6.3）、初步设计的提案编制（T6.4）等四方面的设计内容。表达设计师对业主的全面理解、对业主房屋的设计理念、设计特色和设计构想。业主可以通过它全面理解设计师的设计意图，了解自己未来家居空间的功能安排、房间分配、空间形式、界面材料、色彩照明、家具陈设、设计风格等。以此判断设计师的设计方案是否符合自己家庭对未来家居生活的期待。

- **理论讲解知识链接 6（Theory Link 6）**

T6.1 ➢ 设计构思与创新创意

T6.2 ➢ 功能设计及平面规划

T6.3 ➢ 艺术要素的各项设计

T6.4 ➢ 初步设计的提案编制

★实训项目 6（Project 6）　初步设计实训项目

根据模拟业主的要求开展初步设计。要求完成风格选择与档次定位、平面布局及功能设计、艺术设计（功能安排、房间分配、空间形式、界面材料、色彩照明、家具陈设）及效果显示、主材推荐及工程估价等一系列设计内容，最终完成纸质版和微信推送版初步设计提案。

- **实训项目任务书 6（Training Project Task Paper 6）**

TP6–1 ➢ 平面设计图设计实训项目任务书

TP6–2 ➢ 效果呈现设计实训项目任务书

TP6–3 ➢ 编制初步设计提案实训项目任务书

理论讲解 6（Theory 6） 初步设计

设计师在收集到业主信息、房屋测绘数据和业主要求、制定设计对策以后，就要开始初步设计。重点是对业主服务的艺术设计，主要是解决四个问题：①方案构思与设计创意；②功能设计与平面布局；③艺术设计与效果呈现；④主材推荐与工程估价等设计内容。初步设计方案由设计理念说明、平面规划图、主要场景效果图、主材推荐及设计估价等文件组成。完成后要征求业主对初步设计方案的意见。

T6.1 设计构思与创新创意

初步设计的第一个任务是设计构思与创新创意。

T6.1.1 设计构思

如何寻找设计构思切入点大有讲究。要找到好的设计方向，就要找准设计思维的切入点。通过功能切入、形式切入、风格切入、热点切入、优势切入等，获得有效的设计构思，进行设计创新。

1. 功能切入

功能设计是家居设计的第一步，在这个阶段思考如何进行功能创新和功能扩展是很实际的构思方式。

1）功能创新。对家居新功能的追求是没有止境的。以卫浴设计为例，除了对产品质量的要求以外，对卫浴多重功能的追求已成为注重生活品质的象征。因此各种人性化、多功能的卫浴产品就不断地呈现出来。例如，带有自洁技术的卫生洁具、采用感应式自动开关的水龙头、多功能智能坐便器及具有恒温技术的花洒等设备的开发与应用就是一种有效的功能创新。要及时运用新材料、新设备，创新家居功能。

2）功能扩展。常规的家居设计是根据功能布局将其划分为客厅、卧室、厨房、阳台等，空间的功能无形中被特定化。但我们的生活内容随着时代的发展变得越来越复杂多样了，限定的空间格局也会限定我们的活动范围。尤其是网络化、智能化延伸到家居生活中的各个角落，使住宅的很多功能在空间上融为一体。卧室同时也是书房，卫生间也可以化身为听音乐的空间。于是，突破原有家居空间区域的机械划分，将功能空间的界限模糊也是一种功能扩展。

2. 形式切入

用形式创新的效果给客户带来惊喜也是很好的设计构思切入点。形式思维是设计师特有的思维方式。

1）形态构成。形态构成是研究形式的一个很好的途径。

（1）点线面体构成课中学到的点、线、面的表现语言，重复、渐变、近似、特异、发射等手法可以在设计中大加应用。

图 T6.1—1　点的设计元素（左）
资料来源：http://news.msn.fang.com/sp/2012-04-27/7556764_2.html
图 T6.1—2　线的设计元素（右上）
图 T6.1—3　曲线设计元素（右下）

单独的点具有焦点的作用，能够引起注意。由点的组合形成的艺术背景，见图 T6.1—1。

各种线形具有不同的性格。单独的线具有分割的作用，也具有导向的作用。排列的线具有明显的节奏感，见图 T6.1—2。

直线形面明快、简洁、有序、理性，适合现代感和科技感极强的设计；曲线形面比直线形复杂而变化丰富，它给人优美、弹性、张力、柔软、亲和力强的感受；偶然形面浑然天成，没有人工斧凿痕迹，自然、新颖、独特，见图 T6.1—3。

（2）重复、渐变、近似、特异、发射。这些都是利用点、线、面进行平面构成的具体方法。图 T6.1—4 的顶棚采用发射的形式。

（3）视错觉。视错觉是既普遍又特殊的现象。在设计中合理巧妙地应用视错觉原理可以化腐朽为神奇，改善室内的空间效果。将小的空间扩大，低的空间增高。用视觉原理改变空间的感觉是一种比较经济的装修手法。如矮中见高，在居室的共同空间中，一部分做上吊顶，而另一部分不做，那么没有吊顶的部分就会显得"高"了；虚中见实，通过条形或整幅的镜面玻璃，利用反射原理制造出一个虚的空间，这一种视错觉的效果，见图 T6.1—5；粗中见细。在实木地板或者玻化砖等光洁度比较高的材质边上，放置一些粗糙的材质，例如复古砖和鹅卵石，使其更显光洁，见图 T6.1—6；曲中见直，一些建筑的天花板往往并不太平整，当弯曲度不大的情况下，可以通过处理四条边附近的平直角造成视觉上的整体平整感。

2）色彩要素。色彩也是重要的形式要素。用色彩作为设计创新的主角非常自然，设计师可以借助一些实用的色彩思维形成设计的创新点。这些方法有

图 T6.1–4　放射设计元素（左）
图 T6.1–5　虚中见实（右上）
图 T6.1–6　粗中见细（右下）

性格色彩、温度色彩、年龄色彩、季节色彩和流行色彩的线路。

（1）性格色彩。不同性格的人喜欢不同的色彩。根据客户的性格及色彩喜好确定其家庭的色调是很对路的设计。一般说来，热情奔放、喜欢交际的人喜欢暖色调系列的色彩；而性格内向、喜欢独享自我空间的人喜欢冷色调系列的色彩。

（2）温度色彩。色彩与温度感有密切关系。暖色系给人温暖的感觉，冷色系给人清凉的感觉。就家居而言，人们一般喜欢与季节色彩相反的色彩。如冬季的色彩是冷的，而人们在家居中则乐于见到温暖的色彩；夏季的色彩是比较浓重的，而人们在家居中乐于见到清淡的色彩，见图 T6.1–7。

（3）年龄色彩。年龄大小对色彩的爱好变化有一定的规律。总体来说，年龄越大，选择的色彩越沉稳；年龄越小，选择的色彩越鲜亮。以红色系为例：幼儿喜欢的色相基本在原色的范围里。少儿喜欢的红色其纯度就会下降，粉红、玫瑰红、洋红就会成为选项。成年对色彩的理解大大加深，选择的范围也会大大扩展。中年一般倾向于选择比较沉稳的色彩，选用红色系列的色相，大多是“酒红”或者是“枣红”，见图 T6.1–8。

（4）季节色彩。色彩季节论是一种流行的配色方法。春季型色彩轻盈欢愉，夏季型色彩浓烈明快，秋季型彩色鲜亮艳丽，冬季型色彩淡雅轻快。这些色型都可以运用到家居的搭配中，而且都有迷人的效果，见图 T6.1–9。

（5）流行色彩。流行色彩也是色彩创意的重要元素，设计师将服装界每年发布的流行色运用到家居空间的

图 T6.1–7　冷色调

图 T6.1–8　酒红或枣红色调

图 T6.1–9　季节色彩

图 T6.1–10　流行色彩

色彩创意中，也会收到好的效果，见图 T6.1–10。

3）形式美原理。运用形式美原理进行空间和界面形象的设计创新是形式思维的有效手段。

图 T6.1—11 统一（左上）
图 T6.1—12 对比（左下）
图 T6.1—13 对称（右）

（1）统一与对比。统一是指性质相同或类似的形态要素并置在一起，通过和谐、有序的组合而形成协同一致的感觉，见图 T6.1—11。对比是反差悬殊的形态、色彩或质感并列在一起，形成强烈的具有紧张感的图面效果，见图 T6.1—12。

（2）对称与平衡。对称的平衡具有秩序、稳定、沉静、庄重的视觉心理效果，具有秩序美，见图 T6.1—13。不对称的平衡构成灵活、生动、活跃的效果，富有一定的生命活力，具有动态美，并有新奇感和紧张感。

（3）尺度与比例。黄金比例是古希腊先民发现的一种完美比例。在家装设计中，比例主要指室内空间的局部与局部，局部和整体之间的各部分大小、长短、体积等所占空间位置的关系。

（4）节奏和韵律。在室内设计中，造型语言的节奏与韵律应用非常广泛。建筑上的窗柱结构就表现出一种节奏感，建筑及装饰造型要素有规则的变化，使之产生高低起伏、远近间隔的抑扬律动，产生"韵律"。楼梯也是产生韵律感的好媒界。

（5）特异和发射。特异是规律的突破和秩序的局部对比。特异可形成"视觉中心"，它能满足人的视觉美感的需求。在设计中通过异常的大小、质地、图案、线条、色彩、空间等设计要素进行对比，出其不意形成重点空间和"视觉中心"。

3. 风格切入

设计师根据对业主类型的判断，将适合的设计风格推荐给他们，这是很自然的家居设计构思切入点。

1）上班族→清爽愉悦。对普通上班族来说，职场节奏快，需要安静而轻松的居家环境。设计风格尽量清爽简洁，不要过多的装饰也不要太高的造价。整体设计感觉要温馨、惬意、宁静，见图 T6.1–14。

2）富裕族→华丽优雅。富裕阶层，追求优雅的生活品质是无可非议的，华丽风格自然成为选择。要有看得见的精致，看得见的豪华，看得见的讲究，看得见的优雅。总之，能够明显体会到业主绚丽、舒适的富裕生活，见图 T6.1–15。

3）"文艺范"→艺术情调。讲究格调，比较钟情 Art Deco 之类清新雅致的风格，讲究文化内涵，讲究艺术格调，所有装饰和器物都要很有格调，见图 T6.1–16。

4）"成功者"→古典贵族。对成功的商务人士来说，其住房面积很大，装修造价没有限制。追求经典的、正宗的巴洛克风格、洛可可风格、明清风格，营造贵族气派，见图 T6.1–17。

5）"小清新"→时尚明快。此类业主一般比较年轻，个性鲜明，文化程度高，主张"我的空间我做主"。时尚现代的前卫风格是他们钟情的。设计上讲究光、影的变化，用大胆的色彩对比来装饰空间，用不规则的空间切割来丰富视觉，见图 T6.1–18。

6）"工作狂"→简约高效。对以工作至上的人来说，生活就是要简单。家庭空间是另一个工作场所，家庭环境其实就是一个背景。可以从简约风格中获得设计灵感。总的效果是简洁明快、实用大方、讲求功能至上，所有形式都要服从功能，见图 T6.1–19。

(a)

(b)

图 T6.1–14　清爽愉悦的色调

(a)

(b)

图 T6.1–15　华丽风格

图 T6.1-16　Art Deco 风格（左）
图 T6.1-17　洛可可风格营造贵族气派（右）

图 T6.1-18　小清新风格（左）
图 T6.1-19　简约风格（右）

7）资深型→怀旧情调。由于资深，有生活阅历，所以怀旧成为情不自禁的事情。发黄的照片，成排的古书，年代感强的物件都是设计的主角。生命中割舍不下的东西，都陈列在家中的某个角落。具有年代感的东西能够引起同时代人的强烈认同和共鸣，见图 T6.1-20。

8）驴友群→异国情调。见多识广的驴友一族对异国情调情有独钟，地中海、纯泰、英国乡村、美式、北欧、埃及、印度……各种异国风格总有一款深得其心，见图 T6.1-21。

4. 热点切入

利用大众共同期盼的社会热点进行设计创新，容易引起业主的共鸣。

1）绿色与环保。家装的目的是什么？不就是为了使人类生活得更加健康，更加美好？“可持续生活”应该是 21 世纪最有品位的生活方式，它们往往就体现在一些生活的细节上，见图 T6.1-22。

现在高层住宅多是单向户型，通风不好，见图 T6.1-23。即便通风好的户型，因为雾霾严重，也不能随意开窗。复旦大学陈良尧教授研制的“负压通风系统”能够在不开窗的情况下，使室内空气新鲜。陈教授利用自己的物理学知识，巧妙地打造出了一个“会呼吸的房子”，见图 T6.1-24。

2）节能。家居的能源消费总量是十分惊人的。在设计时考虑到使用的经

图 T6.1–20　怀旧风格（左）
图 T6.1–21　埃及风格（右）

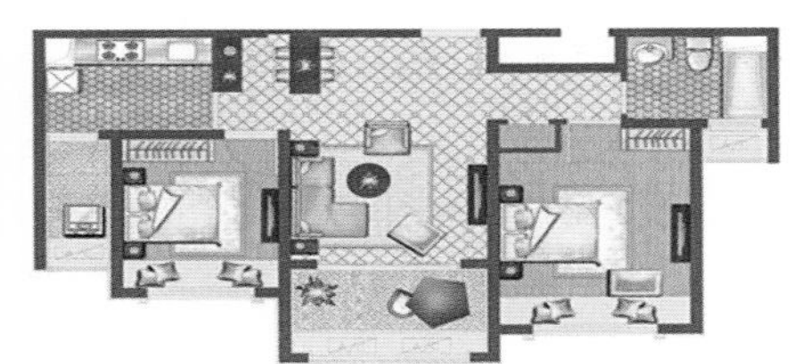

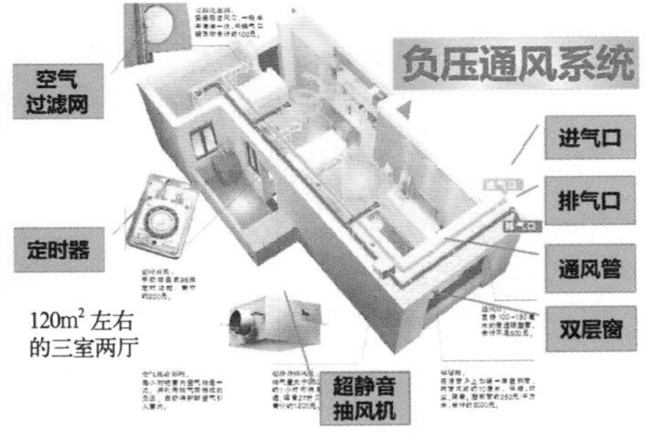

图 T6.1–22　绿色环保的起居室（左）
图 T6.1–23　单向通风户型（右上）
图 T6.1–24　负压通风系统（右下）

济性必定受到消费者的欢迎。家居的能耗主要来自以下几个方面：

（1）升温或降温的能耗。南方地区通常在冬季和夏季有三个月时间需要人工调节空气温度，选择能耗指标低的空间产品尤为重要。

（2）照明的能耗。尽量省略不必要的装饰照明。

（3）通风的能耗。尽量采用产生对流风的空间格局，减少人工通风设备进行强制通风。

（4）水的能耗。避免热水器与水龙头的距离过长。

家装设计中的其他节能措施：

（1）在建筑底层设计地暖地面可解决保温、防潮等一系列问题。

(2）门应采用防撞条构造，一方面减少关门撞击的噪声，同时也可提高密封性能。

(3）改善遮阳设施的构造。一般装修只考虑内遮阳，从效果来说，外遮阳远远胜于内遮阳。因而在装修的范围内，可以考虑一些外遮阳的设施，见图 T6.1—25。

3）新材料、新科技。新型涂料如温控变色涂料、自然芳香涂料、自洁涂料使设计呈现新面貌。新型五金为家居的各种移动组合带来了很多可能。轻质移门、轻便的下拉式储物架，方便的折叠五金使笨重的家具可以轻便地收藏起来……

对旧材料的新用法也能改变人们对材料价值的看法。如透着年轮的乌金木树桩，大块的大理石荒料，木纹美丽的枫木、榉木等，这些取材自然的天然材料制作的家具能够拉近人和自然的距离，见图 T6.1—26。

5. 优势切入

对所有住宅自身的优势一定要加以利用，这是设计构思的重要原则。

1）地理优势。如有的房子地理位置特别优越，景观条件很好，对这样的优势要充分地利用，大力强化，把它作为设计的主要亮点，见图 T6.1—27。

2）阳光优势。阳光是很多住宅所没有的天然优势。特别是以顶面采光的方式获得的阳光。当有这样的条件可以获得天然采光时，要把它好好地利用起来，见图 T6.1—28。

3）构造优势。某些房屋的结构构造具有独特的造型特点，对这样具有结构美的房屋要尽可能顺势而为，把原有房屋的风格特点展现出来，如图 T6.1—29 就是一个极佳的案例。

图 T6.1—25　德国电脑控制的外遮阳设施（左）
图 T6.1—26　取材自然的天然材料制作的家具（右）

4）套型优势。有些房子的套型先天条件很好，如大落地窗、南面的大阳台、中空的挑高空间、屋顶的天窗等。对原套型的优点一定要尽可能地保留，设计时只能强调优点而不能抹杀优点。如图 T6.1—30 有大落地窗的江景住宅安排了观江的功能。

图 T6.1—27　对地理优势的利用达到了"天作"的地步

图 T6.1-28　把光和景观都利用起来（左）
图 T6.1-29　木屋空间构造很自然，也很美观（右）

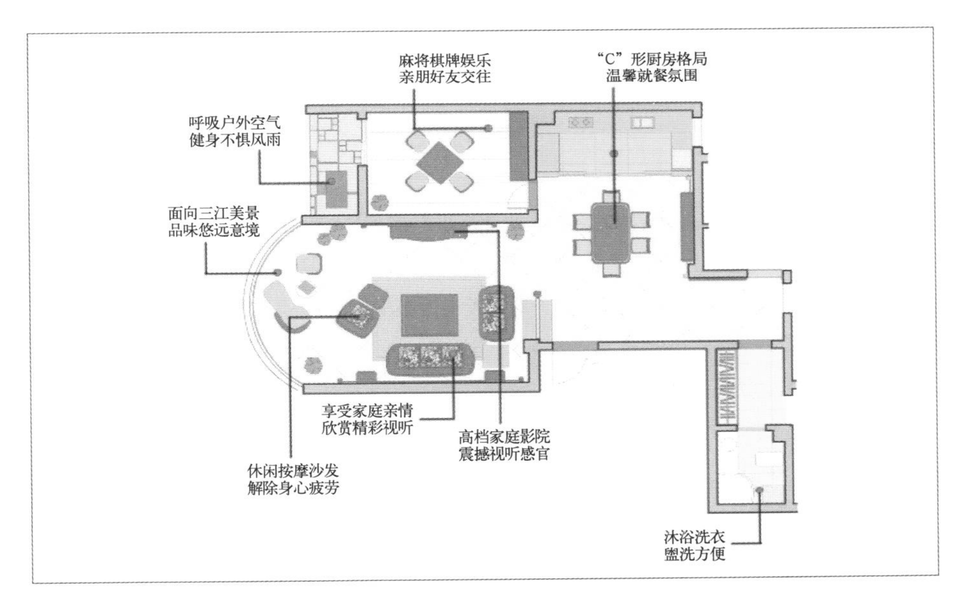

图 T6.1-30　大落地窗前安排了观江的休闲功能

T6.1.2　创新创意

1. 创意就要创新

家装设计是艺术性和技术性兼而有之的创造性劳动。在技术性方面有很多常规和规范要求，当然也不排除有技术创新的因素。然而在艺术性方面，创造性是要被突出地强调的。如果没有设计创新，设计就失去了意义。设计创新主要体现在创意，创意就是创造新的设计意念。严格来说，每个设计都应该有新的创意，没有新点的创意就不能叫设计，至少不能称为好设计。

创新离不开继承，人们常说的"标新立异""推陈出新"都是指在继承过去设计创作成果的基础上，开拓新思路，寻找新题材，发掘新的艺术表现形式。

2. 创新是设计师的使命

只要你当设计师，你就要创新。设计如何创新是设计师每天要问自己的问题，如何让自己拥有源源不断的创新思维，是设计师必须毕生追求的。

设计人员要打破习惯性思维，变换角度，开阔视野，使自己的创造力得到更充分的发挥。创造性思维的形式很多，有发散思维和集中思维、逻辑思维和形象思维、直觉思维和灵感思维等。在设计中要充分注意发散思维和集中思维的辩证统一；准确把握逻辑思维和形象思维的巧妙结合；善于捕捉直觉思维和灵感思维的闪光点和亮点，这样才有可能设计出新颖、独特、有创意的作品。

3. 设计创新的任务

怎样进行创新？在哪些方面进行创新？可以从下列几个方面重点探索：

(1) 探索新的设计理念。设计理念需要不断创新，理念先进了，后面的工作才有意义。理念落后，后面的工作再好，层次也不高。

(2) 探索新的视觉形式。空间设计、形象设计包括造型和色彩是家装设计的重要内容，视觉形式的创新是设计师的主要任务。

(3) 探索新的构造、新的材料用法、新的技术手段、新的施工工艺。新的构造和新的材料运用会出现新的视觉效果。新的技术手段和新的施工工艺可以保障新构造和新效果的实现。

在构思创意阶段思维状态要放松，要做到“四不”：

一不要冥思苦想。相反精神放松，思维闲散，海阔天空的思维状态对创造性的发挥十分有利。或是在与别人的聊天中，或是在茶馆里看着玻璃杯中飘动的嫩芽，或是翻阅刚刚出版的油墨飘香的时尚杂志，在这些不确定的时间或场合，在不经意中，并不强求结果，也许想法就出现了！

二不要设置禁区。譬如想到一个新的构思，不要先用种种的理由将其否定。如造价太贵，客户可能不喜欢，过时，太前卫，太不理性，太怪异等。而是先把它画下来，然后再来分析。如果设置了很多思维禁区，思维状态就不自由了。

三不要惯性思维。不要因为家居设计项目不大，就采用常规的处理办法。在这样的惯性思维下做出来的设计很难使人眼睛一亮。相反，总是要提醒自己一下有没有不同的做法呢？可不可以异想天开一下呢？

四不要排斥幻想。幻想是一种不现实的思想。可是对设计创意来说，幻想是一种很好的思维状态。它把思维与现实隔离，与功利隔离，与世俗隔离。光怪陆离的幻想有时候可以展现瑰丽无比的景象，可以给现实的设计以很多的启发。

T6.2 功能设计及平面规划

初步设计的第二个任务是完成业主家居的功能设计及平面规划，设计成果是平面设计方案图。

T6.2.1 功能配置

功能配置就是为业主的家居配置必要的生活空间和生活设施，以满足居住者的生活要求。例如要满足业主睡觉的生活要求，最起码要有床，有卧室就更好，可以关起门来睡觉，休息不受打扰。如果在卧室里配置床头柜、衣柜、电视柜、化妆台和一把椅子，这就是一间标准的卧室了。若能在此基础上再配套卫生间、衣帽间、写字间和休闲茶吧就是很周全、很舒适的卧室了。又如，要满足吃饭的生活要求，最起码必须有灶和桌子。有厨房、有餐桌和餐椅更好，有独立厨房和独立餐厅就非常理想了。如果有大面积的厨房和带景观的餐厅则标志着进入了高档生活的层次！

家居功能配置的原则是：在有限制的居住条件下，为业主提供尽可能理想的生活条件，满足居住者尽可能多的生活愿望。

1. 生活层次

家居生活的层次与功能配置关系极大，其配置有下列层次。

1）基本的生活层次。只能满足做饭、吃饭、睡觉、洗澡、大小便这些最基本的生活要求。如要在一个自我的空间内能满足这些最基本的生活要求，不讲条件，不讲空间，只要一个独立房间就可办到。至于体面和舒适就无从谈起，生活的尴尬也会随时发生。

2）体面的生活层次。每一样基本生活要求都有独立的空间去对应，就不会发生基本的生活尴尬，这样生活就可以体面地进行了。如果有了套房，哪怕只是一室一厅一厨一卫，就可以使这些基本生活行为达到体面的要求，见图 T6.2–1。

3）舒适的生活层次。在满足体面生活的基础上，进一步讲究生活的舒适性，使其能够按照科学的生活流程进行空间布局和家具布置。就居住面积来讲，至少达到目前我国城市的人均 30 多平方米居住面积，也就是说三口之家有 90 ~ 110m^2 左右的居住空间，见图 T6.2–2。

4）优雅的生活层次。在满足舒适生活的基础上，还能“四讲”。一讲情调。有情调的餐厅餐桌周围有艺术品的点缀，灯光把餐桌上的菜肴照得鲜亮动人，餐具下面还有桌垫，碗、碟、筷、勺就像高档的餐厅那样摆放着。二讲品牌。家用设备、家装材料都要用品牌产品，有些还要知名品牌、高档品牌。三讲风格。家装设计必须讲究风格，体现艺术性和文化性。四讲个性。自己的家必须有自己家的面貌，必须有与众不同的形象，见图 T6.2–3。

图 T6.2–1 经济档住宅装修

图 T6.2–2 优雅的卧室
资料来源：湛江万达广场 SOHO 公寓，冯明聪设计

5）豪华的生活层次。要达到这样的生活层次必须有宽大空间的条件，面积必须超大，人均 $60m^2$ 以上。起居室与客厅必须是互相独立的，甚至家里不止一个起居室。凡是卧室都应该带卫生间。主卧室面积超大，由卧区、休闲区、储存区、沐浴区、洁身区、休闲按摩区和健身区等组成。浴缸是独立的，床最好带有帷幔，客厅不能以视听区为中心，而是应该以壁炉或名画为中心，装饰画须是名家原作。装修标准远远超平均水平，这就是通常意义上的豪华的生活标准，见图 T6.2–4。

图 T6.2–3 优雅的卫生间（左）

图 T6.2–4 带水池的豪华家庭起居室（右）资料来源：新加坡 SCDA–Soori High Line，曾仕乾设计

6）奢华的生活层次。除了必须有空间的条件、面积超大以外，所用的工艺和设施都是超豪华级的。尤其是有几件标志性的奢侈品作为象征。但这种档次的住宅室内设计出现的概率不多，见图 T6.2–5。

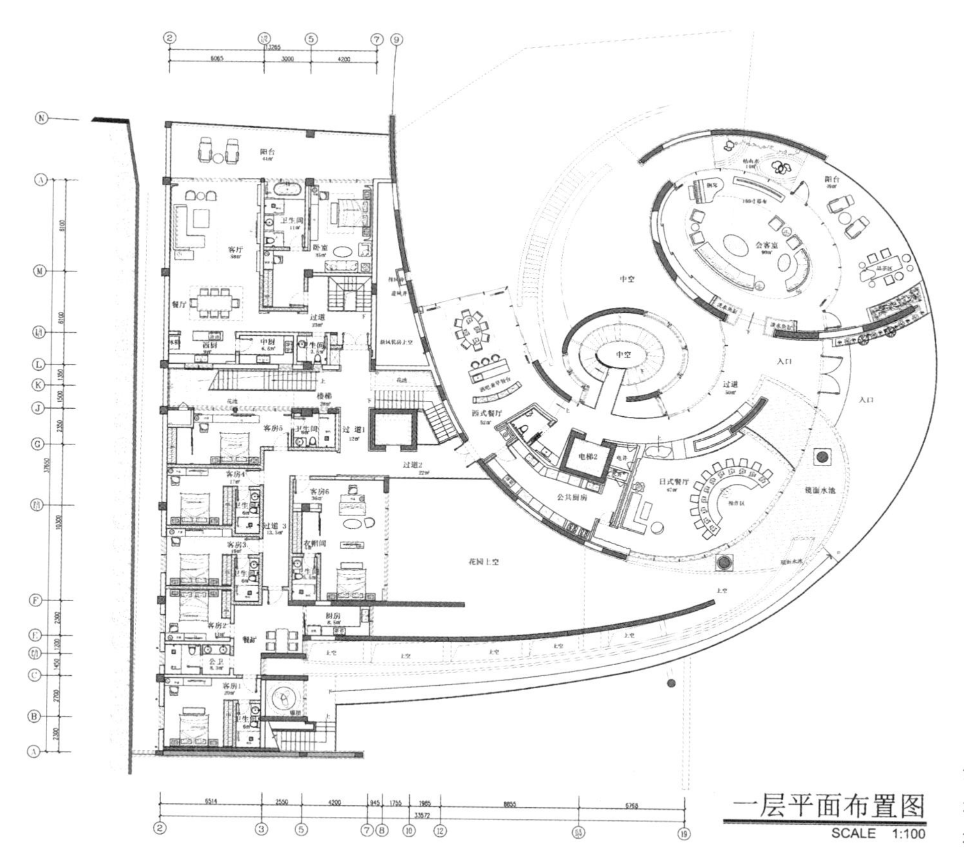

图 T6.2–5 豪华的海景别墅（亚洲最大海边别墅之一"天琴湾 39 别墅"一层平面图）

2. 家居的空间单元及功能配置

1）基本的空间单元可以配置的设施。刚需和改善型家庭都会有基本空间单元，它们可以选配的功能设施见表 T6.2–1。

基本的空间单元及可以配置的设施表　　表T6.2–1

序号	房间名称		可以配置的功能
1	门厅		鞋柜、换鞋座位、钥匙柜、展示桌几、主墙、造景、背景墙等
2	起居室	客厅+餐厅	沙发茶几组、安乐单椅、电视墙柜、音响、壁炉、装饰桌几、书报架、（酒/茶/咖啡/水）吧台、餐桌椅、餐柜、酒柜、背景墙等
3	独立餐厅		餐桌椅、餐柜、酒柜、背景墙等
4	厨房		厨具、便餐台、备餐台、储藏柜、冰箱、消毒柜、洗碗机、烤箱等
5	卧室	主卧	床及床头柜组、床靠及背景墙、化装台椅、休闲椅、小桌几、五斗柜、衣柜、步入式衣柜、电视柜、音响等
		孩子房	衣柜、高低床、床组、书柜、衣柜、电脑桌、钢琴或其他设备等
		长辈房 客房	床组、休闲椅、衣柜、电视柜、书柜等
6	书房/工作室		衣柜、沙发床、沙发、工作台、书柜、展示柜、衣柜、电脑桌、其他专用工作设备等
7	卫生间	主卫	（单双）洗脸台、（智能）马桶、妇洗盆、淋浴房、（独立）浴缸、化妆品柜、视听、书报架、休闲椅等
		次卫	洗脸台、马桶、淋浴房或浴缸、化妆品柜等
		客卫	洗脸台、马桶等
8	阳台（家政/休闲）		洗衣机、柜子、衣杆/观景椅、秋千、网床、造景等
9	储藏室		更衣区、组合衣柜、储藏箱、家政台等

2）其他空间单元及可以配置的设施

空间条件好的超大户型如 300m² 以上的别墅和有特殊需要的家庭还选配如下一些空间单元和设施，见表 T6.2–2。

其他空间单元及可以配置的设施表　　表T6.2–2

序号	房间名称	可以配置的功能
1	第二客厅	会客沙发茶几组、壁炉、装饰桌几、造景、书报架等
2	和室	衣柜、矮柜、桌几、障子门窗、储藏柜、造景等
3	娱乐室	娱乐台、椅子、茶桌、展示柜、造景等
4	外玄关	景观、鞋柜、围墙、景观台等
5	庭院	花房、观景椅、秋千、网床、造景等
6	阳光房	花房、观景椅、秋千、网床、造景等
7	佛堂	佛桌、准备桌、准备室等
8	健身房	运动器材、休息桌椅、淋浴室、厕所等
9	家政房	床组、衣柜、整理桌椅、洗衣机、烘干机等

续表

序号	房间名称	可以配置的功能
10	视听室	栖息沙发茶几组、电视墙柜组、音响、书报架等
11	洗衣房	洗衣机、衣柜、水斗、拖把斗等
12	密室	柜子、保险箱、工作台等
13	禅修室	置物柜、书架、桌几等
14	特殊机房	备用发电机、冷气机、电器开关、智能设备等

T6.2.2 平面规划

平面规划是家居设计的基础。主要工作是按业主生活要求，对各项生活功能及房间分配做出布局，并为各个房间配置实现各项功能的家具和设施。

1. 空间组合

家庭生活功能无限丰富，然而家庭空间是有限的，特别是房价越来越高、城市居民承受的房价压力越来越大，能够买得起大空间的家庭越来越少。加之居住建筑高层化也越来越普遍，得房率越来越低。所以每家每户的居住空间十分有限，一二线城市尤其如此。所以，独立的门厅、客厅、餐厅等越来越少。要在有限的空间内安排尽可能多的功能，就需要对不同功能的空间进行组合。

1）以起居室（客厅）为主的组合。组合形式见表 T6.2—3。

起居室（客厅）为主的空间组合　　表T6.2—3

空间组合要素	适合家庭	组合效果
起居室（客厅）+餐厅+门厅	多数家庭	三厅组合符合逻辑，现实中非常常见
起居室（客厅）+餐厅	多数家庭	两厅组合，非常常见，把这一空间叫起居室更为合适
起居室（客厅）+书房/工作室	知识/专业型家庭	事业型家庭常见的组合，有气质的家庭氛围
起居室（客厅）+弹性功能	“小资”家庭	瑜伽、健身、和室、琴房、游戏房、家庭影院等功能组合也很自然，有些功能需要影视功能，这类空间生活情趣很浓
起居室（客厅）+阳台	多数家庭	多数户型这两个空间连在一起，与观景阳台组合非常可取，与家政阳台组合就显得尴尬
起居室（客厅）+卫生间	多数家庭	起居室配一个客卫，方便客人也方便家人
起居室（客厅）+卧室	少数家庭	生活空间有限，动静功能组合在一起，不得已而为之

2）以卧室为主的组合。组合形式见表 T6.2—4。

卧室为主的空间组合　　表T6.2—4

空间组合要素	适合家庭	组合效果
卧室+衣帽间+卫生间	多数家庭	主卧的完美组合
卧室+衣帽间	多数家庭	自然组合，有条件的话卧室的卧区尽量减少家具
卧室+书房/工作室	知识/专业型家庭	家庭常见的组合，卧室里有一张书桌、一个书柜很自然

续表

空间组合要素	适合家庭	组合效果
起居室（客厅）+弹性功能	“小资”家庭	瑜伽、健身、和室、琴房、游戏等功能组合也很自然，有些功能需要影视功能，这类空间生活情趣很浓
卧室+阳台	多数家庭	与观景阳台组合非常可取，与家政阳台组合也可接受
卧室+餐厅	少数家庭	生活空间有限，不得已而为之

3）以书房（工作室）为主的组合。组合形式见表T6.2–5。

书房（工作室）为主的空间组合　　表T6.2–5

空间组合要素	适合家庭	组合效果
书房+工作室	专业型家庭	专业人士标配
书房+弹性功能	特殊需要家庭	瑜伽、健身、琴房、游戏、和室、家庭影院等功能组合也很自然，工作累了健健身、休闲一下，非常方便，生活情趣很浓
书房/工作室+卧室	知识/专业型家庭	空间不够，书房里有时候加一张床也可接受
书房+阳台	多数家庭	与观景阳台组合非常可取，与家政阳台组合也可接受
书房+餐厅	少数家庭	生活空间有限，不得已而为之

4）以厨房为主的组合。组合形式见表T6.2–6。

厨房为主的空间组合　　表T6.2–6

空间组合要素	适合家庭	组合效果
厨房+餐厅	多数家庭	顺理成章的组合
厨房+弹性功能	特殊需要家庭	瑜伽、健身、琴房、和室等功能组合也很自然，工作累了健健身、休闲一下，非常方便，生活情趣很浓
厨房+卧室	小空间家庭	生活空间有限，不得已而为
厨房+阳台	多数家庭	与家政阳台组合非常可取

5）以卫生间为主的组合。组合形式见表T6.2–7。

卫生间为主的空间组合　　表T6.2–7

空间组合要素	适合家庭	组合效果
卫生间+书房	多数家庭	满足喜欢在卫生间看看书、听听音乐的人群
卫生间+弹性功能	特殊需要家庭	瑜伽、健身等功能组合也很自然，生活情趣很浓
卫生间+卧室	小空间家庭	生活空间有限，不得已而为
卫生间+阳台	多数家庭	与家政阳台组合非常可取，洗衣、晾衣很自然

2. 房间分配

目前的一手房多数是框架或框剪结构，交付时除了卫生间和厨房，并没有分割房间。有的即使有分割房间，但若不符合业主的需要，也可以进行调整。在毛坯房给定的空间中，空间有大有小，方位有南有北，形状有规则有不规则，那么，房间应该如何分配？

1）区分功能的主要和次要。表 T6.2–1 ～表 T6.2–2 提到的两类空间单元并不是每个家庭都需要的。一般家庭的生活内容不会跳出表 T6.2–1 里表述的内容。表 T6.2–2 的空间单元并不是多数家庭都需要的。就是在基本的空间单元内的功能也要注意区别生活重心和功能的主次。在主要功能和次要功能不能两全的情况下，以满足主要功能为主。

一般家居以二室一厅一厨一卫到四室二厅一厨二卫为主。即使四室二厅一厨二卫加起来也只有十来个房间，不可能安排表 T6.2–1 所列的所有内容。因此，有些功能是可以组合的。组合的原则是动静分开，开放与私密分开，干湿分开。

2）四个主要的关系。在考虑房间分配时有以下四个主要的关系需要很好地处理：

(1) 老人儿童。老人和儿童需要特别照顾，尽量将其安排在阳光充足的房间。因为老人每天待在家里，特别需要阳光。阳光可以帮助钙的吸收，经常晒太阳有利于老人的健康。儿童最好安排在东南方向。

(2) 楼上楼下。如果有楼上和楼下的话，一般动的功能、开放的功能安排在楼下。静的功能、私密的功能安排在楼上。但老人及小孩房例外。老人房必须安排在楼下，避免上下楼产生危险。小孩好动，可以安排在楼上。

(3) 北面南面。南阳北阴，一般大家都喜欢待在有阳光的南面的房间。因此一般的原则是，重要的房间尽可能安排在南面，次要的辅助的房间可以安排在北面。

(4) 开放私密。玄关、客厅、起居室、和室、娱乐室、视听室、厨房、餐厅、家政室、健身房、阳台和庭院可以视为家庭中的开放区域；卧室、卫生间、佛堂、禅修室、密室等可以视为家庭中的私密区域。开放区域可以安排在靠近外侧、靠近动线的位置，私密的区域反之。

3. 家具配置

家具的配置主要注意以下几个方面。

1）功能与形式。家具可以决定房间的功能与形式。一个房间放不同的家具就会成为不同功能的空间。如，放上床就会成为卧室，放上书桌、书柜就会成为书房。

2）沿边与中置。家具的配置主要有沿边和中置两种形式。沿边，就是沿着墙壁四周布置。这样布置的好处是安定，节省空间。小户型家具布局以沿边为主。中置，就是在空间中居中布置，好处是舒适、方便地使用主功能家具。对于大空间，主要功能的家具可以采用中置式布局，例如图 T6.2–6 书房中的写字台。

3）固定与灵活。在家居中，有些家具需要与装修融为一体，有些家具则适宜灵活放置。固定，指在现场制作与装修融为一体的家具，如隔断、衣柜、储藏室家具等。其好处是比较容易利用空间，可以把一些不规则的空间利用起来。灵活，指可以搬动的沙发、茶几、床、椅子、餐桌椅等家具，此类家具最好在家具市场选购。无论款式、做工都比较上乘，选购得体的话还可为空间画龙点睛。

图 T6.2–6 写字台中置的布局（左）
图 T6.2–7 家具布置的集中与分散（右）

4）集中与分散。集中式的家具布局的效果简洁明了，适合于功能单一、面积较小的场所。分散式的家具布局的效果丰富多样，适用于大空间、多功能的场所，见图 T6.2–7。

5）对称与均衡。对称式家具布局的效果严肃端庄，肃穆大方，适合于正式隆重的场合。为老年人设计家居最好采用庄重的对称格局，见图 T6.2–8。均衡式的家具布局的效果活泼轻松，自由流动，适合于多数轻松、休闲、自由的场合。年轻人比较容易接受均衡式的布置格局，见图 T6.2–9。

图 T6.2–8 中式大家族的厅堂可以采用对称的布置（左）
图 T6.2–9 均衡式的电视墙（右）

4. 动线设定

人在室内移动的点连接起来即成为动线。简而言之，动线是居住者活动的线路。动线设定五大讲究：

1）动线设置尽可能简短。家居设计中动线以简短为宜，多安排单动线，少安排多动线。动线以简洁明确、不重复、少交叉为最佳。小户型、窄开间的套型只要安排单动线就可以了。大户型大开间的套型可以考虑安排双动线。例如沙发区的安排，3.3 ～ 4.5m 开间的起居室只要安排单动线就可以了。如果开间超过 5m，就可以考虑安排双动线，见图 T6.2–10。

2）动线设置尽可能顺畅。动线设计的最大原则是一个“顺”字。一要采用顺的格局，运动路线要顺畅，主要通道要明确、宽敞、便利。二要空间序列和家具放置要按照操作程序安排。三要造型线条顺势。墙角、楼梯的扶手，家具的收尾，装饰线条的导向要顺势而为。这样才能让人在视觉上觉得很舒服。

3）动线设置要区分动静。家居空间应动静分区，相对隔离，最好不要安排动静交替的空间序列。空间的组织秩序根据生活中的行为秩序展开，空间通过动线轴串接。多人使用的区域为动区，要安排在中心靠外侧的部位；单人使用的区域为静区，可以安排在动线末端。年轻人使用的区域偏动，老年人使用的区域偏静。人口较多的家庭，应按年龄划分活动区域，将老人和儿童安排在远离会客中心的较安静的区域，见图 T6.2–11。

4）单边穿行，避免交叉。动线必然会对房间产生分割。这样的分割最好采用单边形式。树形结构和中心展开都是可以采用的格局。要避免对穿空间、斜穿空间的形式，要有效利用空间，见图 T6.2–12。

5）动线视线，合二为一。视线是随着动线展开的，关键点对应的面应该精心安排，并以不同分隔形式来营造视觉层次，见图 T6.2–13。

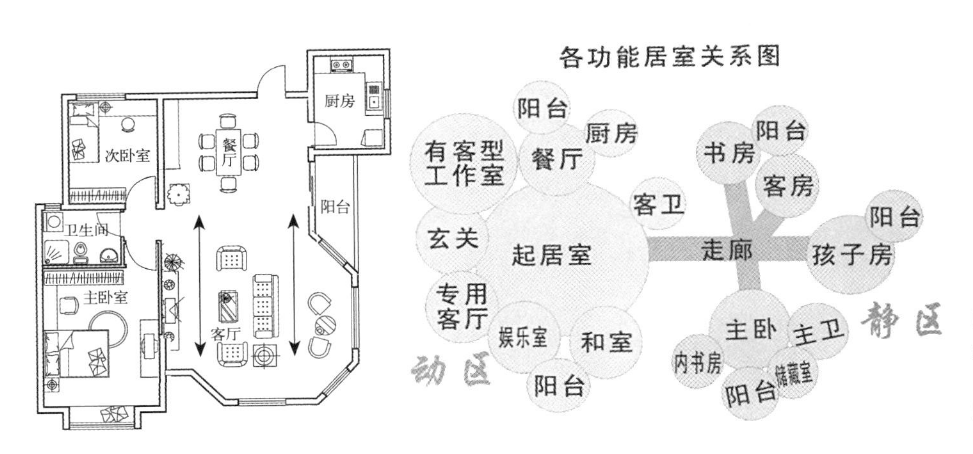

图 T6.2–10 客厅部分采用双动线（左）
图 T6.2–11 各功能居室动静关系图（右）

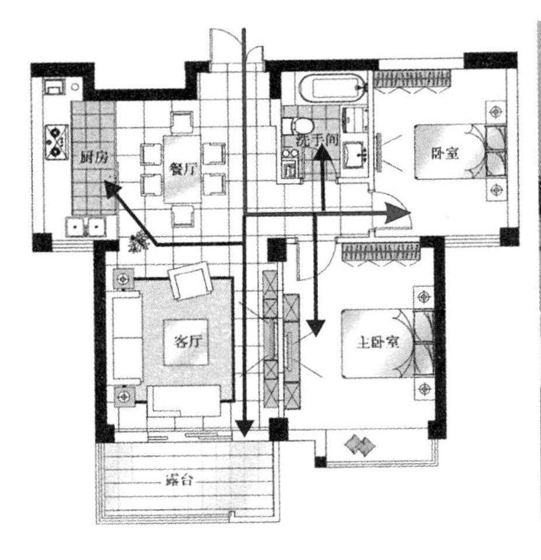

图 T6.2–12 单边穿行，避免对穿、斜穿空间（左）
图 T6.2–13 动线、视线合二为一（右）

T6.3 艺术要素的各项设计

初步设计的第三个任务是对业主的家居空间进行艺术设计，它是通过平面设计方案图和若干张静态效果图（手绘／电脑）或动态（360°／720° 漫游／VR 仿真）视频对各个房间的艺术设计效果加以呈现。

艺术设计主要内容包括对各个房间的空间营造、界面造型、色彩肌理、采光照明、家具陈设进行全面的创意设计。因为最终需要提供若干张静态效果图，尤其普遍要提供 360°／720° 动态漫游视频／VR 仿真场景，所以各个房间的艺术设计内容是缺一不可的。

T6.3.1 空间营造

1. 空间关系

在空间设计上要处理好固定与灵活、静态与动态、开敞与封闭、模糊与确定、虚幻与实在五大关系。

1）固定与灵活。固定空间通常是由固定不变的空间界面围合而成，空间的使用属性和功能不变且位置固定，见图 T6.3–1。灵活空间是为适应不同使用功能变化的需要，通常由推拉门、活动隔墙、活动地面等一些灵活的构件组成，见图 T6.3–2。

2）静态与动态。静态空间的构成较为封闭完整，空间形态也较为稳定单一。动态空间也称为流动空间，在视觉上有导向性，能吸引人的视线沿一定的空间序列进行转移，空间构成富有变化，见图 T6.3–3。

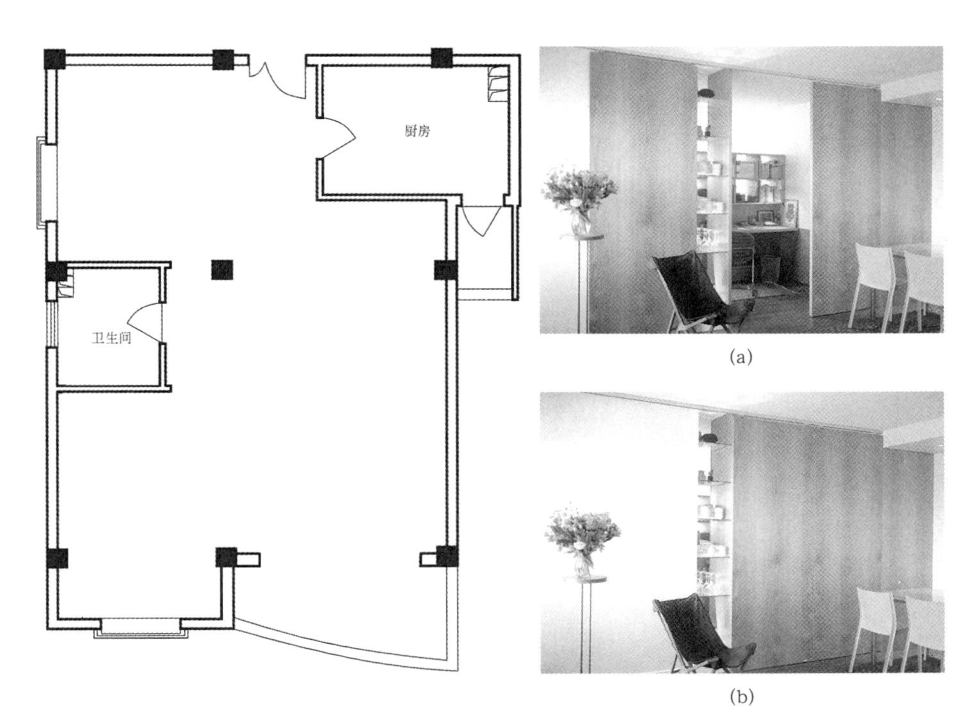

图 T6.3–1 固定与灵活（左）
图 T6.3–2 由推拉门活动隔墙（右）

图 T6.3–3 流动空间（左）
图 T6.3–4 利用空透或透明界面（右）

3）开敞与封闭。开敞空间利用空透或透明界面，使得室内外空间相互渗透、相互流动，扩大视野。还可将室外景观引入室内，见图 T6.3–4。封闭空间是一些使用性质上属于私密性较强，界面封闭、完整，感觉安静的空间。

4）模糊与确定。在空间的形态上模棱两可、亦此亦彼、似是而非，这样的空间称为模糊空间。模糊空间独具不确定性和多义性。与此相对，在同一个空间中通过界面局部变化，如地面局部下沉或升起、顶棚局部升高或降低、界面色彩或材质变化等方法使空间得以限定就是确定空间。

5）虚幻与实在。在室内空间中，通过设置镜面，构成虚幻空间的效果，丰富室内景观。如图 T6.1–5 的墙面采用镜面材料，构成了虚幻空间，而与之相反的空间则是实在的、真切的。人们的活动空间是依靠这些实在的空间展开的，虚幻的空间只给人心理上的扩大感。

2. 空间营造策略

大小空间有不同的营造策略。

1）大空间的营造策略。大空间要有大空间的特质，只要面积足够，就不要把大空间的房子变成很多小格子。可以从三个方面来营造气派舒适的空间效果。

一是从容舒适。一个 15m² 的客厅与一个 30m² 的客厅不能相提并论。前者只能满足基本的功能，且所有家具都要沿墙放置。后者家具摆放的形态可以采用岛式。千万不要把 30m² 的客厅分成两个 15m² 的空间，这样大空间的感觉就消失殆尽了。

二是宽敞气派。宽敞的大空间，配置得体的家具和陈设就会有气派的感觉。

有高空间决不降低，有大空间决不割小。不仅如此，还要利用空间的穿透、扩散、引导等制造更高、更大、更深、更广的气派感觉。

三是功能专用。每个主要的功能都有专用空间，如专用的玄关，专用的餐厅，专用的客厅，不必与起居室混在一起。其不仅采用专用的主卫和客卫，而且在主卫中还实行五个分离：干湿分离，淋浴分离，厕浴分离，男用女用分离，洗脸、洗手、洗脚分离，见图 T6.3–5。

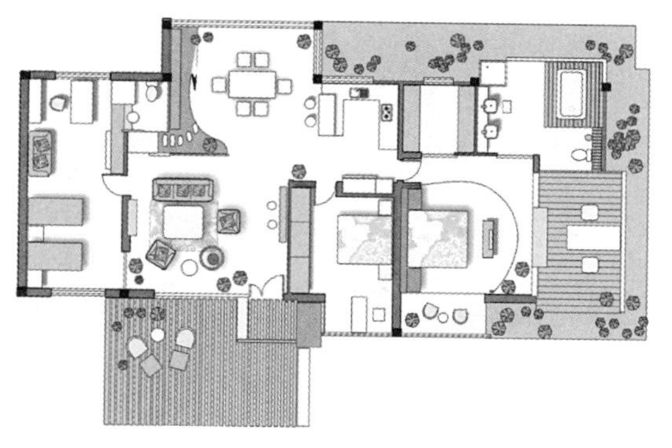

图 T6.3–5　大空间的营造策略

2）小空间的设计策略。对小空间而言，不能放弃任何可以利用的空间，可以从四方面来提升空间效率。

（1）斤斤计较。小空间家庭通常只有一室一厅、二室一厅，至多是三室一厅，而且房间的面积都较小，但其基本生活功能与大空间家庭是相似的。例如客厅只有 12m^2，同样要放沙发、茶几、电视柜。厨房只有 3 ~ 4m^2，同样要洗涤、烹调、备餐。卧室也只有 8 ~ 10m^2，同样要摆放床具、衣柜。这样的空间中要出现气派的感觉是不可能的，但实用、温馨的氛围还是可以营造的。设计师对空间要斤斤计较，转角空间、上部空间、下部空间都可以做文章。活用不起眼的死角，如将楼梯踏板可做成活动板，利用台阶做成抽屉，作为储藏柜用；楼梯下方设计成架子及抽屉，让其具有收纳的功能；床下的空间可设计抽屉；小孩高架床的床下可设置书桌、书架、玩具柜、衣柜；沙发椅座底下亦可加利用；尽量避免空间的浪费，见图 T6.3–6。

（2）复合多义。把单一空间性质变成多义的、混合的。一个空间既是卧室又是工作室，见图 T6.3–7。一个 40m^2 的单身公寓，如果什么都要专用那是无法设计的。可是空间一混合，可能就出现了。无怪房地产商会“吹嘘”：40m^2 的客厅，40m^2 的餐厅，40m^2 的书房，40m^2 的卧室！可整套房子的面积一共也只有 40m^2。奥秘在于家具带有轮子，空间的功能可以瞬间转换。卫生间没有门！厨房也没有门，与客厅、书房融为一体，共同以开放的姿态同处一室。家虽小，却未见局促。功能齐备，分割清楚。还要在家具设计上做文章。

（3）减肥瘦身。如果想让空间显得宽敞一些的话，不要用大体量的家具。尽量使用前后纵深小、较低矮的家具。低矮的家具可使墙面显得开阔许多，见图 T6.3–8。在客厅里可将沙发做成长而窄的形状，然后放几个靠垫当靠背。这种没有靠背的沙发，可以使房间面积感增大。

（4）通透延伸。空间后面有空间，空间就会活起来，见图 T6.3–9。可利用橱柜作为隔屏，隔出另一个空间。其次，尽量使用透光的质材做隔间，也是小面积住宅的设计要点。因为透光的隔板，如雕花玻璃、毛玻璃、彩绘玻璃等，不但可以透光，让室内更明亮，而且可以让视觉有延展性，使室内感觉更宽敞。

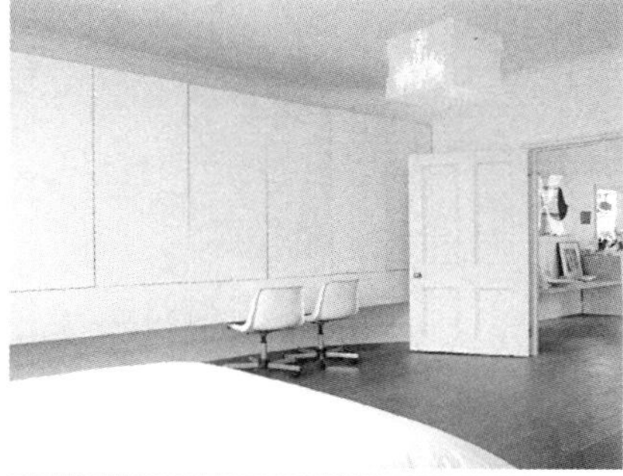

图 T6.3-6 充分利用上部空间的设计（左）
图 T6.3-7 卧室与工作室的功能转化（右）

图 T6.3-8 低矮的空间用低矮的家具（左）
图 T6.3-9 空间后面有空间（右）

遇到卧室需要考虑私密性，这类透明隔间可以加上布幔或百叶帘等，需要时可以随时切断视线。

T6.3.2 界面造型

每个空间由地面、顶面、东南西北四个墙面这六个界面组成，每个界面都有造型和构造方案需要设计。

1. 地面

1）地面的材质。主要有单一材质和复合材质两类组成形式。

单一材质。多数为木地板，木地板地面是很多业主喜欢的选择，纯木质地面有一种天然亲和力。天然木纹的色彩和纹理要精心挑选。如果采用复合木地板，色彩和木纹有更多的选择，见图 T6.3-10。单一的材质在视觉上可能比较单调，可以通过地毯和家具进行适当的变化，还可以通过不同的拼法使地面更有设计感。见图 T6.3-11。

图 T6.3–10　全地板地面（左上）
图 T6.3–11　大理石拼花地面（右）
图 T6.3–12　阳台上设计了地台丰富了空间效果（左下）

复合材质。客厅有时可以采用木地板以外的材质，如抛光砖、大理石、花岗石、文化石等，其他房间则大多采用木地板（图 T6.3–11），这样可以造成一定的视觉变化，而且也符合使用功能的要求。采用两种以上的材质要注意色彩的搭配和过渡。通常在两种材料之间采用过渡石。如客厅与卫生间之间用门槛石来进行材质过渡。

2）地面的设计。地面的设计基本有平面式、地台式、下沉式三种。

（1）平面式。平面式的地面设计有单一材质和多种材质两种搭配，多种材质通过设计波导线及各式图案来丰富视觉感受。

（2）地台式。空间大的房间可以采用局部地台，如客厅的一边有一个和室。地面抬高一点，自然形成另一个区域，见图 T6.3–12。

（3）下沉式。在普通家居中这样的设计一般很少有机会应用。除非是很大的别墅，如果是底层房屋可挖一个小水池，做水景造型。

2. 顶面

1）顶面的类型和作用。顶面的类型主要有两种，一是有吊顶的顶面，二是无吊顶的顶面。有吊顶的顶面有几大作用：界定空间、增加层次、隐藏缺陷、调整感受、方便按灯、呼应地面、风格形成等。

2）顶面的主要设计手法。图 T6.3–13 展示了顶面的 N 种设计手法。

（1）层级过渡式。两个区域的空间可以用层级式的构造来分割空间，营造比较自然的过渡，见图 T6.3–13（A、F）。

（2）围边式。沿墙边向下拉一圈吊顶，中间自然形成藻井，藻井边沿可以布置轮廓灯，边上的吊顶部位可以布置嵌入式灯光。一般都为对称的形式，效果比较平稳端庄。见图 T6.3–13（B）。

图 T6.3–13　顶面的设计手法

(3) 单边下沉式。房间的某一侧吊顶下沉，造成空间的变化，同时也方便布置灯光。见图 T6.3–13（C、D）。

(4) 围线。不拉顶或只拉平顶，四周用装饰线条作为主装饰。在这类形式中欧式或中式风格“四菜一汤”的图案比较受欢迎。见图 T6.3–13（E、L）。

(5) 格子式。空间比较大，层高超过 3m 的大空间可以用格子式构造的吊顶，它立体感比较强，面积小、层高低的空间不适宜用这样的构造，见图 T6.3–13（J）。

(6) 平顶式。要么不拉吊顶，要么全部拉平，顶面与墙面的转角处可以设置装饰边线，效果也比较典雅。简约的风格也可以不用装饰边线，见图 T6.3–13（K）。

(7) 就错式。房间中间的横梁本来是一个令人头痛的缺陷，可是在设计时将这个缺陷转化为一种设计构造，将缺陷转化为设计意匠，见图 T6.3–13（H、M）。

(8) 对比式。两种设计方式进行对比，见图 T6.3–13（I、G）。

(9) 扣板式。塑料、塑钢、铝合金的扣板型材可以比较方便地拉出整洁的吊顶。表面不需要再用油漆或涂料进行装饰。

(10) 自由式。采用比较自由的、灵活的吊顶形式，以视觉平衡为原则。

(11) 拱形式。层高比较高的空间可以用这样的形式，比较富丽堂皇，见图 T6.3–13（N）。

3. 墙面

墙面有四大设计要点。

1) 区分主次。一个房间的墙面一般有四个面。这四个面有的是主要视觉面，有的是主要背景，有的是重点视觉面，有的是衬托面。各个面主次不同，设计时不能平分秋色。图 T6.3–14 是一个卧室平面图，它说明了这个房间功能不同的界面：A 是主要背景面；B 是重点视觉面；C 是主要视觉面；D 是衬托面。

2) 强调重点。主要背景面和主要视觉面应该是设计的重点。尤其是主要视觉面可作为高潮处理，不但要完整，而且要完美。衬托面相对比较次要，设计内容可松弛一些，甚至可以用空白来处理。

3) 风格呼应。墙界面造型要同家具的风格和造型呼应。

4) 甘为背景。墙界面设计要衬托家具和墙面前的装饰品，心甘情愿成为背景。在构图上要追求完整，色彩和材质上的变化要追求均衡的视觉感受，使人在感觉上比较松弛。

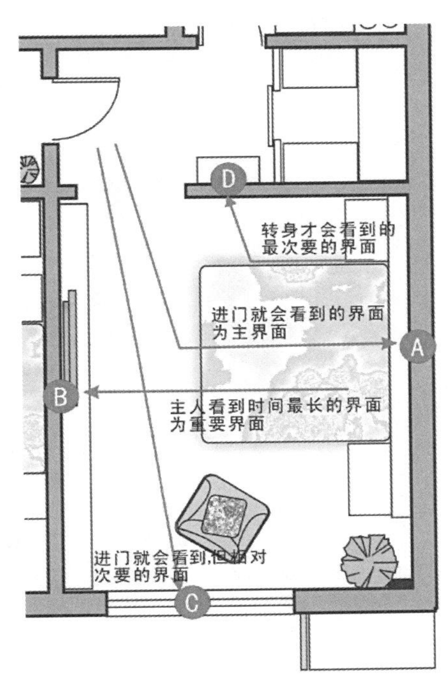

图 T6.3–14 功能不同的各个界面

图 T6.3–15 列举了 15 种常见的墙界面设计的主要形式及构造，这些当然不是全部。其中的每一类界面设计还可以做无穷无尽的变化。

图 T6.3–15 列举了 15 种常见的墙界面设计

5）墙界面设计的主要形式：

（1）主题式。这类墙面是室内的主要景观，它决定室内的主题和风格。其他墙面的设计就要为它让路，作为陪衬，不要与之争夺注意力。

（2）织物式。这类墙面以织物作为主要材料和表现手段，风格比较柔和，比较女性化，是卧室界面设计很好的选择。

（3）罩面式。罩面对墙面有很好的保护作用，它的设计形式也很自由，简约的、欧式的、中式的都可以，还可以做局部的罩面，如墙裙等。

（4）造景式。这类墙面具有一定的立体效果，具有壁画和盆景的复合感觉，视觉效果比较丰富。它适合空间面积比较大，对视觉艺术要求比较高的住户。

（5）透明式。这类墙面局部运用透明或半透明的玻璃，或者用烤漆玻璃，它对扩大空间的感受方面具有一定的效果。

（6）软包式。这类墙面是用软包作为主要材料装饰，视觉上比较温软，触觉也很好，吸声效果也很好。缺点是耐污能力比较弱，而且不能大面积使用。

（7）平面式。这类墙面在构造上只要把墙面找平就可以了，表面可以用乳胶涂料或壁纸。适合简约风格和实惠型的家庭选择。

（8）立体式。这类墙面是采用凹凸比较明显的立体化处理，墙面有一定的厚度。适合于比较豪华的装饰风格，如欧式风格，层层叠叠的线条，大大小小的分割，很有视觉效果。

（9）框线式。这类墙面以装饰线条作为主要材料，运用顶角线、踢脚线、框线等形成一定的图案。除了线条，基层墙面是平的，一般用乳胶涂料或墙纸进行处理，框线可以用白色油漆或本色油漆。

（10）空白式。这类墙面是完全空白的，只要做平，加上踢脚线的保护就可以了。以纯白为主，采用淡雅的颜色也可以。装饰效果主要靠前面的装饰画和装饰品。墙面很空灵，类似中国画的空白。

（11）均衡式。这类墙面构成形式是相对于对称形式而言，形式比较活泼轻松。如追求休闲轻松的家庭氛围，就可以采用这种界面形式。

（12）家具式。这类墙面以整体的家具作为墙界面，不但美观而且实用，比较适用于卧室。有些框架结构的房子干脆可以用整体的柜子家具作为房间的分割墙，一物两用。

（13）雕刻式。这是一种造价比较高的墙面，界面的图案采用工艺雕刻或浮雕，效果很豪华。一般的家庭并不适用，只适合经济实力比较强、居住空间又很大的业主。

（14）镜面式。这类墙面是以镜面作为主要的材料。镜面的反射性可以有效地扩大视觉空间。

（15）复合式。这类墙面是由几种材料复合构成的，视觉效果比较丰富。要注意的是材料的搭配不仅要色彩协调，还要质感相称；材料的品种不要出现得太多。否则很容易出现琐碎和杂乱的视觉感受。

T6.3.3 色彩肌理

1. 色彩

色彩可以营造千千万万的效果，给人千变万化的感受。用色彩营造家居室内的氛围是最有效的。从无数案例来看，多数业主比较喜欢的家居色彩感觉是：绚丽、绚烂，温暖、温馨，明快、明亮，文静、高雅，经典、精致，清新、清丽，华丽、华贵，朴实、平实，端庄、大方。

1）主流的家居配色法

（1）白加任意色。白色可搭配任何色彩。在白色的色彩环境里加上一个明亮的色彩——红、蓝、黑、黄、紫……色彩氛围就活跃起来了，见图 T6.3–16。

（2）同类色和对比色搭配。这是两类色彩搭配的方法，见图 T6.3–17。前者是色环相近或相邻的色彩组合在一起，这样的色彩搭配比较协调。需要注意的是，色光也必须相近或相邻，否则，效果比较怪异。后者对比色的色彩搭配方法能营造很有精神的空间氛围，但搭配不好容易不协调。诀窍是对比双方面积要有明显的差异，如 2 ：8，1 ：9，3 ：7。如果 4 ：6 或 5 ：5 这样的对比效果就比较差。

图 T6.3–16 白色可搭配任何色彩（左）
图 T6.3–17 同类色和对比色搭配（右）

2）家居设计常用色调

（1）红色调。红色是强有力的色彩，是热烈、冲动的色彩。色彩学家约翰・伊顿教授说，在深红的底子上，红色平静下来，热度在熄灭着；在蓝绿色底子上，红色就像炽烈燃烧的火焰；在黄绿色底子上，红色激烈而又寻常，见图 T6.3–18。

（2）橙色调。橙色是十分活泼的色彩，是暖色系中最温暖的色彩，它使我们联想到金色的秋天，丰硕的果实，因此是一种富足的、快乐而幸福的色彩，见图 T6.3–19。

（3）黄色调。黄色是亮度最高的色，在高明度下能够保持很强的纯度。黄色灿烂、辉煌，它是光明的色彩；它还象征着财富和权利。在黑色或紫色的衬托下，可以使黄色达到力量无限扩大的强度，见图 T6.3–20。

图 T6.3–18　红色调

图 T6.3–19　橙色调

图 T6.3–20　黄的色调用在餐厅非常适宜

（4）绿色调。鲜艳的绿色非常优雅，纯净的绿色也是很漂亮的颜色，见图 T6.3–21。

（5）蓝色调。天空和大海等最辽阔的景色都呈蔚蓝色。无论深蓝色还是淡蓝色，都会使我们联想到无垠的宇宙或流动的大气。蓝色在纯净的情况下并不代表感情上的冷漠，相反代表一种平静、理智与纯净，见图 T6.3–22。

（6）紫色调。约翰·伊顿对紫色做过这样的描述：紫色是非知觉色，神秘，给人印象深刻。一个暗的纯紫色只要加入少量的白色，就会成为一种十分优美、柔和的色彩。随着白色的不断加入，也就不断地产生出许多层次的淡紫色，而每一层次的淡紫色，都显得很柔美、动人，见图 T6.3–23。

图 T6.3–21　绿色调

图 T6.3–22　蓝色调

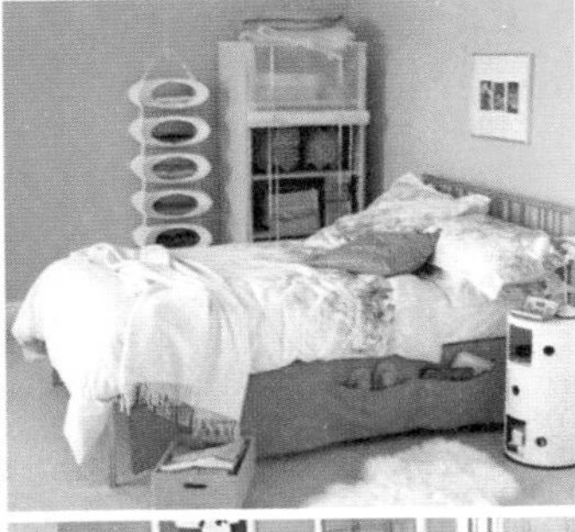
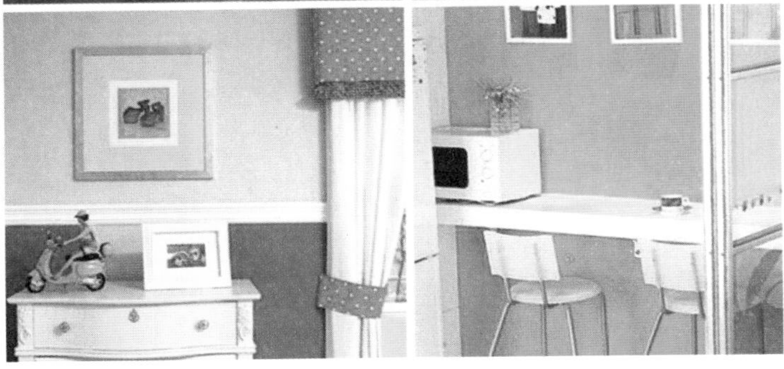

图 T6.3–23　紫色调

(7) 灰色调。灰色是比较被动的色彩，属于中性色，依靠邻近色获得生命。灰色一旦靠近鲜艳的暖色，就会显出冷静的品格；若靠近冷色，则变为温和的暖灰色。灰色意味着一切色彩对比的消失，在视觉上最为安稳，见图 T6.3–24。

图 T6.3–24　灰色调的沉稳与卧室需要的氛围相适应

(8) 白色调。白色具有圣洁和不容侵犯性。如果在白色中加入其他任何色，都会影响其纯洁性。在白色中混入少量的红，就成为淡淡的粉色，鲜嫩而充满诱惑。在白色中混入少量的黄，则成为一种乳黄色，给人一种香腻的印象。在白色中混入少量的蓝，给人感觉清冷、洁净。在白色中混入少量的绿，给人一种稚嫩、柔和的感觉。在白色中混入少量的紫，可诱导人联想到淡淡的芳香，见图 T6.3–25。

2. 肌理

肌理就是材料和界面的表面效果，它既作用于视觉，也作用于触觉，是很好的造型手段，能大大丰富界面的视觉效果。肌理分自然肌理、人工肌理、视觉肌理和触觉肌理。

1）肌理的类型

自然肌理指自然状态下存在的自然纹理，如树皮、大理石、树叶、飞禽走兽的毛皮、水的波纹等。人工肌理指经过人为加工后，形成的一种仿物纹理。

2）肌理的感觉

(1) 光滑与粗糙。光滑的材质表面如抛光石材、抛光地砖、玻璃、不锈钢、釉面陶瓷、丝绸等。同样光洁的表面丝绸与玻璃、陶瓷与不锈钢感觉也大不相同，见图 T6.3–26。粗糙的材质表面如毛石、织物、未加工的原木、磨砂玻璃、

图 T6.3–25　白色调

图 T6.3—26　利用不同的肌理形成的室内空间界面（左上）
图 T6.3—27　同样是玻璃，有的透明，有的半透明（左下）
图 T6.3—28　柔软与坚硬兼具的起居区（右）

砖块等。同是粗糙的面，不同材料有不同质感，如毛石和长毛地毯，表面虽都粗糙，但质感一硬一软，一重一轻。

（2）透明和反射。同样是玻璃，有的透明，有的半透明，有的反射，这就造成了丰富的感觉。除了玻璃以外，纸、丝绸、金属等装饰材料都有不同的透明和反射的效果。图 T6.3—27。

（3）柔软与坚硬。软的物质如丝绸、海绵、织物等，它们都有柔软的触感和良好的温度感。硬的物质如石材、墙砖、金属等常具有凉爽感。硬的材质一般都有很好的光洁度，它能使室内生机盎然。但从触感上说，人们大都喜欢光滑、柔软，而不喜欢坚硬、冰冷，见图 T6.3—28。

T6.3.4　采光照明

1. 采光

自然光。自然光显色性很好，造型性也很好。光和影，对于家居空间的视觉效果有很大的影响力。光和影的变幻，可以使室内充盈艺术韵味和生活情趣。自然光节能、环保，有很多积极的意义。建筑设计上如果对自然采光有所考虑的话，室内设计师就要很好地将其利用、强调。如果要很好地利用自然光，前提是必须要有一个好的朝向。

自然光的照射方式有以下几种，见图 T6.3—29。

日光，不仅明亮，而且有利于身心健康。光线的射入主要是透过阳台和窗口。按照国家建筑标准，居室窗口面积与地面面积之比不能小于 1 ： 7。卫生间窗口面积与地面面积之比不能小于 1 ： 10。为了追求采光效果，窗户宜用无色、透明玻璃。为了追求艺术效果，可以用磨砂玻璃、彩色玻璃或镂花玻璃等，但这些只能调节日间的采光效果。

（1）顶进光。顶楼和别墅的居家有可能利用顶进光的采光方式。建立玻璃屋、采用玻璃顶棚、开各种各样的天窗都是从顶面利用自然光的好办法，见图 T6.3–30。

（2）侧进光。除顶楼外的其他多层、高层、小高层的用户，利用自然光一般只能依靠侧窗采光的途径，见图 T6.3–31。有好的自然光一定要加以利用，见图 T6.3–32。近年来，在商品房中出现了很多大面积的落地窗和转角窗，也出现了一些景观房。这些设计师的任务是如何修正室内的采光效果。因为房地产商为了外观效果，在一些不该采用大面积采光的部位也采用了大面积的落地窗，最典型的就是"圆筒楼"。东面和西面都是一样的处理。可是这样的设计对东面的住户来说是可爱的自然光，对西面的住户来说也许是可恨的自然光！因为西晒太阳的"毒辣"是尽人皆知的。如果遇到了这类房子，设计师的任务就是如何消除这"可恶"的自然光。光靠室内窗帘不能很好地解决这个问题。

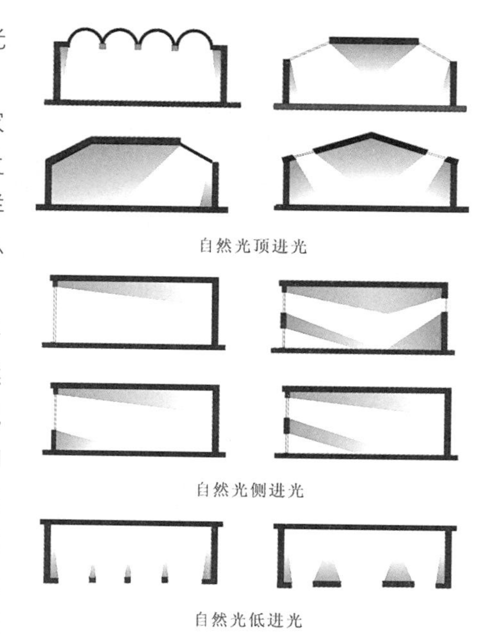

图 T6.3–29 自然光的照射方式

（3）模拟自然光。有些没有采用自然光条件的房子，业主又希望获得自然光的感觉，设计师可利用灯光的特殊照射方式，获得模拟自然光的效果，见图 T6.3–33。

图 T6.3–30 顶进光的效果（左）
图 T6.3–31 侧进光的效果（右）

图 T6.3–32　直接利用自然光（左）
图 T6.3–33　模拟一线天的自然光（右）

2. 照明

灯是居室照明的重要手段。今天，灯已不只是满足生活照明的基本要求，它的功能更多的是借助于光影效果巧妙地烘托室内氛围。灯光的强弱、多寡、变化与色调，能给人以多种感受：兴奋、抑制、舒畅、沉闷、喜悦、哀伤、紧张、轻松，等等。工作、学习一天之后，回到家居小天地里，总希望多一些静谧与温馨，尽享光影带给人的情趣。

1）光源类型

家居原来有三种基本光源：白炽灯、日光灯（荧光灯）、冷光灯（节能灯）。而现在基本都被LED灯代替了。灯的光色是按照色温显示的。从2700～5700K，色温指数越高，则越偏蓝白色。家中最好选用色温2700～3000K，其光色是暖光，类似原先的白炽灯。5000～5700K其光色是冷光，类似原先的日光灯。值得一提的是视觉上人的脸色好坏和灯泡的色光有很大的关系。在一些设计装饰精致的高档饭店、餐厅，你会发现里面人的气色、肌肤显得红润、细腻，这就是灯光的效果。

2）照明的形式

（1）直接照明：也叫目标照明，是灯直接投向照明对象。它的特点是光线集中，目标明确，投影明显，对塑造对象的立体感效果很好。如客厅吊顶中心的吊灯、卧室中心的吸顶灯直接把整个房间照亮。

（2）间接照明：也叫气氛照明，它是将灯光投向照明对象相反的方向，通过反射，将光线折回来。它的特点是光线柔和，主要目的是营造氛围，见图 T6.3–34。

（3）半直接照明：介于上述两种照明方式之间的照明，如壁灯、落地灯等。它们的灯光经过灯罩的反射，既能把一定的区域照亮，又能营造一定的氛围。

照明的范围主要有两类：一是全体照明。它是利用多种照明手段将居室的整体照亮。如客厅中不但有吊灯，还有顶棚边缘的灯带，墙上还有壁灯、沙

图 T6.3–34　间接照明案例

图 T6.3–35　不同的照明方式

发旁还有落地灯。所有灯具形成全体照明，整体感很强。二是局部照明。是在需要的部位进行照明，功能性更强。它能给人在心理上造成“安定感”和“领域感”。比如书桌上放一盏台灯，光线集中能排除周围的干扰，使人专注。沙发旁投来柔和的灯光，为与亲友促膝交谈提供了良好氛围。餐桌上方的可升降吊灯，给人提供了一方适宜就餐的小天地。不同的照明方式呈现不同的照明效果见图 T6.3–35。不同的投射方式呈现不同的照明效果见图 T6.3–36。

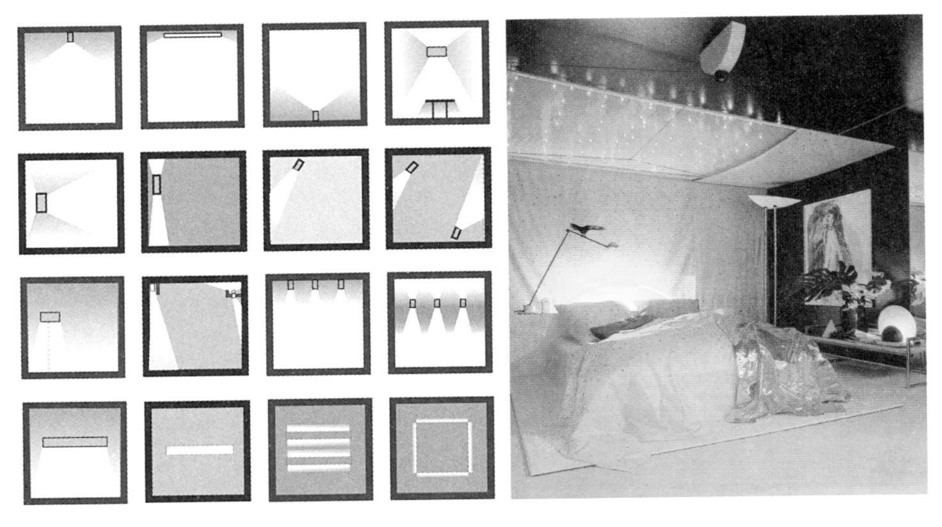

图 T6.3—36　灯光的投射方式（左）
图 T6.3—37　点式照明（右）

3）照明的形状

（1）点照明。是利用灯具或点状镂空面板透出的光线形成点的感觉，例如满天星，感觉浪漫，见图 T6.3—37。

（2）线照明。是利用灯具形成线的感觉，多以灯带的形式出现，勾勒轮廓效果很好，感觉神秘。

（3）面照明。是利用灯具形成面的感觉，多以灯棚的形式出现，可以模拟自然光，感觉明快。

如果把不同照明的形式、范围、形状巧妙地综合使用，因物而异，交相辉映，与室内陈设彼此烘托，会造成千姿百态的光影环境。图 T6.3—38 是点线面结合的照明效果，图 T6.3—39 是点面结合的照明效果。

4）灯具

灯具的形式和种类是非常丰富的，就家居照明而言主要有下列品种。

（1）台灯。放在桌子或柜子上的灯具，是区域照明和直接照明的灯具。灯架和灯罩形状、色彩、质感、材料的变化是其主要的设计手段。

（2）壁灯。装在墙壁上的灯具。特别强调灯具的造型和灯罩的形状、色彩、质感、材料的变化，基本用于氛围照明。

（3）吊灯。底座装在天花板上，灯具悬垂在空中的灯具。

（4）吸顶灯。底座和灯罩都装在天花板上的灯具。一般出现在房间中央，做直接照明。

（5）镜前灯。装在镜子前面的灯具。主要服务于盥洗区的照明。灯光的颜色要特别注意，不能有奇怪的色彩，安装的位置也不能太高。

（6）落地灯。放在地上的灯具，有直立式和悬挑式之分。是区域照明和直接照明的灯具，沙发和单椅旁常常出现。

（7）轨道灯。装在轨道上的灯具，可以沿轨道移动。一般用于墙面的照明，着重照亮墙上的艺术品或强调墙面的质感。

（8）嵌入灯。装在夹层里面的灯具。

图 T6.3–38 点线面结合的照明效果（左）
图 T6.3–39 点面结合的照明效果（右）

（9）灯带。绕放在夹缝里的灯具。主要用于氛围照明，用于勾勒天花造型或背景造型的轮廓。

（10）灯珠。用电线串联起来的灯珠，可以做满天星式照明的灯具。主要做特殊地区的氛围照明。

（11）射灯。光束集中投向某一个方向的灯具，是直接照明。主要用于强调特殊目标。如墙上的画、桌上的工艺品等。

（12）豆胆灯。光束集中投向某一个方向且能控制光线形状。主要为了增加照射区域的生动性，如打在沙发上，被照亮的区域和未被照亮的区域有明显的光晕变化。

灯具造型更加丰富多彩。每一种灯具都有无数不同的造型。我们在选择灯具时既要看它的造型也要看它的光效，既要注重它的实用性，也要发挥它的装饰性。"华灯妙影自有情"，灯光会带给人以不同的情趣。灯饰应与室内整体设计的风格浑然一体，或古朴，或新韵，或怀旧，或前卫，或田园乡音，或都会情怀，都可以透过灯具的光影辉映折射出来，让人尽享灯光之美，见图 T6.3–40。

图 T6.3–40 夸张的灯具造型为空间增添艺术气质

T6.3.5　家具陈设

1. 家具

在家装设计中家具的地位非同寻常。因为空间、界面都是背景，而家具才是空间中的主角。这个主角的效果决定整个设计的效果。所以，我们非常慎重地加以选择。选择家具主要考虑因素有：

（1）分类。家具以功能分类有坐卧类家具、凭倚类家具、贮存类家具、装饰类家具。以材料分类有原木家具、板式家具、竹藤家具、金属家具、塑料家具、织物家具、复合家具。以构造分类有框式家具、板式家具、折叠家具、充气家具。以组成分类有单体家具、配套家具、组合家具、固定家具等。

（2）造型风格。家具有不同的设计风格。色彩、材质、肌理是它的外在表现，效果、气质是它的内在灵魂。选择或设计家具时必须要与整体的家装设计风格相协调，最好能在空间中起到画龙点睛的作用。

（3）尺度。这个尺度一方面是家具本身的尺度关系，另一方面是家具与使用空间的尺度关系。一件家具本身的尺度主要是使用的舒适性和观赏的美观性。例如，一张写字台设计的好坏，一是看它高低，桌面大小是否合适，桌下的空间能否让双腿自由伸展。这些都是使用功能的尺度指标。二是看它的造型比例是否得当，形式是否美观，色彩是否协调，而这些就是观赏功能的尺度指标。但更重要的是它本身的尺度与空间的尺度关系是不是匹配。大空间小家具或小空间大家具都是不协调的，家具本身再好看，但在空间中不协调它就会变得很难看。

（4）档次。家具的档次会提升或降低空间的档次。

2. 陈设

1）陈设的种类

（1）艺术品。艺术品的种类很多，大体有以下几类。

①平面类艺术品。如书法（楹联、条幅、中堂、匾额、碑刻、篆刻等）见图 T6.3–41，绘画（油画、国画、版画、水彩、水粉、素描、海报、广告等）见图 T6.3–42，摄影（生活照、风光照、老照片等）。

②立体类艺术品。如雕塑（泥雕、石雕、根雕、竹雕、木雕、玉雕、各种金属雕塑等）、工艺品（瓷器类、陶器类、绣品类、服饰类、金银饰品类、印染类等）。

③生活器皿。玻璃器皿（灯具、茶具、钟表、兵器、乐器、酒器、运动器材等）见图 T6.3–43，老旧物件，见图 T6.3–44（斗篷、蓑衣、草帽、古装、脸谱、留声机、老瓷器、旧窗花、旧家具、老烟具等）、古玩文物等。

（2）织物。主要有两大类。

①实用装饰型有帷幔、窗帘、桌布、靠垫、地毯、沙发巾、毛巾、浴布、信插、餐巾、杂志袋等。

②艺术欣赏型有织物壁画、壁毯、刺绣、蜡染、扎染等，见图 T6.3–45。

（3）植物、花卉（自然花卉和插花）、盆景。在居室里放上色彩鲜艳、造型优美的植物花卉，见图 T6.3–46，会给室内增添不少生机，使人赏心悦目。

图 T6.3–41 书法作品使空间具有浓郁的文化氛围（左）

图 T6.3–42 绘画作品成为视觉焦点（右）

图 T6.3–43 用生活器皿装点环境的效果（左）

图 T6.3–44 青瓷与旧家具等老物件营造的空间特色（右）

图 T6.3–45 唯美的帷幔和床上用品浑然一体（左）

图 T6.3–46 植物花卉给空间增添生机（右）

图 T6.3–47 墙上悬挂的方式（左）
图 T6.3–48 桌面布置的方式（右）

图 T6.3–49 柜中的陈列效果（左）
图 T6.3–50 空中悬吊的方式（右）

艺术品陈列方式主要有墙面悬挂、桌面布置、架上展示、地面陈列、空中悬挂等，见图 T6.3–47。

2）陈设与空间效果

（1）用陈设品来分割空间。这是一种很灵活的分割空间的方法，可与其他物品相结合，如与博古架相结合，与挂帘、织物相结合，在需要的地方对空间进行间隔和区划，见图 T6.3–48 ~ 图 T6.3–50。

（2）用陈设品来引导、暗示空间。如在过道空间中依次挂一些陈设品，在空间的转折处设一尊小雕塑来暗示另一个空间等，见图 T6.3–51。

（3）用陈设品来沟通空间。为了加强上下或左右互相比邻的两个空间之间的联系性，可采用陈设品跨空间吊挂，以使两个空间产生一体感。

（4）用陈设品来虚拟空间。陈设品的大小、群化、组合可以形成虚拟空间。

（5）用陈设品来填补空间。见图 T6.3–52。

图 T6.3–51　转弯处用画和植物来暗示另一个空间（左）
图 T6.3–52　用陈设品来填补空间（右）

3）陈设与家居氛围营造

主要有四方面的作用。

（1）陶冶情操。陈设既有实用的功能，更有精神的功能。特别对于一件优秀的陈设而言，它首先具有视觉吸引力。人们对陈设往往是精神认同在前，物质认同在后。对陈设的款式、色彩、造型、肌理、尺度的要求放在比较突出的位置，对其他因素放在相对次要的位置。而这些放在突出位置的因素正好作用于人们的精神领域，与人们的情操、爱好、品位有极大的关系。设计师要通过自己的独特的立意、巧妙的构思、合理的搭配，把一件陈设的意蕴表达出来，从精神上不知不觉地影响受众。

（2）影响室内风格。室内的风格是由多种因素共同组成的，其中陈设可以起到主导的作用。在设计一个空间作品时，风格的表现往往可以通过陈设来实现。例如在一间什么也没有的房间里，放进什么风格的家具，那么这个房间就变成什么风格。放进中国的明式家具，它就透露出中国明代的风韵；放进西方现代陈设，它就泛出西方流行的时尚。陈设在室内空间中是能起主导作用的。所以它的风格、它的品质直接决定空间的风格和品质，见图 T6.3–53。

图 T6.3–53　家具影响室内风格

（3）调节环境色彩。陈设在室内空间中比较能够引起人们的注意。因此，它的色彩对室内环境也能起到较大的调节作用。例如有时设计师会对空间的界面用比较沉着的色彩，而用色彩比较活泼的陈设去点缀气氛。反过来，空间的界面采用比较鲜明的色彩，就通过色彩沉稳的陈设来使空间平衡，见图 T6.3–54。

（4）反映民族特色。很多陈设地域性强的特点决定了其具有强烈的民族性。越是民族的，越是世界的，越是有魅力。如用陈设体现民族性就特别讨巧、有效果。在空间中放上个性独特的民族陈设，空间的风格一下子就体现出来了，见图 T6.3–55。

图 T6.3–54 软装调节室内的色彩氛围（左）
图 T6.3–55 家具决定了空间的民族特色（右）

4）陈设的选择与布置

选择陈设要注意以下几点。

（1）比例大小。根据空间的大小确定陈设的尺度。任何比例都是相对的，在没有放陈设之前的空间比例十分和谐并不代表放了陈设之后比例也能和谐。有一个这样的例子，一个 $12m^2$ 的书房，没放家具之前比例十分和谐。设计师向业主建议，买小体量的写字台。而业主没有听从设计师的建议，买来了豪华的大班桌，结果可以想象。这种错误不仅业主会犯，有时设计师在尺度完全不同的购物空间里也会失去对尺度的把握。所以在选陈设时不能凭估计，更不能感情用事。要事先确定尺度，事中进行测量，这样才能避免犯此类错误。不能凭感性目测。

（2）色彩倾向。色彩不协调，也是选购陈设时常犯的错误。色彩的协调跟尺度一样，是相对的。本来协调的色调可能因为加入了新的色彩因素而失去色彩的平衡。另外在商场的环境中，色彩协调的陈设在换了一个色彩环境后，可能出现不协调。精明的商家为了推销自己的商品往往动用各种手段，其中就包括色彩的手段。为了突出某样陈设，在周围配置得体的衬托色彩，加上刻意的灯光投射，陈设会显得特别迷人。人们在这种情况下，特别容易被误导。

（3）情调风格。情调与风格也是一个重要的考虑因素。陈设的情调和风格一定要与空间的情调和风格保持一致。如图 T6.3–56 所示，如为风格鲜明的空间选购陈设，一般不会犯错误。例如在“中国风”的环境里不太会用现代陈设。但究竟是选择明式陈设，还是选择清式陈设就不易把握了。明式陈设风

图 T6.3–56　陈设的情调和风格一定要与空间保持一致

格清朗洒脱，而清式陈设风格细腻繁复。同样中国风格，格调大不相同。在这样的情况下选择陈设就需要一定的眼力和丰富的知识。

5）陈设的布置要点

当我们想用陈设品来装点建筑内外环境时，就必须从家居的整体环境出发，进行恰当的选择。陈设品在家居环境中的布置要点主要有四条。

（1）陈设形式与环境的功能有内在的联系。

（2）陈设的大小与环境的尺度相宜。

（3）陈设的色彩和肌理与环境协调。

（4）陈设的品位与环境的品位统一。

T6.4　初步设计的提案编制

初步设计的第四个任务是初步设计的提案编制。它是用来与业主做初步设计交流的正式文本。内容有原始平面图 1 份、平面设计方案图 1 份、主要空间效果图 3 ~ 5 张、3D 漫游效果图一套、主材推荐表和家具推荐表、设计说明（造价估算）1 份。

T6.4.1　绘制平面设计方案图

平面设计方案图是根据业主信息和归纳出的业主要求，在通过现场测绘获得的业主家居原始平面图的基础上，为业主家居确定生活层次，配置家居空间单元及功能，处理空间组合、房间分配、家具配置、动线设定等平面规划的技术细节，确定设计风格、设计档次和造价估算。

平面设计图的构思是从方案草图设计开始。设计师在构思阶段一般快速完成 3 ~ 5 个设计草图，用于比较研究。理论上，一个户型可以设计无数的平面设计方案。很多成功的设计师也是这么做的。网上有很多这样的案例。

扫描二维码 T6.4–1 查看同一户型的多种平面设计方案，扫描二维码 T6.4–2 查看同一户型衣帽间和卫生间的九种设计方案。

二维码 T6.4–1 同一户型多种平面设计方案

二维码 T6.4–2 同一户型衣帽间和卫生间的九种设计方案

设计多个草图是为了在满足业主要求与创造自己的设计成果之间寻求平衡，把自己最想表达的设计理念和手法表达出来。因为设计草图是最能快速记录设计师的想法、灵感的，可以用草图快速进行不同思路的探索和比较。然后在自己最满意的草图方案上不断修改、不断比较、不断完善。

图 T6.4–1 ～图 T6.4–4 是一位 128m² 中年单身公务员业主三室两厅的设计案例。常年是一人居住，外向型，常有朋友来访。对生活要求比较高，要求客厅大、卧室大、卫生间大、餐厅独立、储藏面积大。孩子在国外深造，假期回家小住，要为其预留舒适的生活空间。

原始平面是框架结构，南面按柱子划分为三间房间，北面按柱子划分，中间厨房、西侧餐厅、东侧卧室。

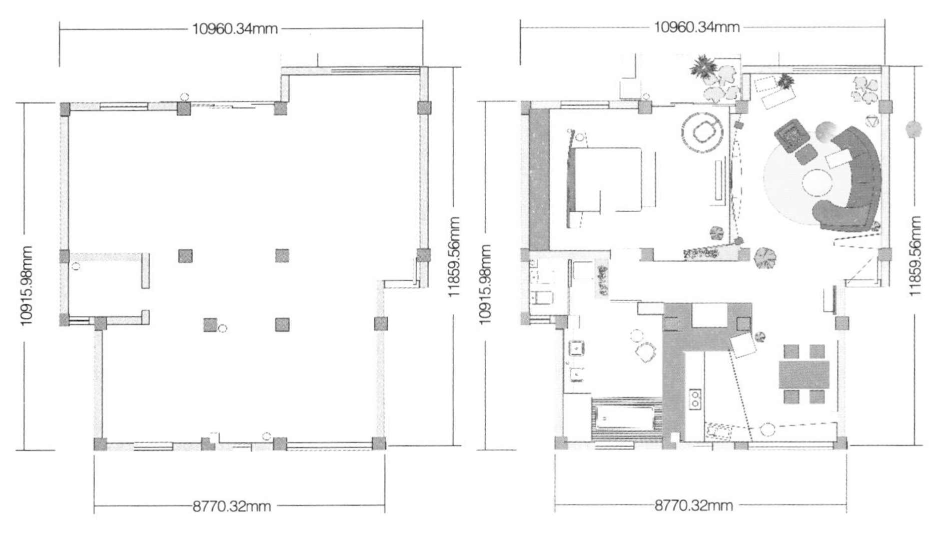

图 T6.4–1 原始平面图（左）

图 T6.4–2 强调大卧室、大卫生间的方案图（右）

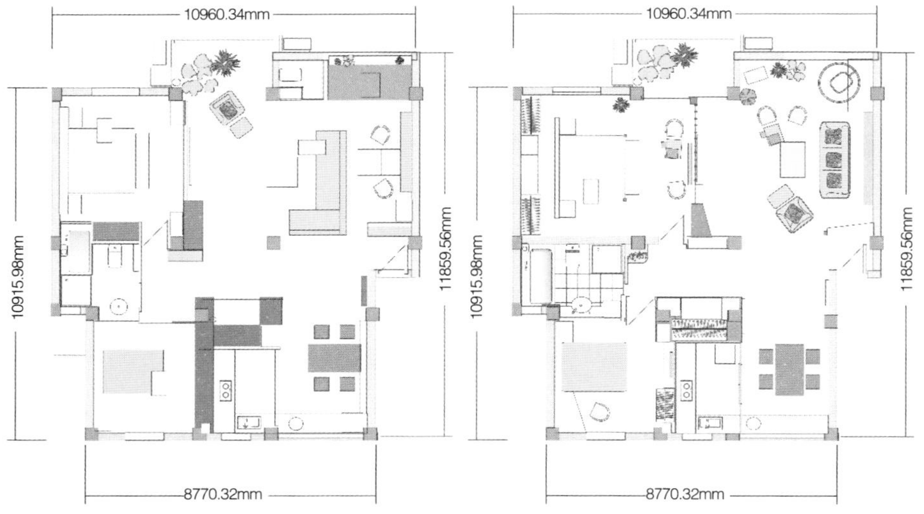

图 T6.4–3 强调大客厅的方案（左）

图 T6.4–4 最终采纳的方案（右）

将这些方案与业主交流时，业主表示很喜欢图 T6.4–1 这样的设计。南面两间打通成为一个超大卧室，整墙衣柜、岛式床格局。客厅略往东侧扩大 60cm，一个时尚的弧形沙发区和视听区。超级家庭 SPA 型卫生间，内有独立厕所、独立淋浴房、平台式按摩浴缸、双盆盥洗区，洗衣机单独成区。满足了业主所有的期待。

但业主问设计师这样改造有没有后续问题？设计师也如实相告。在技术上完全没有问题，但在法律层面把一个朝北的房间改为大卫生间，往往会引起楼下业主的不满，可能触及相关法律法规。最后业主经考虑，稳妥为宜，卫生间格局最好不变。

所以设计师又提供了图 T6.4–2 强调大客厅的方案。原客厅、次卧、阳台全部打通成为一个超大客厅，有丰富的交流功能，有靠近阳台的个人休闲区、"L"形沙发区，阳台下侧有红木床榻，沙发后有阅读型茶吧，还增加一个客卫。这样做功能也很完美，外向型的交流空间得到了强化。但卧室储藏面积不够，增加的客卫也有存在问题。

最终经过交流，最终采纳图 T6.4–4 的方案。南面三间改为一间大客厅和一间大卧室。独立餐厅与 L 形厨房相连。淋浴房、浴缸、马桶、盥洗台齐全的卫生间。走廊部分增加了一个步入式储藏间，加之卧室里一整墙衣柜，储藏量也比较大。子女室有床、写字区、视听区、衣柜，功能完整。

平面设计方案图的表现手法很多，设计师可以根据自己最拿手的方法来绘制。在二维码 T6.4–1 中我们也可以看到不同风格的平面设计方案图。

T6.4.2 绘制仿真效果图

在设计平面图的时候，要同时进行立体的艺术设计和效果设想。虽然这个阶段不需要画立面设计图，但一定需要建立立体的空间效果想象。然后将这种想象转化为效果图。它是许多业主的期待，因为效果图比施工图更容易被业主理解。所以绘制效果图是优秀家装设计师应有的能力。效果图可以手绘，也可以用电脑设计程序制作。

1）静态效果图。分手绘或电脑效果图。手绘效果图一般采用马克笔或钢笔淡彩、彩色铅笔等快速表现工具来表现。在艺术上重点表现亮点部位的设计构造、家具陈设形态、色彩关系等宜人的家庭氛围及设计师洋洋洒洒的笔法。手绘效果图要重点营造虚实结合、收放自如、一气呵成的效果，见图 T6.4–5。

图 T6.4–5 水彩表现的手绘效果图

电脑效果图用专用的软件绘制，如 3Dmax、Photoshop 等。电脑效果图可以表现逼真的空间效果和材质，模拟家装完成以后的

图 T6.4–6 电脑效果图
资料来源：新加坡 SCDA（曾仕乾）设计 –Soori High Line

真实效果，很受业主的喜欢。效果图的角度选取非常重要，一定要把设计的亮点表达出来，见图 T6.4–6。

2）3D 漫游效果图。随着信息技术的发展，现在很多公司为了提高接单率改善业主体验，要求设计师提供 3D 漫游效果图。表现形式有 360° /720° 漫游视频、VR 仿真。它们都能比较完美地模拟设计师所构想的最终设计效果。

3D 漫游效果图不同于静态效果图，它可实现各个房间无死角、可自由操控的 3D 漫游效果。3D 漫游的效果图可以配上音乐，具有短视频的效果。业主无需培训，就可以在手机上观看各个房间，自由操控 3D 漫游效果图。

二维码 T6.4–3 视频介绍

二维码 T6.4–4 三维漫游动画视频

这个社会已经进入到手机时代，业主已经不满足于设计师提供的静态效果图，他们更喜欢可以各个房间无死角、可自由操控的 3D 漫游效果图。设计师要跟上时代，提供业主所喜欢的效果呈现服务，这样才能接到更多的设计订单。视频介绍请扫描二维码 T6.4–3 查看。

扫描二维码 T6.4–4 查看学生制作的三维漫游动画视频。

T6.4.3 主材与家具推荐

1. 推荐主材

在初步设计阶段一般只推荐主材。哪些是主材？大面积的石材、地砖、地板、涂料、软包面料等为主材。一般提供一张主材配置图，见图 T6.4–7、图 T6.4–8。

2. 家具推荐

在初步设计阶段就应按设计风格为业主推荐家具。因为家具风格与室内设计风格是融为一体的。业主最终需要按设计师的推荐采购家具，见图 T6.4–9 ~ 图 T6.4–11。如不包含软装设计的项目则不必推荐家具。

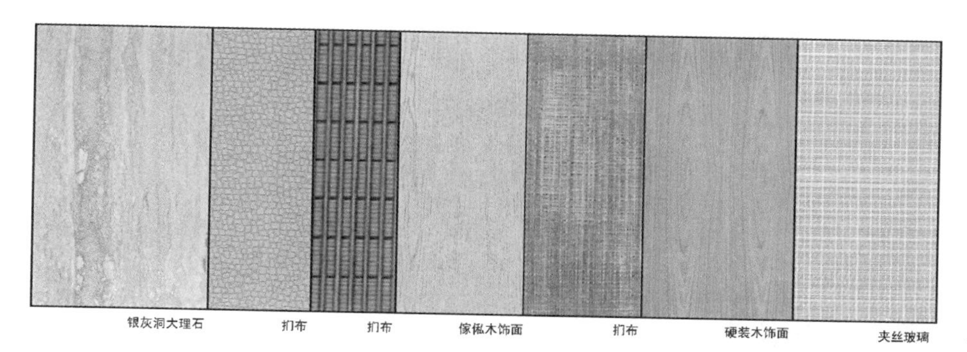

图 T6.4–7 家装主要材料推荐

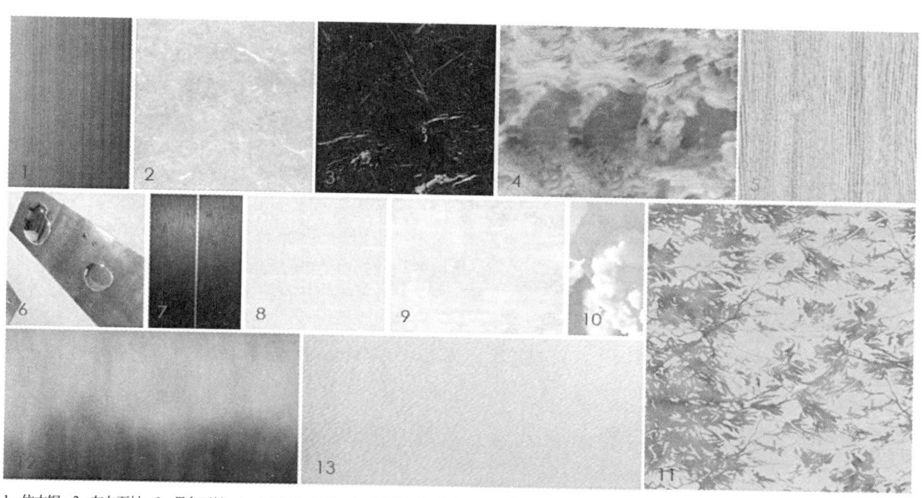

1– 仿古铜；2– 灰白石材；3– 黑色石材；4– 玉石；5– 橡木；6– 亮面铜；7– 橡木；8– 麻布；9– 丝绒布；10– 艺术装置；11– 地毯；12– 腐蚀铜；13– 米灰皮质

图 T6.4–8 家装主要材料推荐图
资料来源：W.DESIGN 香港无间设计有限公司作品“杭州绿城江南里”

图 T6.4–9 家具风格推荐图
资料来源：W.DESIGN 香港无间设计有限公司作品“杭州绿城江南里”

图 T6.4–10 主卧室家具风格推荐图
资料来源：W.DESIGN 香港无间设计有限公司作品“杭州绿城江南里”

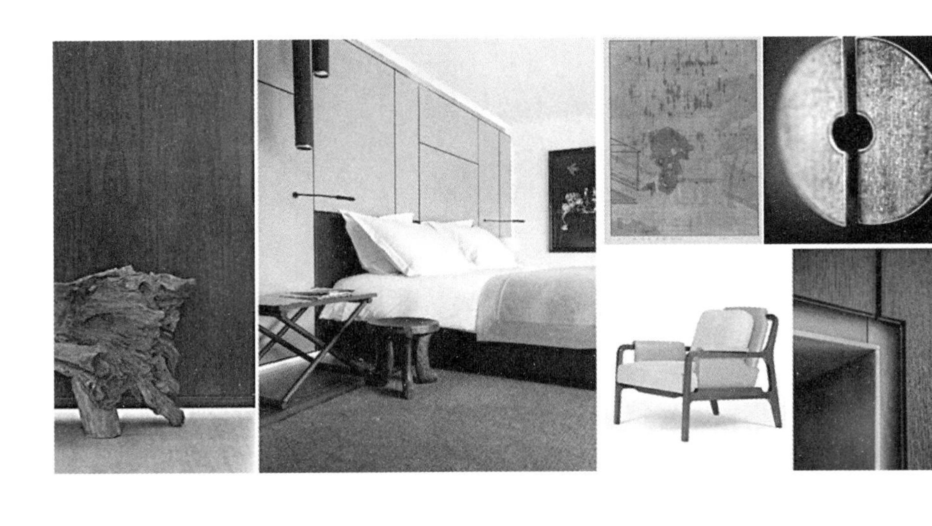

图 T6.4–11　次卧室家具风格推荐图
资料来源：W.DESIGN 香港无间设计有限公司作品"杭州绿城江南里"

T6.4.4　设计说明和工程估价

1. 设计说明

初步设计阶段的设计说明主要用简明扼要的文字来说明本项设计的设计理念、设计风格和设计特色。

1）设计理念。直接点出本项设计所采用的设计理念，如生态环保、可持续设计等。

2）设计风格。直接点出本项设计所采用的设计风格，如现代简约或新中式等。

3）设计特色。逐项说明本项设计在某些方面设计师的巧思妙想，以及所营造的设计特色。

业主基本都是外行，很多人看图是一知半解。如果能通过简明扼要的文字说明就能使业主加深对设计方案深层内容的理解，引起业主的内心共鸣，则可达到事半功倍的效果。

扫描二维码 T6.4–5 查看某设计方案的设计说明。

二维码 T6.4–5　某设计方案设计说明

2. 工程估价

初步设计阶段，按初步设计的风格和档次，只提供一个大致的工程估价。

1）按装修等级进行的菜单式工程估价。如舒适型每平方米 2000 元、轻奢型每平方米 4000 元、豪华型每平方米 8000 元等。

2）根据公司的经营策略单价式工程估价。如隐蔽工程多少元一米，地砖铺设多少元一平方米，吊顶制作多少元一平方米等。

精确的工程量清单和报价则要根据正式的施工图通过业主审核后再来制作。

T6.4.5　初步设计提案的编制

将原始平面图、平面设计方案图、主要空间效果图或 3D 漫游效果图、主材推荐表和家具推荐表、设计说明（造价估算）等设计文件编制在一起叫初步设计提案编制。

除编制一份纸质版外，还需要再编制一份电子版提案，用于微信推送。

1. 纸质版

初步设计提案要打印成册，这是乙方向甲方提供的正式沟通文件，作为初步设计阶段的节点成果。

纸质版初步设计提案打印文件要用上好的纸张，饱满的打印墨色及精致的装订。经过良好包装的设计文件可以提升家装公司和设计师的职业形象，给业主良好的印象。

2. 电子版

将初步设计提案的所有内容编制出可用于微信推送的文件，便于与业主的沟通与交流。

以上一切准备完成后，就可以通知业主前来公司审查初步设计了。

扫描二维码 T6.4–6 查看设计提案。

二维码 T6.4–6 设计提案

实训项目 6（Project 6） 初步设计实训项目

P6.1 实训项目组成

设计尺度实训项目包括 3 个实训子项目，将为刚需户型（60 ～ 140m²）或改善户型（140 ～ 200m²）模拟业主做一个初步设计方案。

- 平面设计图设计实训
- 效果呈现设计实训
- 编制初步设计提案实训

P6.2 实训项目任务书

TP6–1 平面设计图设计实训项目任务书（电子版扫描二维码 TP6–1 获取）

二维码 TP6–1 平面设计图设计实训项目任务书

1. 任务

1）根据模拟业主的综合信息、功能要求和设计对策，进行构思和创意。通过功能切入、形式切入、风格切入、热点切入、优势切入等寻找最佳设计切入点。

2）为其做好配置功能与平面布局。

2. 要求

1）继续以两人一组，互为业主和设计师开展设计。

2）以模拟业主的原始房屋平面图为依据开展构思和创意，确定设计理念，找准构思切入点。

3）画出 3 ～ 5 个构思草图，与模拟业主进行初步沟通，选择其中最优的一个。

4）按选定的方案划分空间、配置功能、展开平面布局，画出平面设计图。

5）对确定的平面设计图，从设计理念、房间分配、空间设计、功能配置、动线设计等方面进行设计分析，总结出设计特色和优势。

3. 成果

1）构思草图 3 ～ 5 个。

2）平面设计图 1 张，可以用 CAD 格式，也可以在 CAD 的基础上制作彩色平面图。彩色平面图的形式表现则予以加分。

4. 考核标准

要求	得分权重
构思独特	20%
设计合理	20%
优势突出	25%
表现精彩	25%
及时上交	10%
总分	100分

5. 考核方法

1）结对团队成员交叉评分。

2）老师给出最后得分。

TP6–2　效果呈现设计实训项目任务书（电子版扫描二维码 TP6–2 获取）

二维码 TP6–2　效果呈现设计实训项目任务书

1. 任务

在上述平面设计图的基础上，设计出各个空间、各个界面的艺术效果，并用 3D 漫游效果图的方式呈现设计效果。

2. 要求

1）空间、界面、色彩、肌理、照明、灯具、家具、陈设等设计美观统一，富有特色。

2）视觉中心设置合理，设计风格和设计档次符合业主要求。

3）用酷家乐设计 3D 动画漫游效果图，主要房间和厨卫均有表现，360° 无死角。

4）主要空间二维效果图视点选择合理。

3. 成果

1）3D 动画漫游效果图一套，用微信形式上交。

2）客厅、主卧、餐厅、主卫、厨房餐厅需要二维效果图，上交课程 APP 作业指定位置。

4. 考核标准

要求	得分权重
高要素设计统一美观	30%
3D动画漫游效果逼真	30%
二维效果图视点选择合理	30%
主要空间齐全，上交及时	10%
总分	100分

5. 考核方法

1）结对团队成员交叉评分。

2）老师给出最后得分。

TP6–3　编制初步设计提案实训项目任务书（电子版扫描二维码 TP6–3 获取）

二维码 TP6–3　编制初步设计提案实训项目任务书

1. 任务

编制纸质版和微信推送版的初步设计提案。

2. 要求

1）在平面设计图和效果图的基础上，设计主材推荐图、家具推荐表，撰写简明的设计说明（工程估价）。

2）按 A4 横向规格打印平面图、二维效果图、主材推荐图、家具推荐表，撰写简明的设计说明。

3）编写 1 份统一的微信推送版的初步设计方案（含二维和 3D 动画漫游效果图）。

3. 成果

1）纸质版初步设计方案。

2）微信推送版初步设计方案。

4. 考核标准

要求	得分权重
设计说明简明动人	30%
纸质版方案编排统一美观	30%
微信推送版方案美观动人	30%
内容齐全，上交及时	10%
总分	100分

5. 考核方法

1）结对团队成员交叉评分。

2）老师给出最后得分。

设计前					设计中					设计后
项目1 业主沟通	项目2 市场调研	项目3 房屋测评	项目4 设计尺度	项目5 设计对策	项目6 初步设计	项目7 沟通定案	项目8 深化设计	项目9 设计封装	项目10 审核交付	项目11 后期服务

★项目训练阶段 2：方案设计

项目 7　沟通定案

★理论讲解 7（Theory 7）　初步设计方案沟通与定案

● 沟通定案定义

设计师完成初步设计方案以后，就要提请业主审核。业主在审核过程中会就不明白、不理解、不满意的内容向设计师提问、质疑，设计师要给予回答、解释。业主还会提出若干修改意见，设计师在修改后再次提请业主审核。循环往复，直至业主认为完全满意后，最终确定初步设计方案。这样的过程就是初步设计方案的沟通定案。

● 沟通定案意义

沟通定案是方案设计阶段一项技术性极高、极为关键的工作节点。如何用业主听得懂的语言，向他们传达自己的设计理念、解释设计方案、呈现设计效果，是设计师设计水平的重要组成部分（T7.1）。因为多数业主不是专业人员，好的设计未必被业主理解。良好的沟通能够促使设计方案的实现。要尽可能地回应业主的修改意见，不管这个过程有多曲折、多反复。沟通的最终目的是使设计定案，要千方百计使业主尽快确定初步设计方案，从而签下设计订单（T7.2）。

● 理论讲解知识链接 7（Theory Link 7）

T7.1 ➢ 初步设计方案沟通

T7.2 ➢ 初步设计方案定案

★实训项目 7（Project 7）　沟通定案实训项目

将自己的初步设计方案提交模拟业主审核，并与业主进行有效的沟通，在沟通过程中进一步明确业主的想法和愿望，并按业主提出的修改意见进行整改，最终使业主完全满意，定下设计方案，签下设计订单。

● 实训项目任务书 7（Training Project Task Paper 7）

TP7–1 ➢ 初步设计沟通 / 修改 / 定案实训项目任务书

理论讲解 7（Theory 7） 初步设计方案沟通与定案

T7.1 初步设计方案沟通

设计过程中沟通和交流是非常重要的，尤其在初步设计阶段，有效的沟通交流有时候比设计更重要。通过这个阶段的沟通，彻底了解业主的真正需求。

T7.1.1 业主审核的反馈意见

1. 业主的评估重点

业主在收到设计师的初步设计方案后都会对之进行评估。业主评估的重点是：设计师的设计理念和总体布局是否符合自己的意愿；房间安排和功能配置是否符合自己的使用要求；家具配置是否合理够用；设备配置是否得当；经济档次是否符合自己的心理价位等。要求高的业主还要评估设计风格是否可以接受，设计有没有创新，有没有设计亮点等。

2. 业主的反馈意见

初步设计方案一般允许业主带回家去进行商量（未付设计定金者例外），征求全家的意见。业主经过仔细评估后会对设计师的设计进行意见反馈。设计师需要仔细听取业主提出的意见。对功能的遗漏和没有必要的功能配置进行增减，对没有考虑到的内容进行调整。长期的设计实践告诉我们，在这一环节业主才会把自己的想法表达清楚。

业主的意见总体来说有三种：全盘接受、多数接受部分修改、全盘否定。

如果业主的意见是"全盘接受"，那么要恭喜设计师了，其设计完全符合业主的要求，不必进行修改就可以定案签订设计合同。当然也不排除业主有可能迷信设计师，或者根本看不懂设计图纸。

如果业主的意见是"全盘否定"，这种情况不多，若是出现了，就要分析原因。是对业主的理解有误，还是业主没有理解设计师的设计意图？是完全没有考虑到业主的要求，还是设计太超前抑或设计过于保守？对这种情况唯一的选择是推倒重来。但这个时候业主对设计师已经产生了信任危机，设计师的这单生意渺茫了。

更多的情况是"多数接受部分修改"。业主对设计基本肯定，有对有些部分还不太满意，需要进行改善。

3. 细心观察业主表情

业主在接到设计师的初步设计之后，一般都有一个表情：

有的欣喜：比我自己想的还要好；脸部表情是兴奋、笑容满面。

有的满意：不出所料，基本满足了我们的需求；满意地点头。

有的犹豫：好是好，就是造价太高了！脸部表情是举棋不定。

有的质疑：大体还可以，局部还需要调整。脸部表情是一看完设计方案，抬起头来，露出征询的眼神。

有的疑惑：这难道是我要的风格吗？脸部表情是眉头皱了起来。

有的不满：我自己设计也能这样。脸部表情是不屑一顾。

有的失望：离我的要求太远了。脸部表情是看了一眼就放下了。

对业主的这些表情或肢体语言，设计师要注意观察并进行敏捷地应对。总体来说，完全满意和完全不满意的是少数，基本满意、需要修改的是多数。因此设计师尤其要注意中间的几种反应。

T7.1.2 如何回应业主的反馈意见

1. 要仔细判断业主的修改意见

如果是涉及业主的生活方式、功能要求这类修改意见，要百分之百采纳业主的意见，完善改进自己的设计。

如果是业主对设计风格或设计档次的定位有意见，那也要按业主的要求做出调整。

如果是业主对自己的设计理念不认同，那就要与业主进行耐心探讨。看看是否能说服业主采纳自己的设计理念。如果业主提出自己的设计理念，只要是合理的就要予以采纳，重新设计方案。

如果业主的要求有违国家法律法规或公共道德，涉及安全规范，那就要将有关规定明确告诉业主，并告知业主自己是不可能做违法或有违公德的设计。

总之，合理的修改意见一定要采纳，一定要修改，甚至是重新设计。不管这个过程有多曲折，都要耐心修改到业主满意为止，至于不合理的修改意见则要明确拒绝。

设计沟通是设计师必须练就的基本功。为什么有的设计师总是能很快地与业主达成共识？而有的却多有坎坷？其中的奥秘就在于设计沟通的能力。

2. 如何回应业主的反馈意见

1）沟通语言：亲和力中带点专业性。专业到位的语言是指设计师在与业主沟通过程中应该采用的语言。设计是相当专业的，设计师的语言也应专业一点。比如说色彩，通常业主会说“这个颜色配的不好看”，设计师应该说“这个色彩配置不协调”；业主会说“这个颜色太浅了”，设计师应该说“这个色彩明度太高了”；这样业主会觉得他的确是在跟一个专业人员谈话。

2）沟通重点：注意与拍板者沟通。家装是业主家庭的大事。业主洽谈此事往往全家出动。设计师需分清楚谁可以拍板，主要还是要根据拍板者的思路来进行设计。当然要注意的是平衡其他家庭成员意见，使其成为助力，而非阻力。

3）沟通态度：充分重视业主意见。业主提的意见有时并不专业，但他的意见一定是有缘由的。设计师一定要弄明白业主为什么要提这个意见，缘由究竟是什么？站在业主的立场上，这个意见是不是有道理？设计师要判断，要分析，然后再做决定。不要轻易否定，也不要轻易肯定。总之要认真倾听，对业主表现出充分的重视，这样即便是否定业主的意见，业主也会理解。

T7.1.3 初步设计方案的沟通技巧

1. 共同理念引起共鸣

案例：在进行上海某高层住宅单面套型的设计时设计师对业主说："您的‘健康设计’这个要求是当今的热点，跟我的想法很合拍。您的理念符合时代潮流。我根据这个理念做了许多尝试，如针对单向型套型通风条件不佳的缺点，我在通风组织时作了这样那样的努力……"（夸奖了业主，也肯定了自己，业主听了非常满意，自己的设计也得到了业主的认可）

2. 关键亮点引起憧憬

案例：在设计宁波香格里拉小区的某住宅时，设计师向业主推荐"全功能卧室"的理念，用带有诗情画意的语言进行解释，引起了女主人对未来生活的憧憬，见图 T7.1–1。

· 全功能卧室
内侧为模糊空间，兼具书店和更衣室、梳妆台及卫生间的功能，外侧为主卧室及休闲起居，主卧室内有 1.8m 宽的大床及沙发床凳、贵妃沙发、书信桌及扶手椅，功能齐全。
· 爱意空间
白天阳光洒落在床头
夜晚星星叩击窗户
爱人在旁或专心阅读
或沉浸在起伏跌宕的电视故事之中
彼此心安神宁
心心相印
软软的床垫
蓬松的羊毛脚毯
巴洛克沙发
柔和的光线
墙上定格着爱的瞬间
轻柔的窗幔随风飘起
……

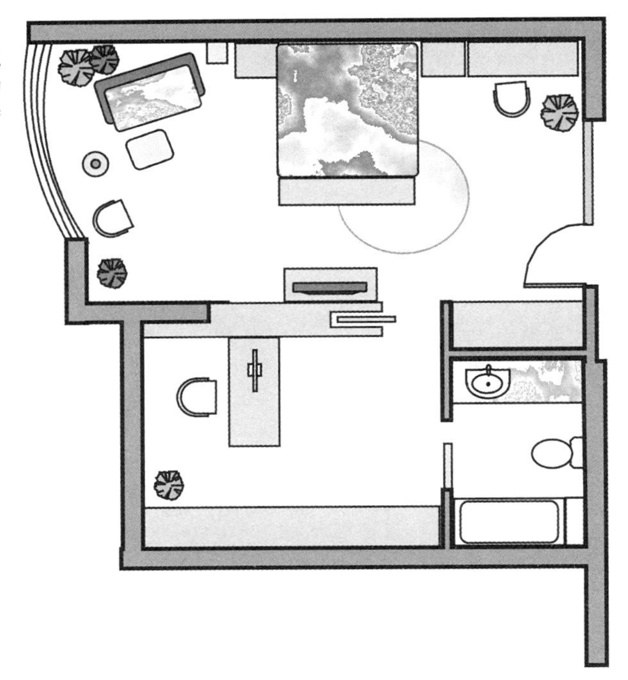

图 T7.1–1 全功能卧室

3. 独到之处重点说明

案例：在设计宁波天一家园某住宅时，对儿童房的设计有很多独到之处，所以这个环节对此进行重点说明，还特意画了一张效果图，使业主对这个部分十分了解，也十分满意，见图 T7.1–2、图 T7.1–3。

4. 疑难部位重点解释

案例：对业主重点关注的问题或嘱托，一定要有回应。一个业主因为自己的房子套型进深长，十分担忧门厅及走廊的光线。所以在设计方案中，对这个问题要给予特别的关注，在解释方案时要对这个部位的构造进行重点说明。这既显示了设计师对业主的重视，也可以显示出设计师比一般业主高明之处，见图 T7.1–4。

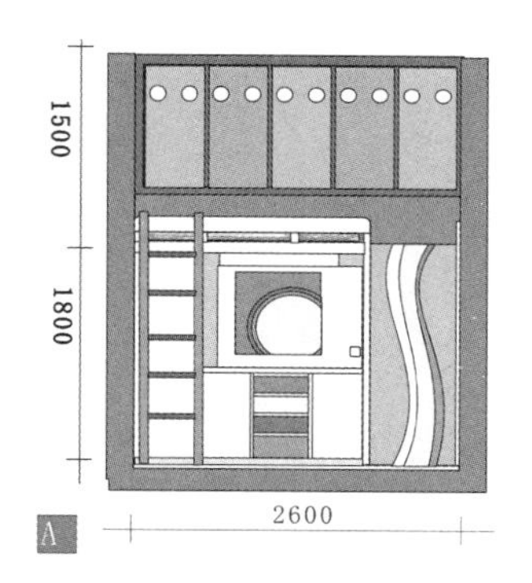

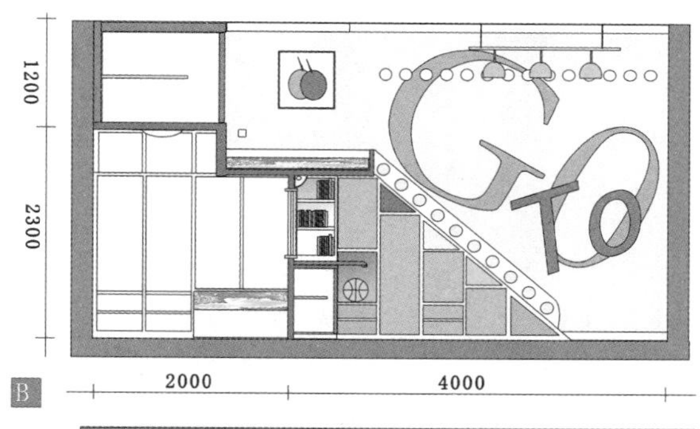

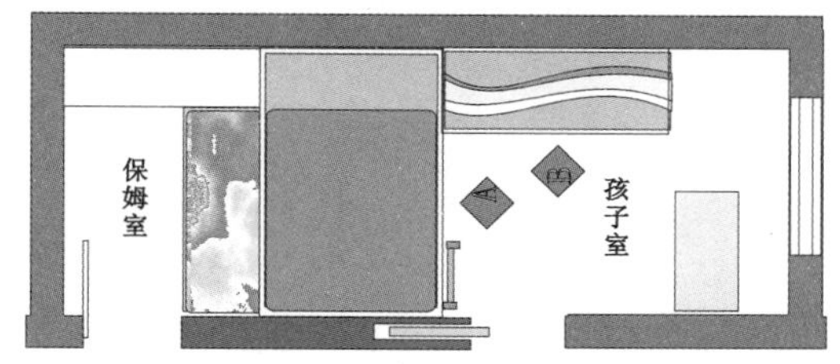

图 T7.1-2 儿童房的平、立面图设计

图 T7.1-3 儿童房的透视图设计

5. 反对意见弄清原因

从设计师与业主实际的交流来看，交流不充分的占多数。业主与设计师有距离是正常的，设计师对业主判断错误也是常常发生的事。业主的有些意思设计师体会不了，这种现象太普遍了。因此业主对方案提出反对意见应该是预料之中的事情，设计师可以利用初步设计这个媒介对业主加深了解。业主如对设计基本满意，只要求设计师作局部修改的，设计师可以满口应承下来，立刻进行修改，甚至对平面布局也可以当场做出调整，直至业主满意。

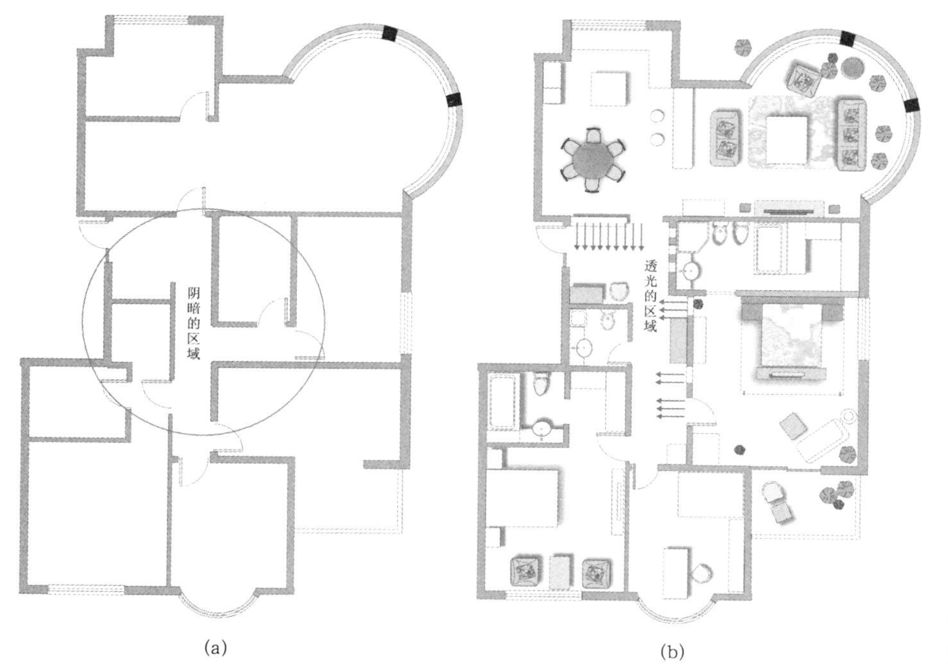

图 T7.1–4 解决长进深户型的采光问题

如果设计师介绍的设计思路不对业主的胃口，就要想办法弄明白业主是真的不喜欢自己的设计方案呢，还是自己没有把自己的设计方案介绍明白？有时是因为业主一时想象不出设计师所描述的设计效果，沟通不完全。这时，设计师可以通过类似的案例，或通过手绘示意图把自己的设想介绍清楚。有时业主也会提出自己的思路和设想，设计师对此要耐心倾听，对合理的要立刻加以肯定，对不合理的则需要对业主的思路进行适当的诱导和矫正。如果业主真的不喜欢自己设计的风格，那只好改变思路，重新设计。

6. 要让业主感到舒服

对经过双方互动达成的最终成果，设计师一定要表达这样的意思："经过您的指点，设计方案更加完美了！""这样改动确实不错。""这真是一个好主意！"这样的语言表达会使业主心里美滋滋的，觉得自己不是完全不懂，自己的设计意见还能得到设计师的肯定。而且业主的内心也会觉得，这个设计师还是比较通情达理的。

T7.2 初步设计方案定案

T7.2.1 抓住机会尽快定案

1. 边征求意见边调整

边向业主征求意见边调整是最好的方法。当业主提出调整意见时，设计师最好在平面图上画出修改草图，以确认业主的想法。小修小改，一定要抓住面对业主的机会当面修改，当面确认。一直调到业主没有修改意见为止。

2. 承诺在深入设计阶段调整

如果设计理念、设计风格没有问题，只是一些功能调整、档次调整、位置调整、设备调整，完全可以承诺业主在后期的深入设计中整改。

3. 抓住机会尽快定案

如果业主对设计师的设计方案和设计价格已经没有疑问，最好立刻与业主签订设计合同。因为之前很多公司只是收取少量的设计定金。如一开始就已经签订了设计合同的，则要立马请业主签字确认设计方案。

T7.2.2 签订设计合同

当今的家装设计涉及的设计费比较高。因此，设计师与业主双方都需要用一个合同或协议进行约束，共同规范双方的权利与义务，不能只约束业主或者只约束设计师。

设计合同需要明确的事项有：

(1) 设计项目名称。

(2) 项目地址。

(3) 项目面积（建筑面积还是使用面积）。

(4) 工作内容（纯设计、设计兼施工指导、设计包施工、家具家饰购买指导等）。

(5) 设计程度（初步设计、施工图设计、效果图设计等）。

(6) 设计周期。

(7) 设计深度及质量要求（平面图、立面图、关键构造节点图等）。

(8) 提供的设计文件数量。

(9) 设计费金额。

(10) 付款时间与办法（一次性付款、分期付款）。

(11) 委托方应提供的配合。

(12) 违约责任，与争议处理办法。

实训项目 7（Project 7） 沟通定案实训项目

P7.1 实训项目组成

为 TP7 初步设计提案进行沟通定案。

➢ 初步设计沟通 / 修改 / 定案实训

P7.2 实训项目任务书

TP7-1 初步设计沟通 / 修改 / 定案实训项目任务书（电子版扫描二维码 TP7-1 获取）

二维码 TP7-1 初步设计沟通 / 修改 / 定案实训项目任务书

1. 任务

通知模拟业主前来就初步设计提案做沟通定案。

2. 要求

1）继续以两人一组，互为业主和设计师开展设计。

2）简短扼要地介绍设计理念、构思切入点、初步设计的特色。

3）重点介绍空间设计、房间分配、配置功能、平面布局、动线设计及各项艺术设计内容、设计风格和造价档次。

4）听取业主意见，并就此做出修改反馈，轻微修改当场解决。不清楚的要反复确认，学会用草图语言与业主交流，尽可能在交流沟通时确定修改效果，最终达成共识。重大修改承诺修改反馈时间，再次交流，直至达成共识，请业主签字定案。

5）与业主交流时注意礼仪、语言、态度。

3. 成果

业主签字同意的初步设计定案，并签订合同。

4. 考核标准

要求	得分权重
交流深入	25%
修改准确	25%
礼仪规范	25%
达成共识	25%
总分	100分

5. 考核方法

1）结对团队成员交叉评分。

2）老师给出最后得分。

设计前					设计中					设计后
项目1 业主沟通	项目2 市场调研	项目3 房屋测评	项目4 设计尺度	项目5 设计对策	项目6 初步设计	项目7 沟通定案	项目8 深化设计	项目9 设计封装	项目10 审核交付	项目11 后期服务

★项目训练阶段2：方案设计

项目8　深化设计

★理论讲解8（Theory 8）　深化设计（施工图设计）

- **深化设计定义**

深化设计是初步设计获得业主认可定案以后需要进行的项目施工图设计。在这个阶段设计师要为水、电、气、空调、地暖、新风等各项隐蔽工程做出详尽的技术安排，还要为各个空间的造型、材料、构造、施工技术设计出详细的实施方案。

- **深化设计意义**

深化设计方案要处理好给水排水、强弱电、燃气、空调等大量的家装技术问题（T8.1），要为各个房间做精确划分、给出平／立／剖面的造型尺寸、为构造详图设计出详细的实施方案。深化设计的成果主要包括墙体改造图设计（T8.2）、系列平面图设计（T8.3）、系列立面图设计（T8.4）、系列剖面图和节点详图设计（T8.5）等五方面的设计内容。它们是实施业主家装方案完整的技术图纸，是造价人员计算工程量和确定造价的技术依据，是施工队伍实施项目的技术指引、是验收人员验收判定工程质量的技术依据。

- **理论讲解知识链接8（Theory Link 8）**

T8.1 ➢ 隐蔽工程技术处理

T8.2 ➢ 墙体改造图设计

T8.3 ➢ 系列平面图设计

T8.4 ➢ 系列立面图设计

T8.5 ➢ 系列剖面图和节点详图设计

★实训项目8（Project 8）　深化设计实训项目

根据设计定案开展深化设计。处理好水、电、气、空调等隐蔽工程的各项技术问题，为各个空间的造型、材料、构造、施工技术设计出详细的实施方案，画出系列技术图纸。

- **实训项目任务书8（Training Project Task Paper 8）**

TP8—1 ➢ 墙体改造图设计实训项目任务书

TP8—2 ➢ 系列平面图设计实训项目任务书

TP8—3 ➢ 系列立面图设计实训项目任务书

TP8—4 ➢ 系列剖面图和节点详图设计实训项目任务书

理论讲解 8（Theory 8） 深化设计（施工图设计）

在进入到深化设计阶段后，设计师要对隐蔽在方案设计背后的水电气热等相关各项方案做出详尽的技术设计，还要为各个空间的分割、造型、材料、构造、施工技术设计出详细的实施方案。

T8.1 隐蔽工程技术处理

深化设计需要处理给水排水、强弱电、空调等相关的技术设计。

T8.1.1 给水排水

给水排水的技术设计反映在给水排水平面图上。要设计好排水平面图必须理解室内给水排水系统和常用材料。

1. 给水

1）室内给水系统

在房屋评估时就要查看供水条件是直接供水系统还是二次供水系统、进水管的大小、水表节点位置、是否有集中热水线路、室内消防设备系统等。延伸阅读扫描二维码 T8.1–1 给水知识 https://www.toutiao.com/a6725228999703790083/。

二维码 T8.1–1 延伸阅读：给水知识

2）室内给水材料

在了解了供水系统后，就要选择室内给水材料。常用的室内给水材料有：

（1）无规共聚聚丙烯管（PP–R），俗称热溶管。它无毒、质轻、耐压、耐腐蚀，是最常用的室内给水材料。这种材质分冷水管和热水管，也可用作纯净水管道。

（2）铝塑复合管。铝塑复合管是目前市面上较为流行的一种管材，由于其质轻、耐用而且施工方便，其可弯曲性也适合在家庭中使用。

（3）铜管。是价格比较昂贵的传统管道材质，比较耐用。在很多进口卫浴产品中，铜管都是首位之选。价格高是影响其使用量的最主要原因，另外铜蚀也是一方面的因素。

3）室内给水管道的设计原则

室内给水管网涉及厨房、卫生间、阳台等几个部位。在设计时应考虑下列几点原则。

（1）走最短的路线。根据业主提供的设想，结合平面布置和房屋建筑结构，按最佳的管线走向，尽可能节省管材。同时还要考虑热水管的供水和出水的距离尽可能地缩短距离，以节省能源。

（2）走最合理的路线。管道一般不得铺设在卧室、书房、客厅、贮藏室和风道内。如需穿越时管道走向设计最好从顶部穿越。尽量布置在吊顶或装饰层内，避免直接埋设在地面混凝土内。

（3）厨房、卫生间内管线不得铺设在地下。最好由顶部再通过墙体铺设。否则万一被钉子打穿及意外渗漏会给楼下用户造成很大的损失。

(4) 地面铺设必须有保护措施。厨房、卫生间内管道，如遇门、窗、柱子、管井、通风井、承重墙等无法开槽嵌设时则可根据实际情况改为空中铺设。

(5) 管道不穿梁打洞。管道从顶部穿越，如遇横梁等不可打洞穿越时，需绕道穿行。

(6) 地面铺设不可取。如顶部无吊顶或装饰层，客户又不愿管线明露，则可改为地面铺设，但需业主签字认可。

(7) 管子在地面铺设或穿越孔洞时，不得将管子直接浇筑在混凝土中。如确需和无法避免的则需采取保护措施，如采用 PVC 硬塑料管、管罩盒等。

(8) 管道穿越墙壁、楼板及嵌墙铺设时应留洞、留槽。其洞槽尺寸可按下列规定执行：预留孔洞尺寸较管外径为 30 ~ 60mm。嵌墙暗管，管槽尺寸的宽度可为管道外径加 20 ~ 30mm，深度可为管道外径加 10mm。嵌墙铺设铜管外径不宜大于 22mm，宜采用塑覆铜管。架空管采用专用活动支吊架固定顶上面净空为 150mm。明装管道，其外壁与墙面的净距宜 12 ~ 15mm。

4) 相关出水口高度的一般规定（以毛地坪为基准相对高度）。

(1) 燃气热水器：1250mm，电热水器：1700mm。

(2) 洗衣机：1150mm。

(3) 冲淋龙头：1100mm。

(4) 厨房水槽：500mm。

(5) 台盆：非墙出水 500mm，墙出水 900mm。

(6) 浴缸：700mm。

(7) 坐便器：分体 250mm、连体 200mm。

(8) 污水池：750mm。

(9) 洗碗机：300mm。

(10) 小便斗：1250mm。

如有特殊要求应以业主要求为主。延伸阅读扫描二维码 T8.1–2 室内装修出水口预设高度及水路改造注意点 https://www.toutiao.com/a6428059297091928321/。

二维码 T8.1–2 延伸阅读：室内装修出水口预设高度及水路改造注意点

2. 排水

1) 室内排水系统

室内排水系统由下列内容组成：

(1) 排水横管。连接水斗、地漏、洗衣机排水管、卫生器具的水平管段称为排水横管。其管径不应小于 100mm，并应向流出方向有 1% ~ 2% 的坡度。当坐便器多于一个或小便器多于两个时，排水横管应有检查清理口。

(2) 排水立管。管径不能小于 50mm 或所连接的横管直径，一般为 100mm。立管在底层和顶层应有检查口。多层建筑中则每隔一层应有一个检查口，检查口距地面高度为 1.00m。

(3) 排出管。把室内排水立管的污水排入检查井的水平管段，称为排出管。其管径应大于或等于 100mm，向检查井方向应有 1% ~ 2% 的坡度。管径为 100mm 时坡度取 2%，管径为 150mm 时坡度取 1%。

(4) 通气管。在顶层检查口以上的一段立管称为通气管，用以排除臭气。通气管应高于屋面 0.3m（平屋面）～ 0.7m（坡屋面）。

(5) 排水附件。排水附件通常有存水弯、地漏和检查口等。

(6) 排水器具。厨房常用的有水槽、地漏，卫生间常用的有坐便器、小便器、浴盆、地漏等。家政阳台常用的有洗衣机排水管、洗衣水槽、拖把池、地漏等。

2）室内排水系统常用管材

常用的 PVC（聚氯乙烯）塑料管是一种现代合成材料管材，适用于电线管道和排污管道。

3）室内排水系统的布置要求

①立管的布置要便于安装和检修，雨污分离。②立管应尽量靠近污物、杂质最多的卫生设备（如坐便器、污水池等），横管连接立管应有坡度。③排出管应选择最短路径与室外管道相连，连接处应设置检查井。④排水管道选用较粗的管径，应尽量减少转弯以免阻塞，且不加阀门等配件。

T8.1.2 强电与弱电

电有强电与弱电之分。强电、弱电的技术设计反映在配电系统图、灯具平面图、开关平面图、插座平面图等技术图上。要设计好这些图纸必须理解室内强弱电系统和常用材料。

1. 强电

强电指动力及照明用电。

1）用电负荷与回路。首先要根据方案设计的功能设计及设备、灯具的安排要求，设计回路的数量，合理分配用电回路。要做到这一点，首先进行用电负荷计算。要分配好每一个回路的用电设施，计算出每一个回路的最大用电负荷。要列出选用设备及灯具的用电负荷（总负荷计算、一级和二级负荷），见表 T8.1–1 ～表 T8.1–5。

某宅客厅设备及灯具选用表（案例） **表T8.1–1**

序号	房间	设备及型号	功率	数量	负荷	备注
1	客厅	空调	2500W	1	2500W	单放回路
2		电脑	300W	2	600W	设备回路
3		电视	200W	2	400W	
4		音响/DVD/功放	200W	3	600W	
5		电扇	50W	1	50W	
6		按摩器	200W	1	200W	
7		饮水器	200W	1	200W	
8		备用设备	300W	1	300W	
		设备回路消耗功率小计（简称设备回路小计）			2350W	
9		日光灯	40W	8	320W	照明回路

续表

序号	房间	设备及型号	功率	数量	负荷	备注
10	客厅	豆胆灯	50W×3	2	300W	照明回路
11		石英灯	30W	8	240W	
12		吊灯	25W×10	1	250W	
照明回路消耗功率小计（简称照明回路小计）					1110W	

某宅卧室设备及灯具选用表 **表T8.1—2**

序号	房间	设备及型号	功率	数量	负荷	备注
1	卧室	空调	2000W	1	2000W	单放回路
2		电脑	300W	1	300W	设备回路
3		电视	200W	1	200W	
4		音响/DVD/功放	100W	1	100W	
5		电扇	50W	1	50W	
6		备用设备	300W	1	300W	
		设备回路小计			950W	
7		日光灯	40W	8	320W	照明回路
8		豆胆灯	50W×3	1	150W	
9		石英灯	30W	4	120W	
10		吊灯	25W×6	1	150W	
照明回路小计					740W	

某宅厨房设备及灯具选用表 **表T8.1—3**

序号	房间	设备及型号	功率	数量	负荷	备注
1	厨房	微波炉	1000W	1	1000W	设备回路
2		电磁炉	800W	1	800W	
3		消毒柜	400W	1	400W	
4		电饭煲	800W	1	800W	
5		燃气热水器	30W	1	30W	
6		脱排油烟器	60W	1	60W	
7		燃气表	30W	1	30W	
8		报警器	30W	1	30W	
9		电扇	60W	1	60W	
10		备用设备	300W	1	300W	
11		冰箱	200W	1	200W	单放回路
		设备回路小计			3710W	
12		空调	1000W	1	1000W	单放回路
13		日光灯	40W	4	160W	照明回路
14		筒灯	40W	3	120W	
照明回路小计					280W	

某宅卫生间设备及灯具选用表 表T8.1-4

序号	房间	设备及型号	功率	数量	负荷	备注
1	卫生间	电热水器	2500W	1	2500W	单放回路
2		浴霸	1500W	1	1500W	设备回路
3		电视	200W	1	200W	
4		排气扇	50W	1	50W	
5		智能马桶	50W	1	50W	
6		备用设备	300W	1	300W	
		设备回路小计			2100W	
7		日光灯	40W	4	160W	照明回路
8		吊灯	25W×6	1	150W	
照明回路小计					310W	

各房间回路分配表 表T8.1-5

房间	回路性质	功率	回路设置	备注
起居室	空调回路	2500W	1	—
	照明回路小计	1110W	0.5	与卧室照明合用一路
	设备回路小计	2350W	1	同时启用可能不大
卧室	空调回路	2000W	1	—
	照明回路小计	740W	0.5	与起居室合用一路
	设备回路小计	950W	1	—
厨房	空调回路	1000W	1	—
	设备回路	3710W	2	冰箱单独一个回路
	照明回路小计	280W	0.5	与卫生间合用一路
卫生间	照明回路小计	310W	0.5	与厨房合用一路
	设备回路小计	2100W	1	—
	电热水器回路	2500W	1	—
合计			11	

2）设计必须安全可靠。工程所有电器、电料的规格型号应符合国家现行电器产品标准的有关规定。满足最大输出功率。电源配线时所用导线截面积应满足用电设备的最大输出功率。

强弱电线分开。电源线与通信线不得穿入同一根线管内。电源线及插座与电视线及插座的水平间距不应小于500mm。电阻合理。导线间和导线对地间电阻必须大于0.5MΩ。

卫生间的布线一定要在防水工程施工之前做完。采用等电位联结，安装防水插座。每个回路应设置单独的接地，应配置漏电开关。开关宜安装在门外的墙体上。

3）尽可能方便灵活。照明、插座回路分开。如果插座回路的电气设备出现故障，仅此回路电源中断，不会影响照明回路的工作。若照明回路出现故障，可利用插座回路的电源，接上临时照明灯具。

对于整个线路来说，分支回路的数量也不应过少。以 120m^2 的家庭为例，最好设置 12 回路以上。一般情况下照明 2 ～ 3 路、2 ～ 3 台空调各走 1 路，电热水器走 1 路，卫生间厨房单走 2 路，插座走 3 路，冰箱单走 1 路。如遇主人外出，其他电路都可以关闭，只保留 1 路冰箱的线路。

开关设在方便的地方。门厅和客厅的开关应安装在主人回到家时，一开门就很容易够得着的地方。

住宅中插座数量不应过少。如果插座数量偏少，用户不得不乱拉电线加接插座板，造成安全隐患，一般来说，一个房间内应不少于 4 个插座。

开关的位置要顺手，并相对集中。还要设置足够的双联开关，方便控制。例如入口灯可以在卧室门口关闭。卧室里放床的位置确定后，就应在床的两边对称安装两个插座，以备主人使用床头灯和便携式电器等。

厨房和卫生间重点考虑。厨房的开关、插座要避免安装在煤气灶周围；除了为抽油烟机和冰箱各安装一个插座外，还应根据操作台位置预留出 2 个以上的插座，方便各类厨房家电的使用。卫生间要预留 2 个插座，以方便住户使用全自动马桶和洗衣机等家用清洁类电器。

4）美观经济。开关面板的风格应与总的家装风格相一致。灯具、开关、插座安装牢固、位置正确，上沿标高一致，面板端正。线路的布置与走向要选最经济的路线。

2. 弱电

指网络、电话、电视、电脑等信号通路。随着移动信息技术的发展，现在用户很少使用固定电话了。有需要的用户基本也以使用无线电话为主，所以很少有人进行电话布线了。有线电视基本已被数字电视取代，原来的有线电视的同轴电缆布线也基本消失了。电脑网络布线部分，随着蓝牙技术和 WIFI 的普及，很多家庭也免除了家庭有线网络。但有些家庭为了网速快，仍然花费大量资金进行传统的网络布线。需要电脑或电视的房间和位置依然需要网络布线和网络插座。随着 5G 的发展，WIFI 也有可能淘汰，这时家庭可能不需要布线了。智能化越来越快地进入家庭，这部分变化会很大，大家要随时关注。

有线网络布线主要是由路由器 + 网络插座组成的系统。如果不用有线，家里只要考虑好路由器的位置就可以了。路由器对外一般连接光纤，对内 WIFI 信号连接终端。所以它最好设置在房间的中心部位，以便用最短的距离与各房间需要的终端设备连接。如果要通过有线网络布线，则要采用超五类甚至更高的标准，面板尽可能采用知名的品牌产品。

T8.1.3　空调

空调的技术设计反映在空调布置平面图上。

1. 空调类型

目前比较常见的 4 种空调类型是挂 / 柜机、风管机、多联机、水冷机。

1）挂 / 柜机。这种空调最常见，就是分体空调。

2）风管机。这种空调现在比较流行，本质其实就是跟普通挂机一样的，一个内机对应一个外机。只不过内机是装在吊顶内的，装好跟中央空调外形一样。

3）多联机。就是常见的家用中央空调，一个外机对应多个内机，就是常说的“一拖X”。

4）水冷机。区别于氟机，冷媒不同，一个是水，一个是氟利昂。

2. 类型比较

上述四种空调从购买和安装成本、使用成本、制冷效果、制热效果、维护维修、美观程度五个方面比较见表T8.1–6。

各种空调要素对比表 **表T8.1–6**

比较要素	挂/柜机	风管机	多联机	水冷机
购买/安装成本	低	较低	高	高
使用成本	很低	较低	高	高
制冷效果	很好	很好	很好	很好
制热效果	很好	较好	较好	较好
维护维修	方便	需要专业人员	需要专业人员	需要专业人员
美观程度	一般	很好	很好	很好

3. 空调选型

为业主进行空调选型通常用一串符号表示。例如型号：KFR–26GW 它的意思是：大一匹家用分体壁挂式冷热空调。K：代表家用空调；F：分体式空调；R：代表热泵加热功能（没有R则代表单冷功能的空调）；26：这个数字代表额定制冷量；G：壁挂型空调（L代表落地式空调，也就是通常所说的柜机）；W：表示分体式的室外机。空调各类符号的意义见表T8.1–7。

空调符号的意义 **表T8.1–7**

空调结构分类代号		功能分类代号	常用组合
整体式 窗机：C 落地式：L （柜机） 分体式：F	分体式的室内机组 吊顶式：D 壁挂式：G 嵌入式：Q 台式：T 分体式的室外机组：W	热泵式：R 电热式：D 热泵电热混合式：Rd 变频技术：BP	K：代表家用空调 KF：分体壁挂单冷式空调 KFR：分体壁挂冷暖式空调 KFRD：分体壁挂电辅助加热冷暖式空调 KC：窗式空调 LW：落地式空调（柜机）

4. 房间面积与功力匹配

不同面积的房间要选用不同功力（制冷/制热）的空调。房间面积与空调功力匹配见表T8.1–8。

5. 设计相关

从表T8.1–6可以得知分体空调经济性比较好，购买和使用成本较低，制冷和制热效果都比较好。但室内机的安装需要占墙壁或地面空间。被一部分人

房间面积与空调功力匹配表　　表T8.1–8

序	房间面积	空调功力匹配
1	10m²以下	23机（小一匹）
2	10～14m²	26机（大一匹）
3	14～18m²	32机（小一匹半）
4	16～20m²	35机（正一匹半）
5	20～32m²	50机（正两匹）
6	30～45m²	61机（两匹半）
7	45～55m²	75机（大三匹）

认为不美观，档次低。于是有了风管机，把室内机隐藏在吊顶内。

挂／柜式空调的选择比较简单，出风口要慎重选择，例如主卧室的挂机不能正对床头。中央空调与设计相关的事项比较多，具体有以下六个注意事项。

1）确认室外机的安放位置。主要需要考虑排风是否顺畅，不回流，并留有足够的检修空间，尽量远离卧室、书房附近，因为有较大的噪声。

2）确认室内机的安放位置。主要需要考虑气流的循环，要做到尽量避免出现死角，这样房间的温度才能更均匀。

3）确认梁的位置和高度。空调管线和风管要安装在梁下，通过吊顶造型的高差进行遮盖隐蔽。要按照实际户型情况，因房制宜，走管时尽量避免穿梁。

4）确认出风口、回风口、检修口的位置和尺寸。它们没有被家具、灯具或其他装饰品遮挡，如果有应及时调整。

5）开关的位置。要按照人进房间的习惯，一般人进入房间是先开灯，再开空调。

6）如果准备装氟机，为了确保制冷和制热的效果，设计的时候室内机和室外机的安装距离要尽可能短，后期选材时不仅能节约预算，实际的使用效果也会更好。如果要装水机的话就不用顾虑这点。

T8.2　墙体改造图设计

深化设计的第一项工作是设计墙体改造图。

1. 墙体改造图定义

它是设计师以平面图的方式，表达原始房屋中需要拆除和新建的墙体及设施的部位及尺寸的图纸。墙体改造图包括墙体拆除图和墙体新建图两个部分。案例见图 T8.2–1 和图 T8.2–2。

2. 墙体改造图意义

它是使业主和施工方明白哪些墙体和设施需要拆除，哪些墙体需要新建。为拆墙工标明了需拆除的墙体起止位置和尺寸，有多少拆墙工程量。为砌墙工

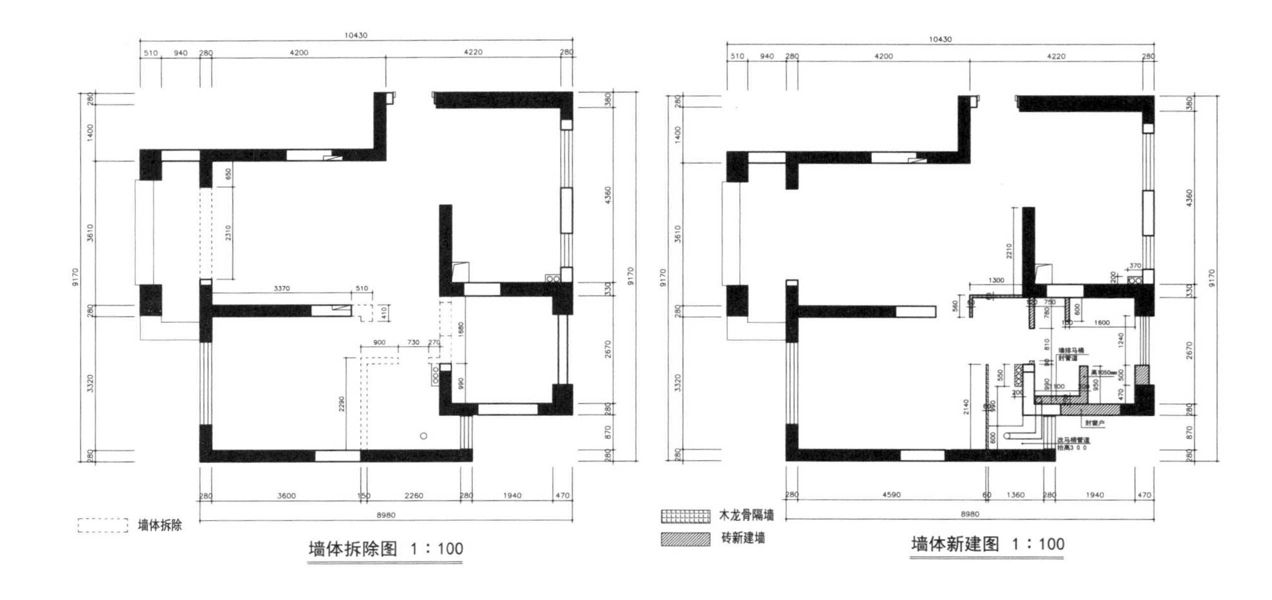

图 T8.2–1 墙体拆除图（左）
图 T8.2–2 墙体新建图（右）

标明了需新建墙体的位置和尺寸，新建墙体用什么材料和方法新建，有多少工程量，以便计算相关的造价。

3. 墙体改造图画法

- 在原始平面图的基础上绘制。
- 依据平面设计图中标示的墙体位置，对照原始平面图中的墙体位置。
- 需要拆除或新建的墙体分别用不同的虚线或其他线型表示。
- 所选线型以图例形式画在图纸的左下角。
- 详细标注需拆除或新建墙体的尺寸。
- 制图画法详见图 T8.2–3。

4. 墙体新建图画法

见图 T8.2–4。

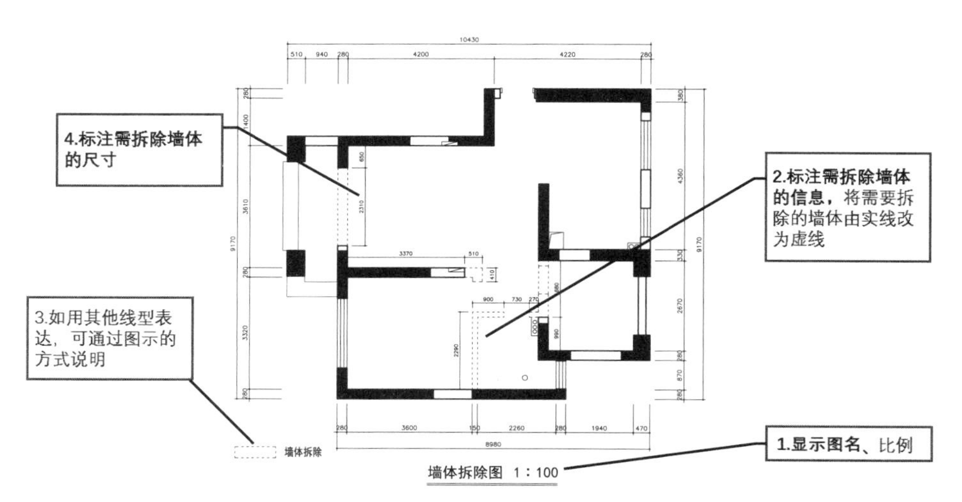

图 T8.2–3 墙体拆除图画法

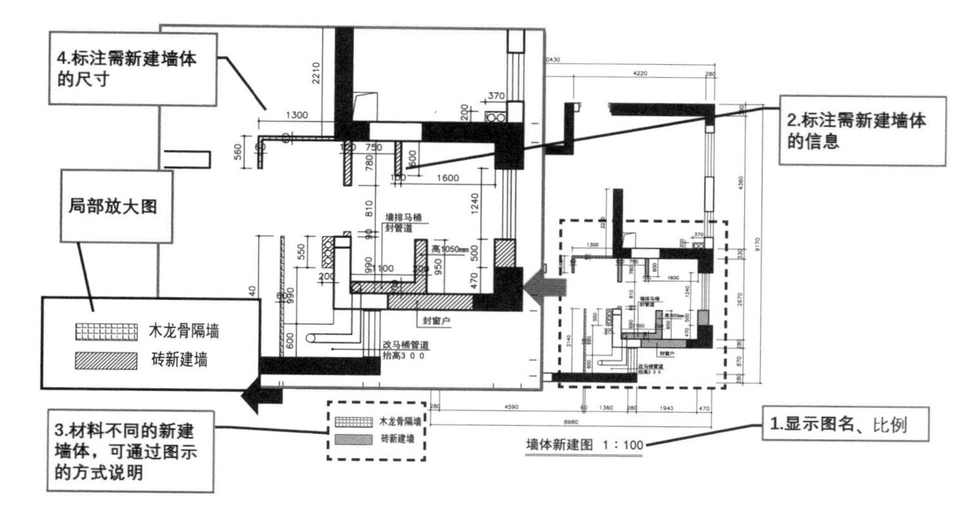

图 T8.2–4 墙体新建图画法

T8.3 系列平面图设计

深化设计的第二项工作是设计系列平面图。

系列平面图是一系列以平面图的形式所做的各项技术安排，它包括平面设计图、平面尺寸图、顶棚平面图、顶棚尺寸图、灯具布置图、灯具尺寸图、开关平面图、插座平面图、给水排水平面图、燃气平面图、空调系统图、空调尺寸图、立面索引图等。是设计师对业主家的空间划分、房间分配、功能布局，以及对水、电、气、空调等家居技术设计的实施方案。

T8.3.1 平面设计图的画法

1. 平面设计图定义

别名“平面布置图”“平面布局图”等。它是设计师以平面图的方式表达其根据业主信息、要求、房屋测评数据，对业主住宅进行的空间划分、房间分配、功能布局和家具及陈设的设计及布置。案例见图 T8.3–1。

2. 平面设计图意义

在初步设计的环节中，我们已经就平面设计图与业主作了深入的沟通。在深化阶段，就是要把与业主沟通的所有意见完整地表达出来，成为平面设计的定案。这是整套家装施工图的第一张基础图纸，今后其他所有深化设计图纸均根据这张图所显示的信息展开。

3. 平面设计图画法

- 墙体线型要统一，剪力墙用黑色填充。
- 家具尺寸要统一，如采用图块一定要选最新的款式，不要选用过时的款式。
- 插入图块要注意家具的实际比例。所有家具比例要统一。
- 注意在不同的图层上绘制相应的内容。如墙体用一个图层，家具用一个图层，尺寸用一个图层，以此类推。

➤ 墙体尺寸是否标注轴号，以原始平面图为准。原始平面图有轴号的则需要标注轴号，反之无需标注。无轴号的平面图需要标注墙体的厚度。

➤ 尺寸可采用三级标注或二级标注，开间和进深均需完整标示，尺寸字体、数字大小、方向要统一。

➤ 设施信息要全面标注。

➤ 每个房间要标注名称，字形、字体大小要统一，位置要得当。

➤ 制图画法详见图 T8.3–2。

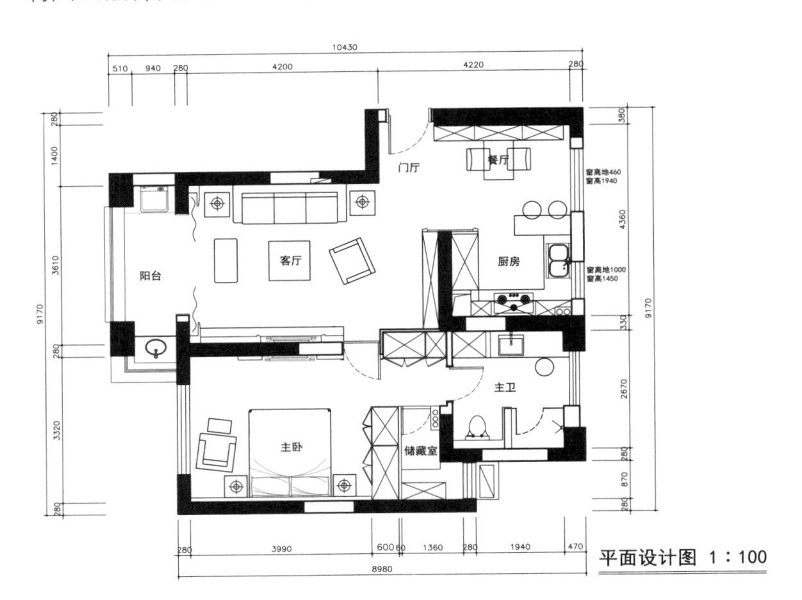

图 T8.3–1 平面设计图案例

T8.3.2 平面尺寸图的画法

1. 平面尺寸图定义

它是在平面设计图的基础上，全面标注空间划分、功能布局及家具、设施的具体尺寸的图纸。案例见图 T8.3–3。

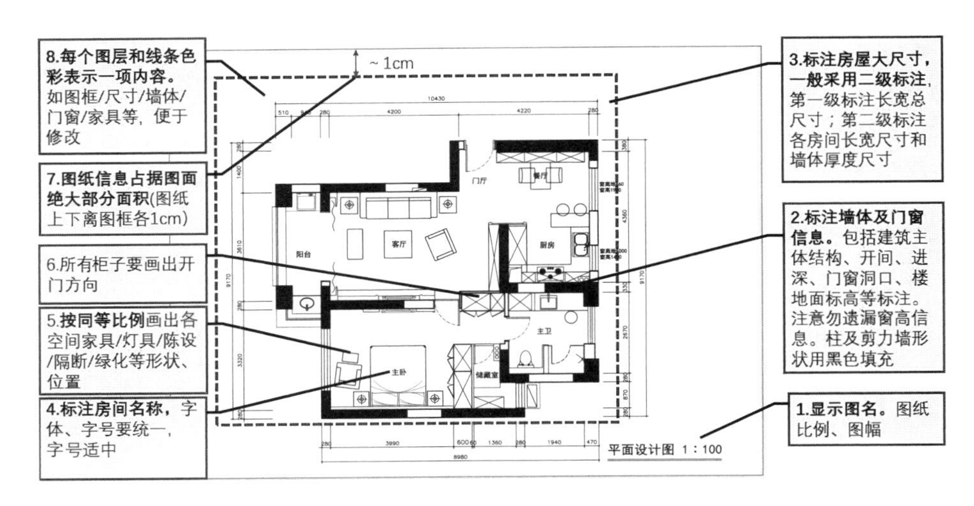

图 T8.3–2 平面设计图画法

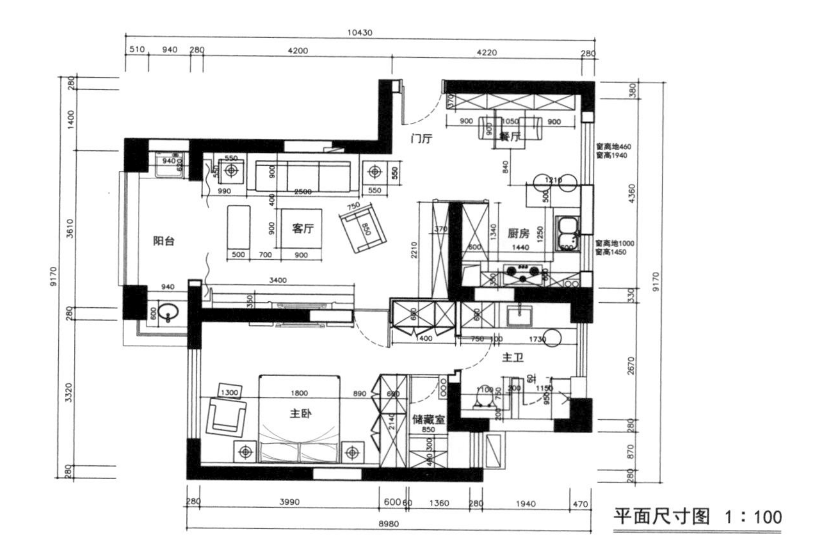

图 T8.3–3 平面尺寸图案例

2. 平面尺寸图意义

它是设计师对空间、房间、家具、设施的尺寸控制，以便判断设计师所设计的空间尺寸是否合理，功能实施是否可行。

此图也是今后对家具及设施选购的尺寸指导。

3. 平面尺寸图画法

➢ 在平面设计图的基础上增加家具和设施的尺寸。

➢ 家具尺寸的标示要与家具的方向相一致，横平竖直，如有倾斜布置的家具，则尺寸标示也要倾斜，角度相同。

➢ 两端要有小斜线或小圆点作为始末，尺寸数字居中。

➢ 尺寸字形、字号要统一。

➢ 尺寸标注要全面。

➢ 制图画法详见图 T8.3–4 ～图 T8.3–6。

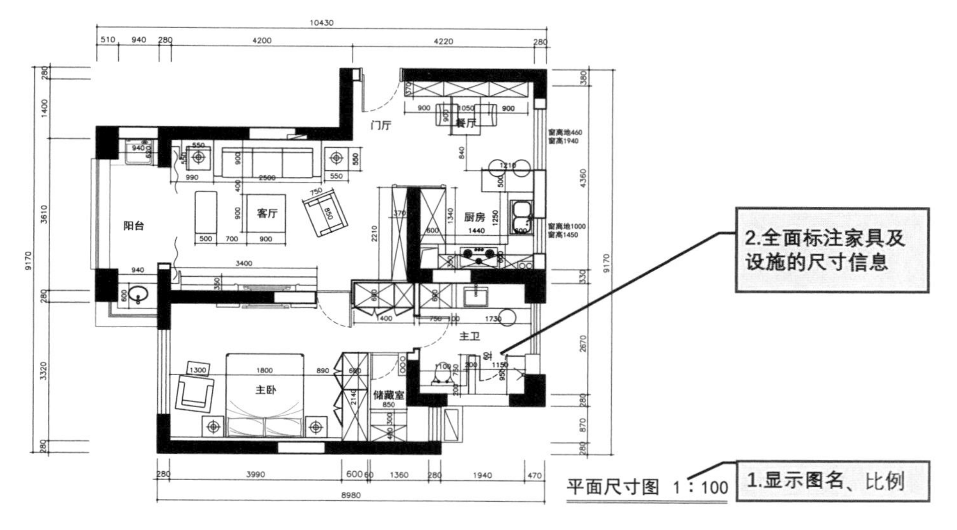

图 T8.3–4 平面尺寸图画法 1

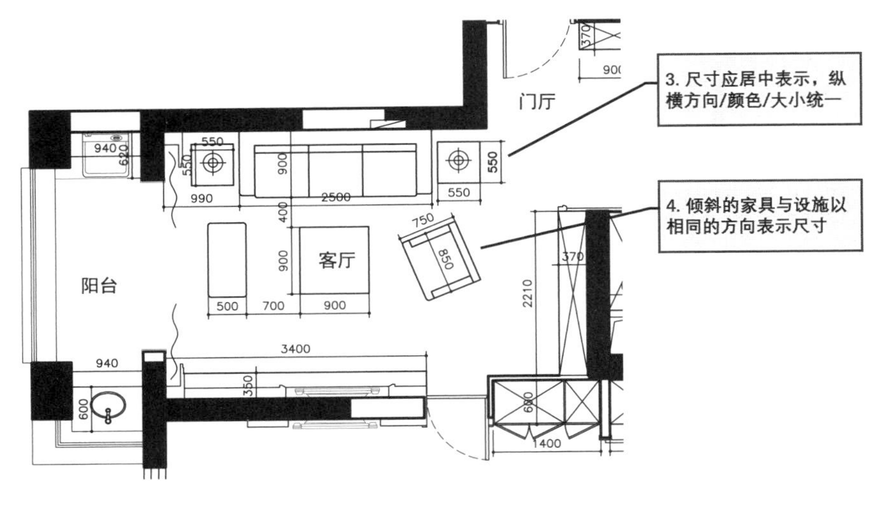

图 T8.3–5 平面尺寸图画法 2

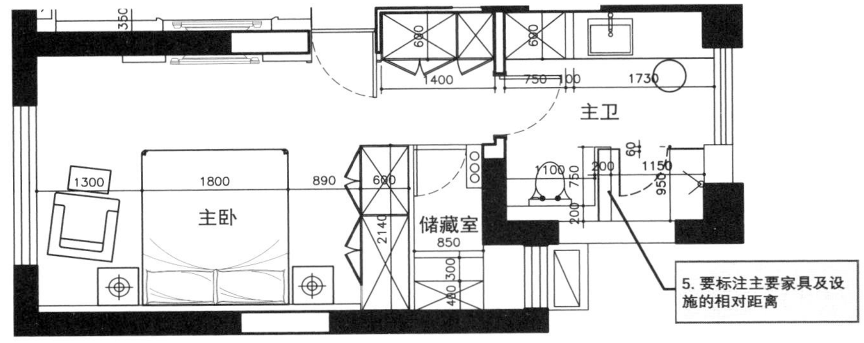

图 T8.3–6 平面尺寸图画法 3

T8.3.3 地面铺装图的画法

1. 地面铺装图定义

它是在平面设计图的基础上，全面标注楼地面铺贴的面层材料的形式、尺寸、颜色、规格等的图纸。案例见图 T8.3–7。

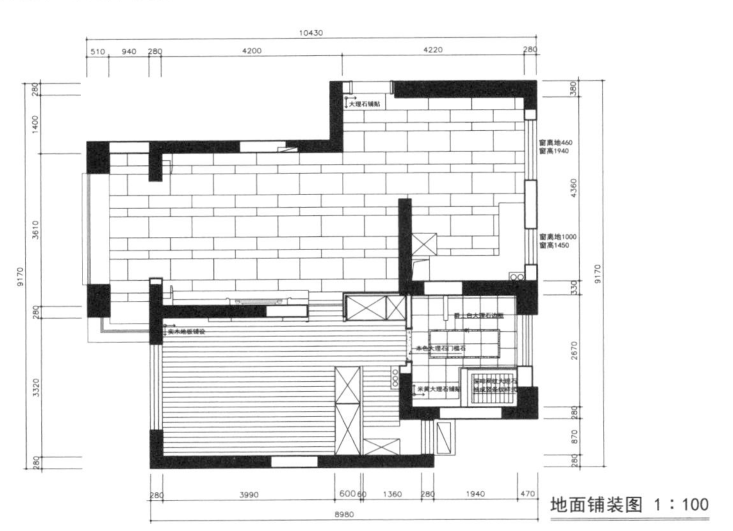

图 T8.3–7 地面铺装图案例

2. 地面铺装图意义

是设计师对地面材料大小及铺装尺寸的控制与指示，此图也是对地面材料选购尺寸及数量的指导。

3. 地面铺装图画法

➢ 客厅多数采用石材／抛光砖／地砖地面，少数采用地板，沙发区为了美观和脚感，多数家庭安排一块地毯。

➢ 如有特殊的石材／抛光砖／地砖地面的面层分格线和拼花造型，要详细画出分格线的方法和拼花造型的细节及尺寸。楼地面分格用细实线表示。

➢ 地面铺装图不同材料可以用适当的图案填充，但打印时要设置成“淡显”。

➢ 规则的石材／抛光砖／地砖地面要标注标准砖的尺寸及起铺线。

➢ 卧室一般安排地板，地板铺设方向按房间长度来判断。地板的类型有免漆实木地板、复合实木地板（地暖专用）、复合地板。素板给环境保护带来不利因素，现在已经很少采用。

➢ 厨房产生大量油污，一般采用容易清洗的光面坚固材料，如抛光砖、釉面砖等。

➢ 卫生间除了防水还要防滑，所以地面材料要两者兼顾。

➢ 阳台、过道一般采用防水性能好的地面材料，如防滑地砖／石材。

➢ 房间地面材料交接处安排过门石。

➢ 制图画法详见图 T8.3–8、图 T8.3–9。

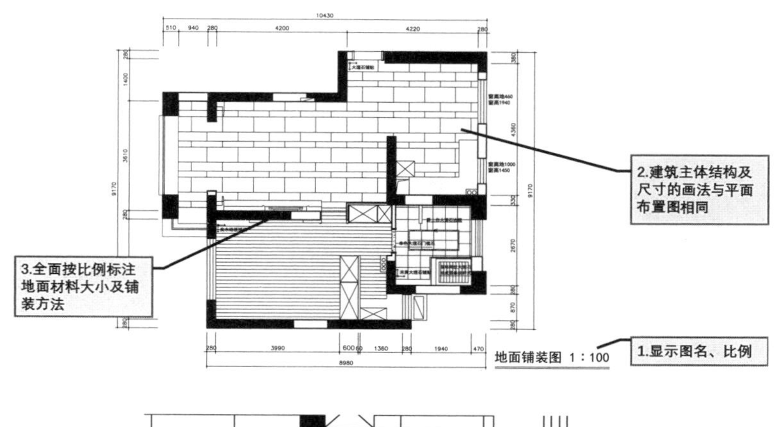

图 T8.3–8 地面铺装图画法 1

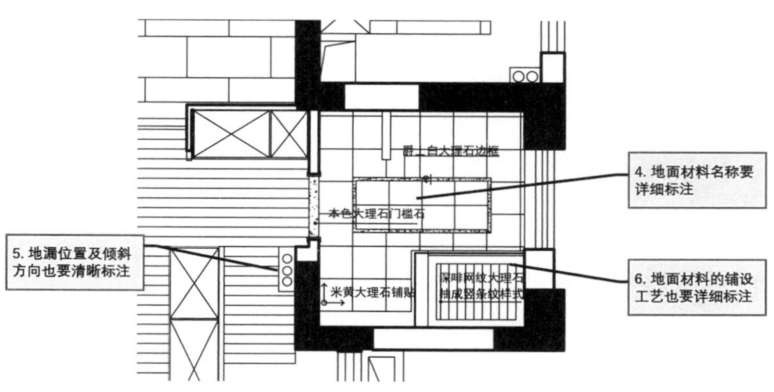

图 T8.3–9 地面铺装图画法 2

T8.3.4 顶面设计图的画法

1. 顶面设计图定义

顶面设计图别名“顶面布置图”“顶面布局图”等，是以平面图的形式，全面标注顶面形状、标高、材料、施工工艺以及灯具、空调等设施的形式及位置信息的图纸。案例见图 T8.3–10。

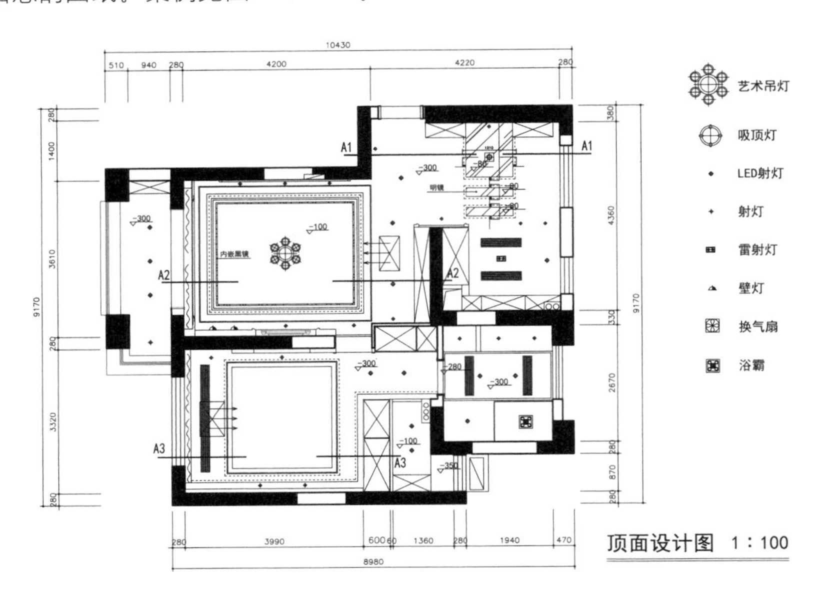

图 T8.3–10 顶面设计图案例

2. 顶面设计图意义

顶面设计图是设计师对顶面装修信息的集中展示，特别是顶面的造型形式和材料名称及施工工艺。

3. 顶面设计图画法

➢ 造型简单的顶面，顶面设计图和灯具设计图可以合并。甚至顶面尺寸图也可以合并。造型复杂的顶面则要三图分列。

➢ 造型设计要与想隐藏起来的设备或线路关联起来。单独房间的顶面可以单独设计成一个视觉效果。

➢ 空间连在一起的顶面造型设计要统一考虑，在视觉上要形成一个整体视觉效果。

➢ 由于需要显示的信息较多，为了减少文字数量，因而常用图例形式表示顶面的技术信息。

➢ 窗帘盒现在大多数是隐蔽式设计。

➢ 客厅餐厅、卧室书房的顶面造型大多数采用纸面石膏板和白色乳胶漆。檐口用木夹板或金属包边也时有所见。

➢ 工艺吊顶檐口上一般布置 LED 灯带，勾勒顶面造型轮廓。

➢ 顶墙交接的部位常用木质 / 石膏线线条收边。

➢ 卫生间和厨房间也可用纸面石膏板和白色乳胶漆，但更多的人为了防水和防污使用铝质集成吊顶或塑钢扣板。

➢ 特别复杂的顶面设计可以采用局部放大的手法。

➢ 工艺吊顶的檐口、墙顶交接处、窗帘盒部位、空调进出风口部位一般要画剖面图或节点详图，在顶面布置图里要画出剖切位置和索引符号。

➢ 制图画法详见图 T8.3–11、图 T8.3–12。

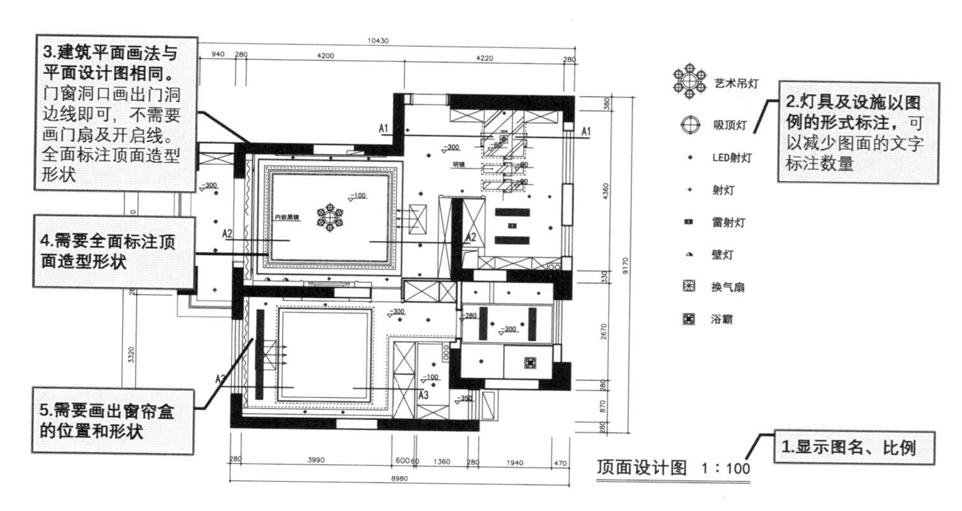

图 T8.3–11　顶面设计图画法 1

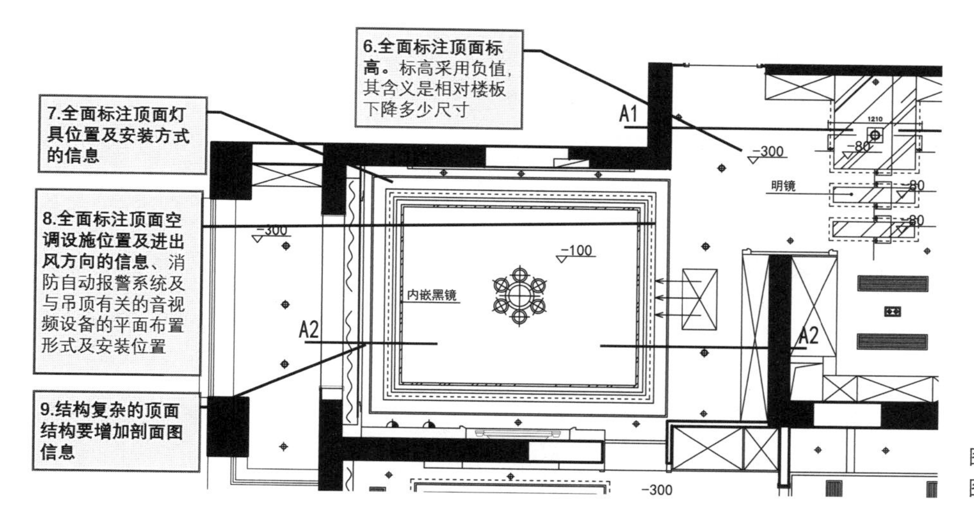

图 T8.3–12　顶面设计图画法 2

T8.3.5　顶面尺寸图的画法

1. 顶面尺寸图定义

是在顶面设计图的基础上全面标注顶面形状、标高以及灯具、空调等设施尺寸及位置的图纸。案例见图 T8.3–13。

2. 顶面尺寸图意义

它是设计师对顶面装修尺寸信息的集中展示，表明了顶面的形状、标高以及灯具、空调的安装尺寸。

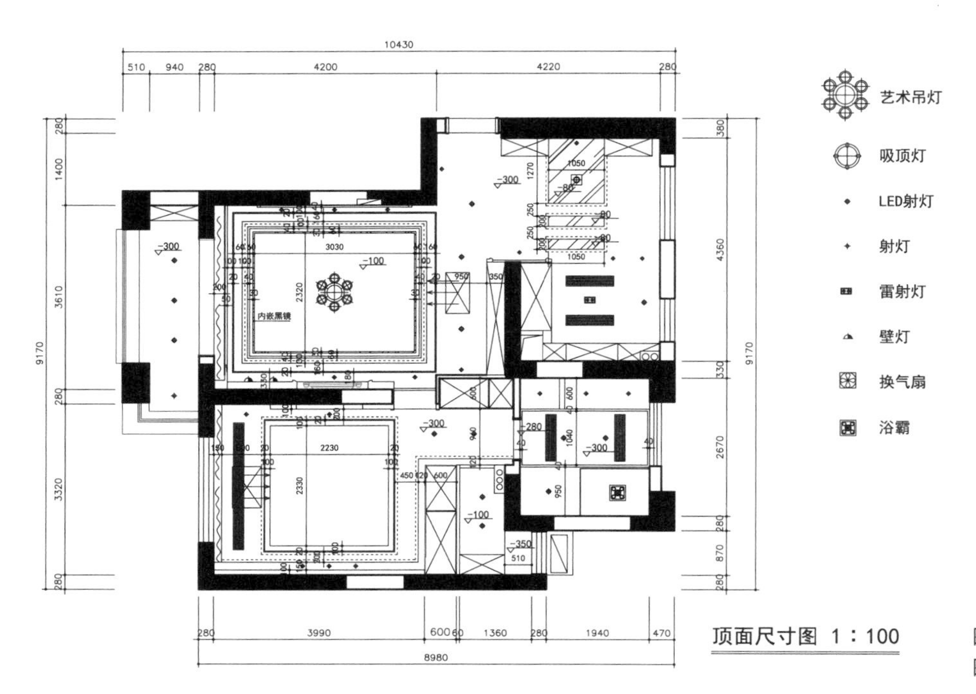

图 T8.3−13 顶面尺寸图案例

3. 顶面尺寸图画法

- 每个造型和构造都应标示尺寸。
- 内部尺寸标注完整的顶面可以删除户型外面的尺寸数据。
- 挑空处一般不画顶面天花和灯具造型。
- 尺寸密集处要利用有效制图空间错位表达。
- 特别复杂的顶面可以采用局部放大的方法。
- 有局部放大、引出剖面图和节点详图的顶面尺寸图，尺寸可以简化。
- 制图画法详见图 T8.3−14、图 T8.3−15。

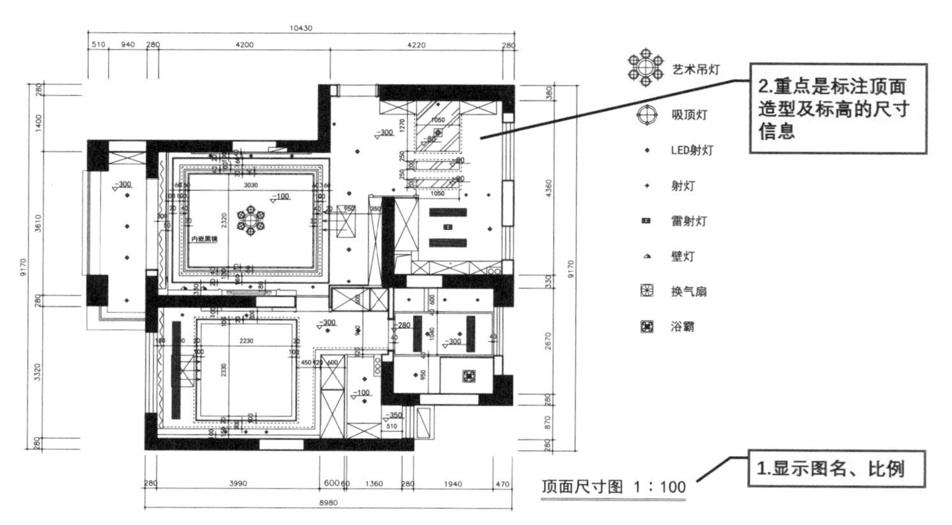

图 T8.3−14 顶面尺寸图画法 1

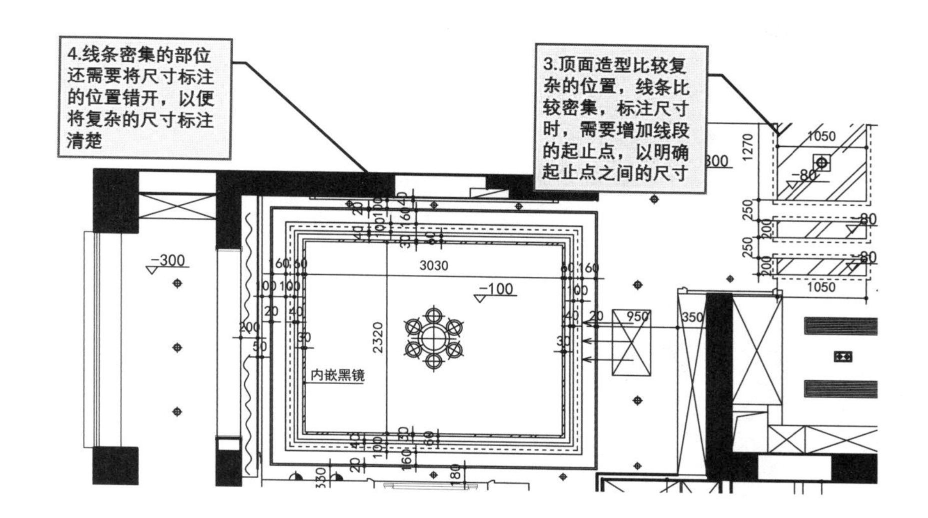

图 T8.3–15　顶面尺寸图画法 2

T8.3.6　灯具布置图的画法

1. 灯具布置图定义

是以平面图的形式，专门标注灯具的品种、形状、安装位置、安装方法的图纸（图 T8.3–16）。案例见图 T8.3–16。

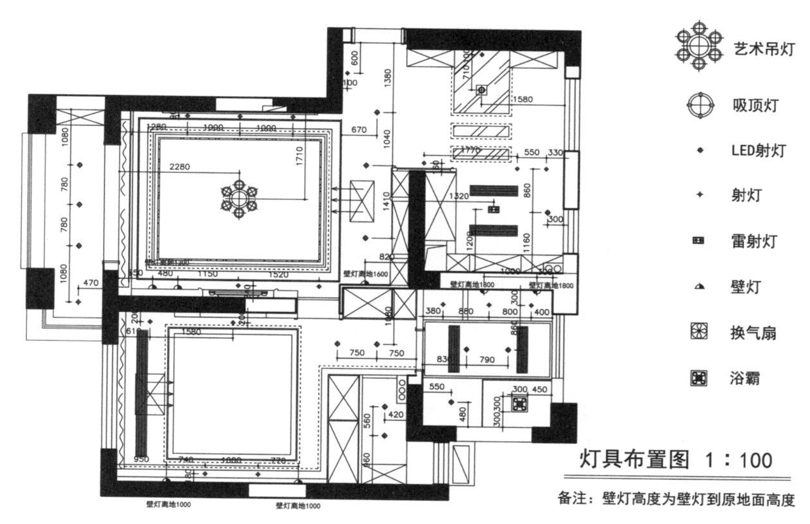

图 T8.3–16　灯具布置图案例

2. 灯具布置图意义

灯具布置图是设计师对顶面灯具技术设计信息的集中展示。

3. 灯具布置图画法

- 房间灯具的型号、功能、数量、位置是否合理。
- 全体照明、局部照明、直接照明、氛围照明等施工要求。
- 是否有夜灯设计。
- 客厅的工艺吊灯一般根据工艺吊顶顶面檐口造型居中布置，只要画出安装点的位置即可。
- 用细实线标注尺寸。

➢ 圆形灯具之间的距离尺寸一般标注在圆心部位，矩形灯具按矩形大小标注尺寸。

➢ 距离相等的多个相同的灯具尺寸可一一标注，也可用均分标注。

➢ 由于需要显示的信息较多，为了减少文字数量，可用图例形式表注灯具的技术信息。

➢ 其他制图画法详见图 T8.3–17 ～图 T8.3–21。

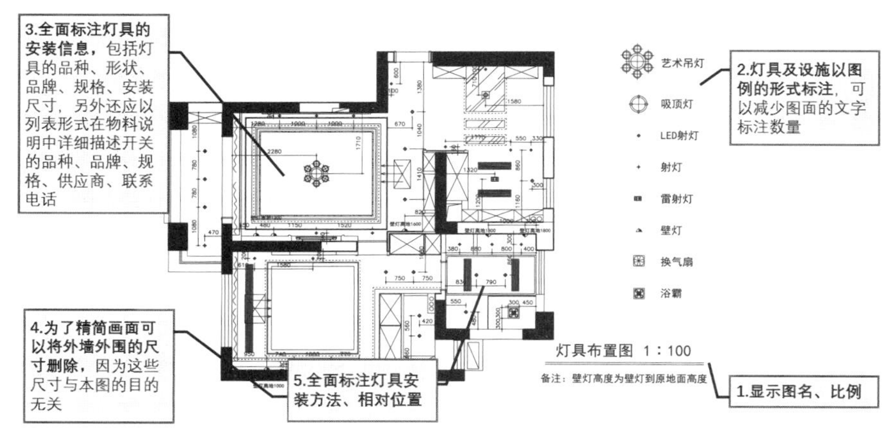

图 T8.3–17　灯具布置图画法 1

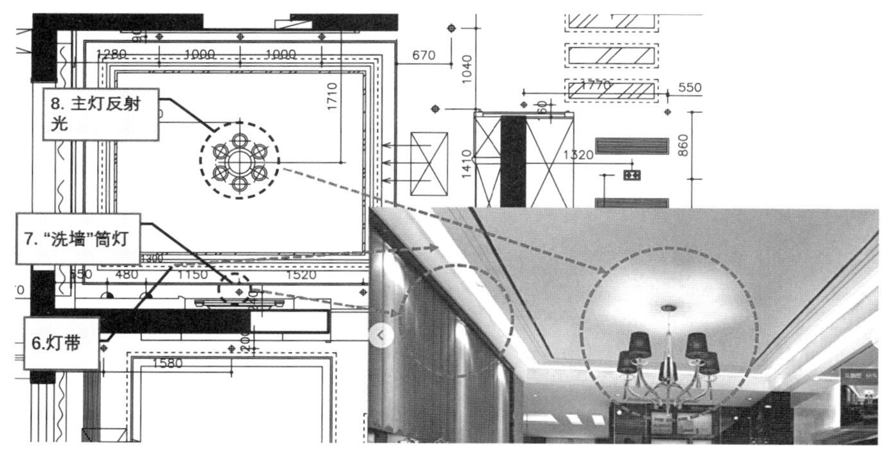

图 T8.3–18　灯具布置图画法 2

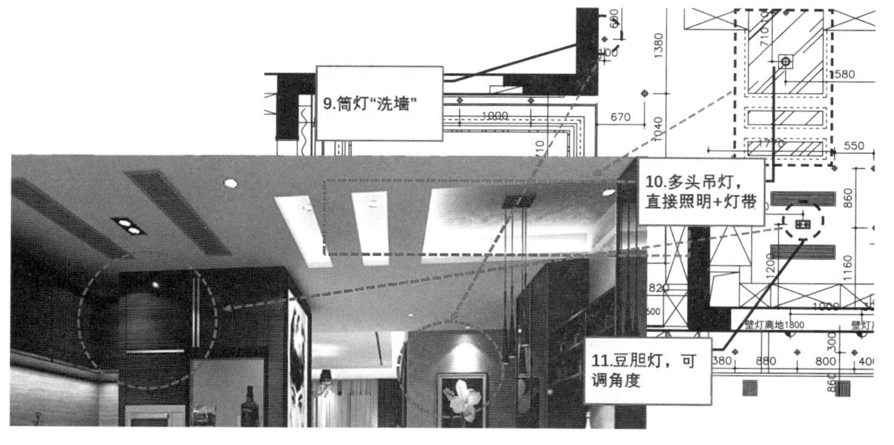

图 T8.3–19　灯具布置图画法 3

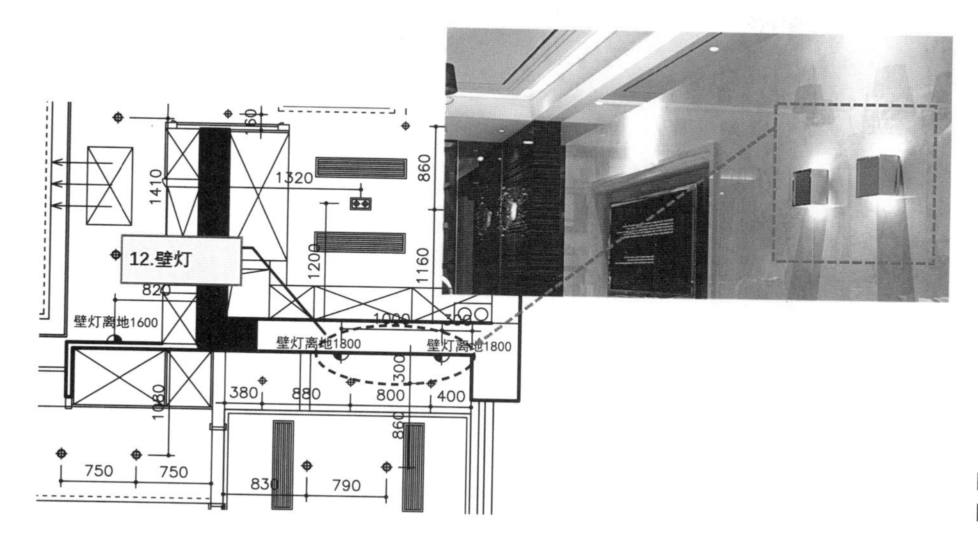

图 T8.3–20 灯具布置图画法 4

图 T8.3–21 灯具布置图画法 5

T8.3.7 开关布置图的画法

1. 开关布置图定义

是以平面图的形式，专门标注开关的品种、形状、安装位置、控制的灯具、安装方法的图纸。案例见图 T8.3–22。

2. 开关布置图意义

它是设计师对灯具控制开关设计信息的集中展示。

3. 开关布置图画法

➢ 各功能区的主灯开关最好安排在入口附近，进入各功能区前可以先打开灯具。

➢ 比较大的房间可以考虑分区的局部照明方案。

➢ 入户门内侧要有控制门厅灯具的开关，在黑暗中伸手就能摸到。起居室的环境灯开关也要在这个地方。

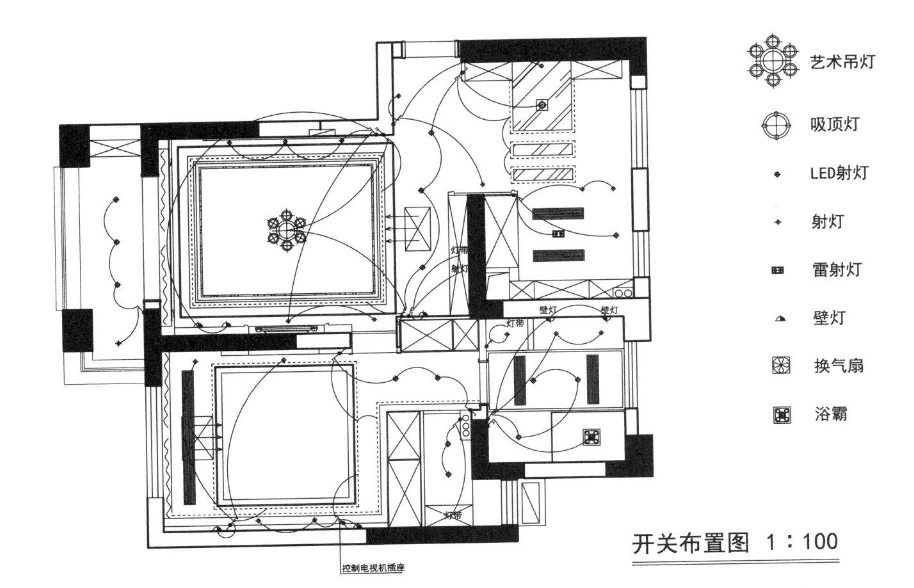

图 T8.3—22 开关布置图案例

➢ 起居室的灯具开关最好集中布置在动线的起始位置附近。

➢ 卧室门口要有控制卧室主灯具的开关，这个灯具开关最好是双联的，另一个布置在床区一侧。在床上可以轻松关闭。透明衣柜是当今的时尚，里面要布置灯带类灯具，开关由开门来控制。

➢ 卫生间门口要有卫生间内部顶灯或镜前灯的控制开关。浴霸、电暖器等开关也可以安排在一起。

➢ 厨房入口处要有控制厨房主灯的开关。

➢ 餐桌上方要有专门照亮餐桌的灯具，开关也安排在附近。

➢ 由于需要显示的信息较多，为了减少文字数量，因而常用图例形式表示开关的技术信息。

➢ 其他制图画法详见图 T8.3—23 ~ 图 T8.3—25。

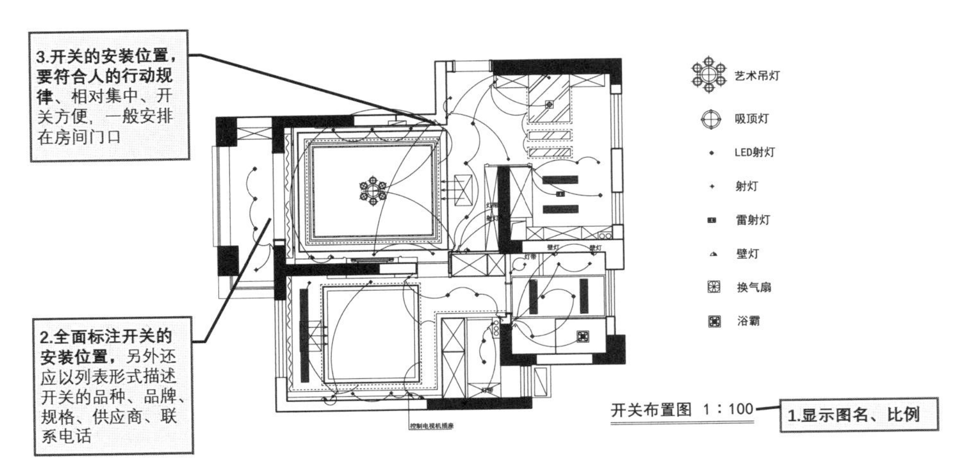

图 T8.3—23 开关布置图画法 1

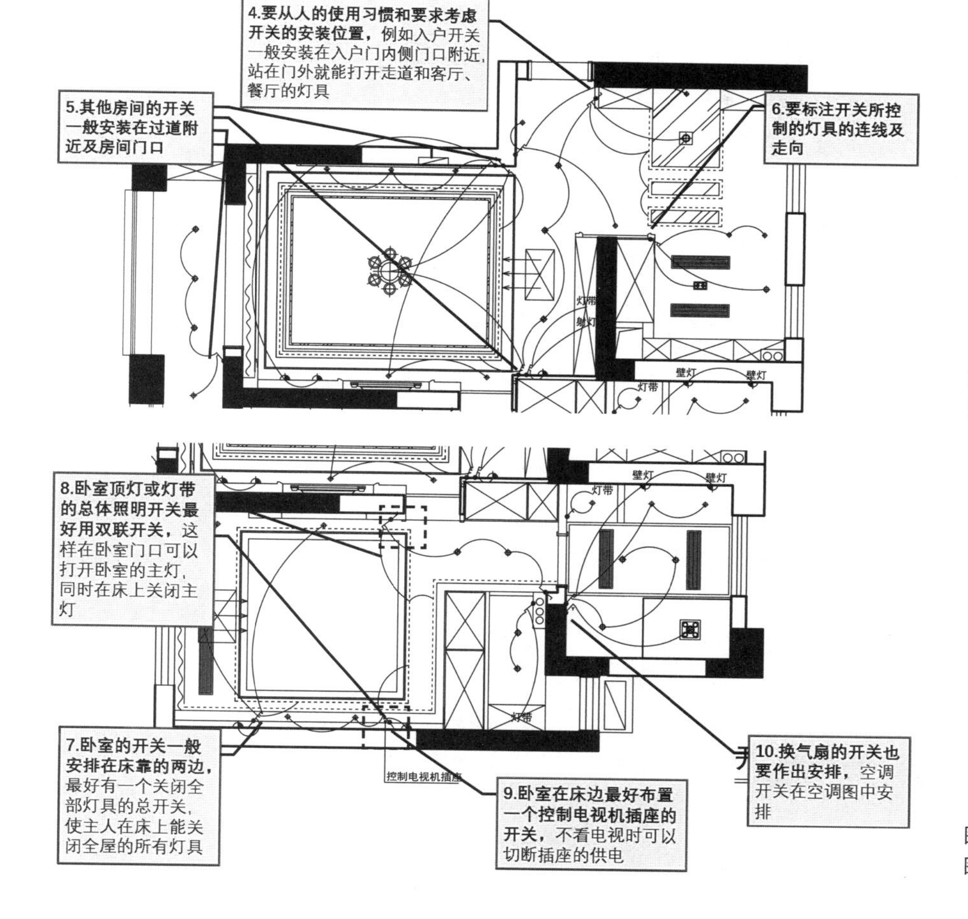

图 T8.3–24　开关布置图画法 2

图 T8.3–25　开关布置图画法 3

T8.3.8　插座布置图的画法

1. 插座布置图定义

是以平面图的形式，专门标注插座的品种、形状、安装位置、安装方法的图纸。案例见图 T8.3–26。

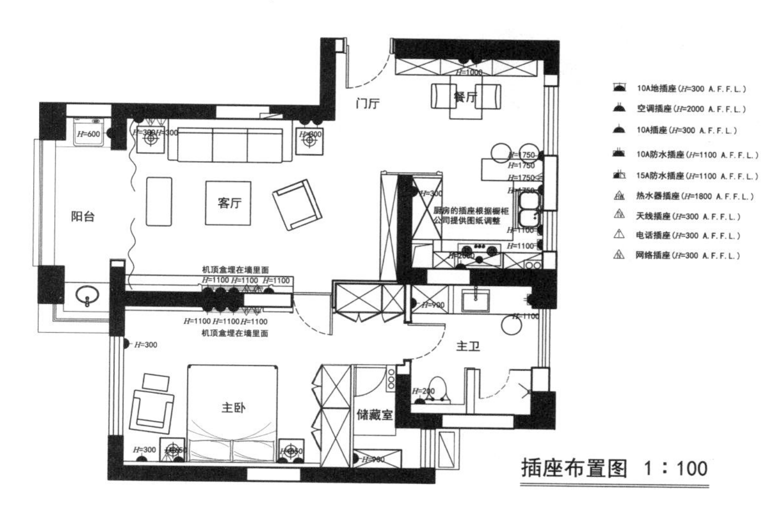

图 T8.3–26　插座布置图案例

2. 插座布置图意义

它是设计师对灯具控制开关技术设计信息的集中展示。

3. 插座布置图画法

➢ 要清楚地表明每个房间插座的型号、数量、安装位置。

➢ 要使业主尽可能不使用临时拖线板插座。

➢ 起居室沙发区左右至少各安排两个插座。最好有网络插座、如有电话布线，沙发旁是最佳位置。对面的视听区要安排多个 2/3 插（电视／音响／机顶盒／其他设备都需要电源）。网络／卫星电视／有线电视插座一般也集中安排在电视机的背后。

➢ 卧室床区左右至少各安排两个插座。最好有网络插座、如有电话布线，这里也是最佳位置。另外两侧墙面至少各有一个插座，衣柜内部也需要插座。

➢ 起居室和主卧室可以考虑电动窗帘，需要在窗帘盒预先安排插座。

➢ 卫生间马桶后面要安排一个插座，盥洗台一侧需要安排防水插座，电热水器、电热器、浴霸、电热毛巾杆等都需要安排插座。

➢ 厨房冰箱插座最好单独走线。以便外出时关闭其他所有电源，唯有冰箱可以单独通电。灶台、脱排油烟机、洗碗机、烤箱、微波炉等凡是需要固定位置的电器都应安排相应的插座。水斗下面也要安排插座，为垃圾处理器、净水器、智能垃圾箱等家电的使用留有余地。另外电饭煲等小家电的使用需要多个插座。

➢ 家政阳台一侧要安排洗衣机、干衣机、电熨斗的插座。另一侧最好也有备用插座。

➢ 门厅需要可视对讲机、自动门锁、鞋套机、报警器等插座。

➢ 由于需要显示的信息较多，为了减少文字数量，因而常用图例形式表示插座的技术信息（图 T8.3–27）。

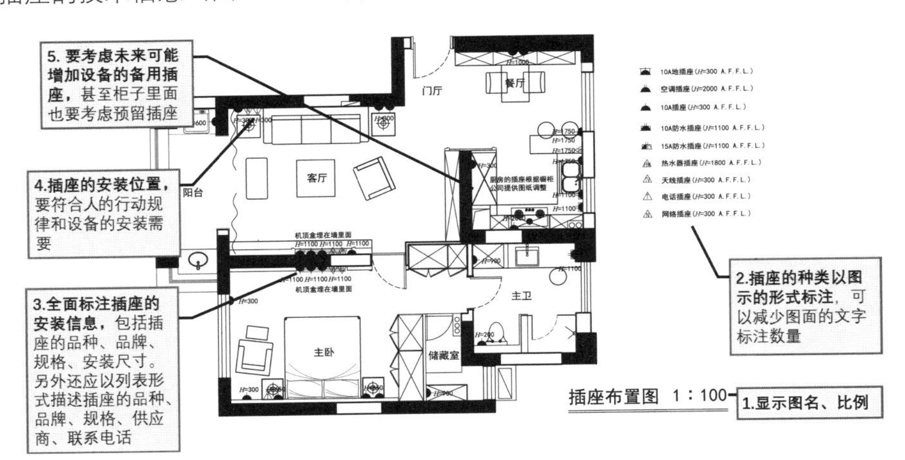

图 T8.3–27 插座布置图画法

T8.3.9 水路布置图的画法

1. 水路布置图定义

是以平面图的形式，专门标注水路技术设计的图纸（图 T8.3–28）。

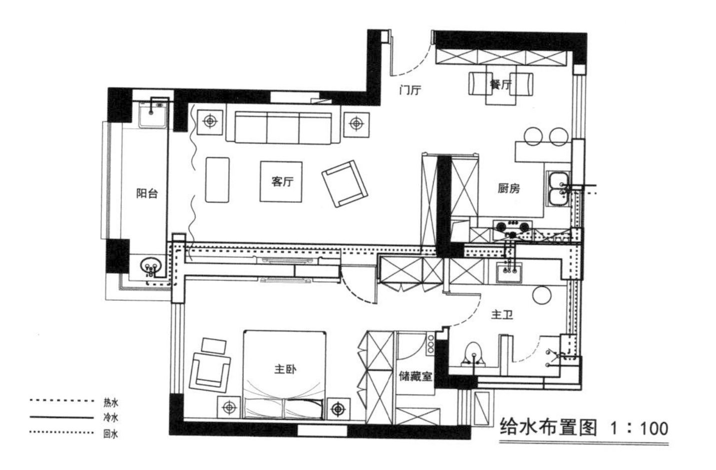

图 T8.3—28 水路布置图案例

2. 水路布置图意义

它是设计师对业主房屋给水排水技术设计信息的集中展示。

3. 水路布置图画法

➢ 要清楚地表明给水管的进口及水表的位置。

➢ 要清楚地表明给水管（冷热水管）的走线，出水点和角阀的位置。

➢ 冷热水管用不同的线型表示。

➢ 要清楚地表明热水器的品种及安装位置。

➢ 热水器要尽可能靠近用水点，确保热水出水口，可以节约用水。

➢ 要清楚地表明排水管（雨污分流）的走线及管径、地漏品种及位置。

➢ 由于需要显示的信息较多，为了减少文字数量，因而常用图例形式表示水路的技术信息。

➢ 其他制图画法详见图 T8.3—29。

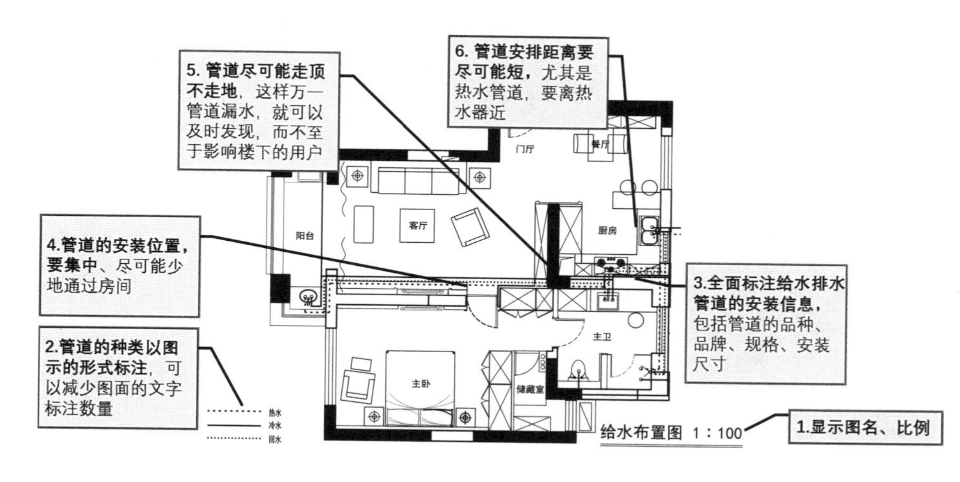

图 T8.3—29 水路布置图画法

T8.3.10 空调布置图的画法

1. 空调布置图定义

是以平面图的形式，专门标注空调的品种、形状、内外机及进出风口安装位置、安装方法的图纸。案例见图 T8.3—30。

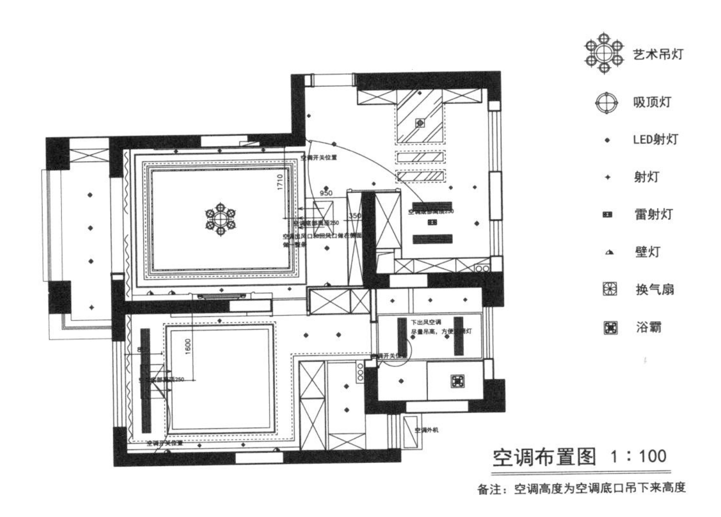

图 T8.3—30 空调布置图案例

2. 空调布置图意义

空调布置图是设计师对空调技术设计信息的集中展示，主要显示空调的安装位置，出风口方向。

3. 空调布置图画法

➢ 对于空调的选型，设计师要建议业主主要咨询空调供应商。

➢ 首先由选定的空调供应商定出空调型号和空调风管及线路的走线要求。

➢ 然后家装设计师与之进行顶界面造型及构造设计的配合。顶面吊顶的设计既能保证空调走线的科学合理，确保空调使用效果，又不破坏顶界面的形式美。

➢ 要尽量争取空调风管及线路尽量贴近梁底，靠近主动线一侧墙面。

➢ 空调开关要布置在动线附近的房间门口。

➢ 出风口的部位既要对准空调使用面，又不能直吹静态使用者。

➢ 其他制图画法见图 T8.3—31。

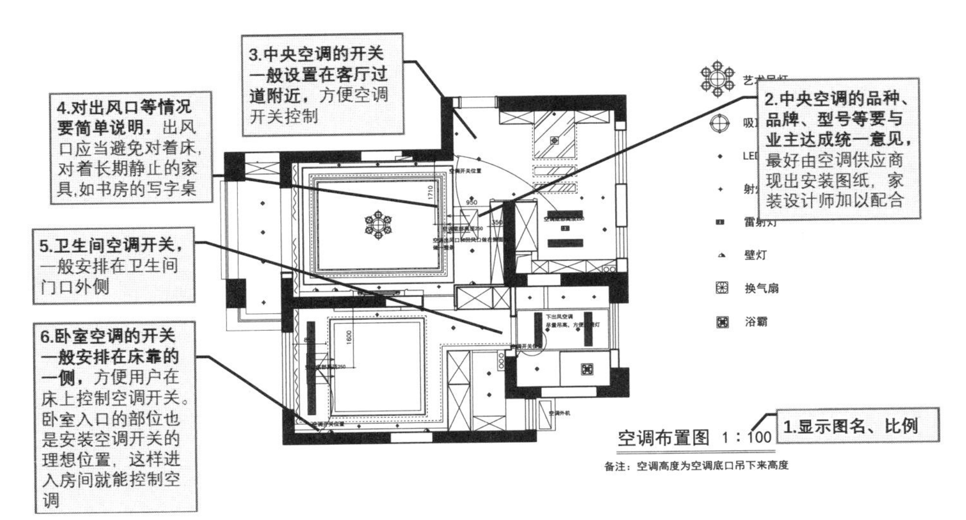

图 T8.3—31 空调布置图画法

T8.3.11 立面索引图的画法

1. 立面索引图定义

是以平面图的形式为后续各个房间、各个部位的立面设计图标出在平面图中相对位置，并给出详细的索引符号及编号的技术图纸。案例见图 T8.3–32。

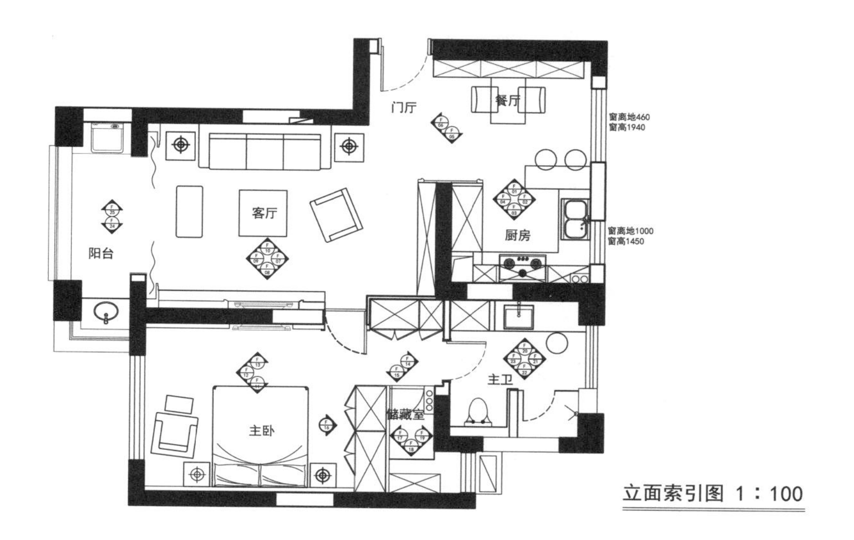

图 T8.3–32 立面索引图案例

2. 立面索引图意义

方便使用者在阅读平面图后能快速准确地找到相应位置的立面图。

3. 立面索引图画法

- 原则上是要对每个房间、每个立面部位都要面面俱到，不能遗漏。
- 索引一般用箭头指向东南西北 + 字母 + 数字加以表达。
- 相邻的数字要集中在一起，不能跳跃编排。
- 其他制图画法见图 T8.3–33。

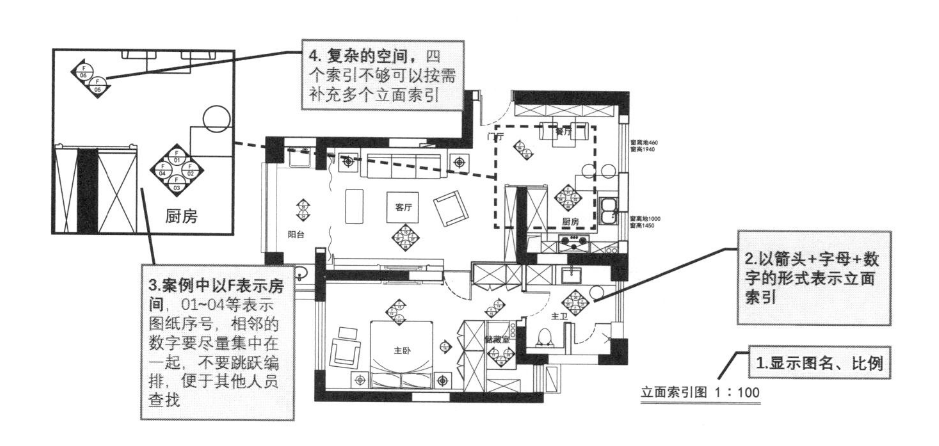

图 T8.3–33 立面索引图画法

T8.4 系列立面图设计

深化设计的第三项工作是设计系列立面图。

T8.4.1 什么是系列立面图

1. 系列立面图定义

设计师以立面图的方式，呈现平面布置图中所对应各个房间（空间）特定立面的界面信息。包括各个界面的硬装、软装、家具、设施等造型；各个部位的尺寸、材料、色彩、肌理、施工工艺和要求等详细信息。施工人员据此施工，造价人员据此编制工程量清单和价格，验收人员据此验收。案例见图 T8.4–1。

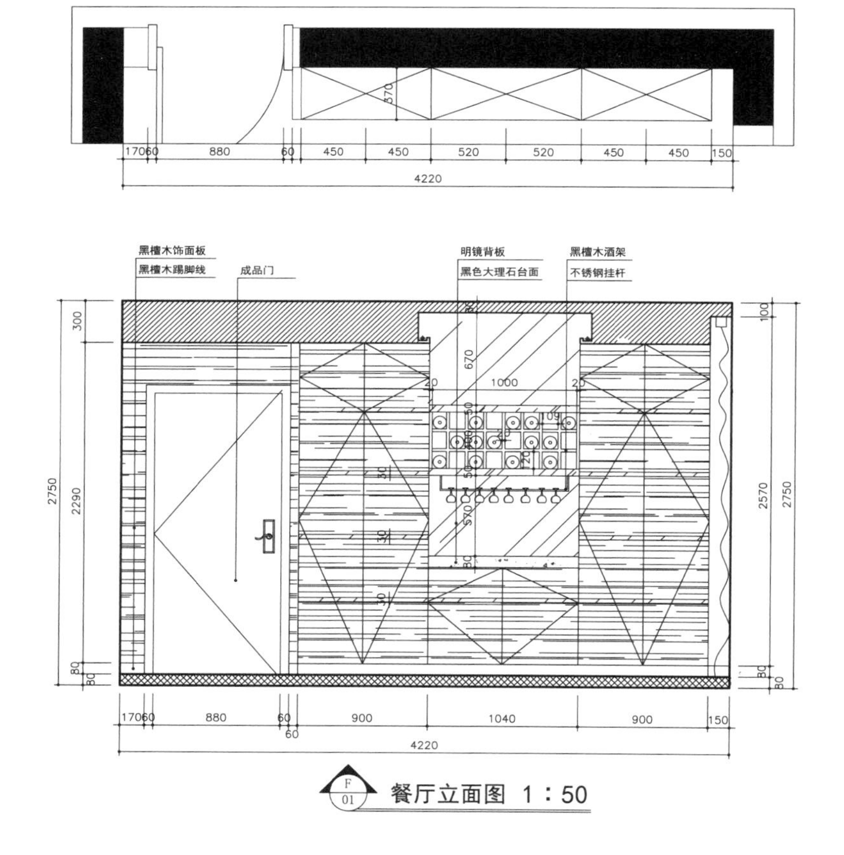

图 T8.4–1 立面图案例

2. 系列立面图意义

它是设计师依据平面设计图，对各个房间（空间）东南西北各个立面的深化设计。为各个房间、各个立面界面作出施工指引，是施工图深化的主要图纸之一。

T8.4.2　系列立面图画法

1. 立面图绘制要求

- 各个房间（空间）、各个立面的界面必须面面俱到，无一遗漏。
- 每个房间（空间）的立面图要按东南西北或立面索引图的编号有序排列，如主卧室，其四个立面立面索引图的编号要有序排列在一起。
- 有些跨界的空间可以画在一起，如客厅和餐厅、客厅和过道等，但立面索引图的索引点必须表示准确。
- 立面图主要表现立面界面的硬装、软装、家具，要画出墙面装饰造型及陈设（如壁挂、工艺品等）、门窗造型及分格、墙面灯具、暖气罩等装饰内容。
- 但涉及的设施如开关／插座的位置、空调的位置等也要表示出来。可见的灯具投影，图形用虚线表示。
- 用粗实线画出室内立面轮廓线，包括附墙的固定家具及造型，如影视墙、壁柜的轮廓线。用细实线画出家具及界面的内部造型。
- 顶棚有吊顶时，可画出吊顶、叠级、灯槽等剖切轮廓线。同时画出墙面与吊顶的收口形式。
- 立面图的不同造型、不同材质可以用适当的图案填充，但打印时要设置成"淡显"。
- 装饰选材、立面尺寸、标高、做法说明一般都在图外标注。
- 尺寸采用竖向或水平向两级标注，楼地面、顶棚需要标注标高。
- 主要装饰造型的定形、定位尺寸可在图内标注。
- 材料及做法标注用细实线引出，引出线要准确引到所示材料位置。
- 立面图的材料标示可以用文字，也可以用同一的材料编码表示。文字和编码要统一字号和大小，有序对齐。

2. 立面图画法

见图 T8.4–2 ～图 T8.4–13。

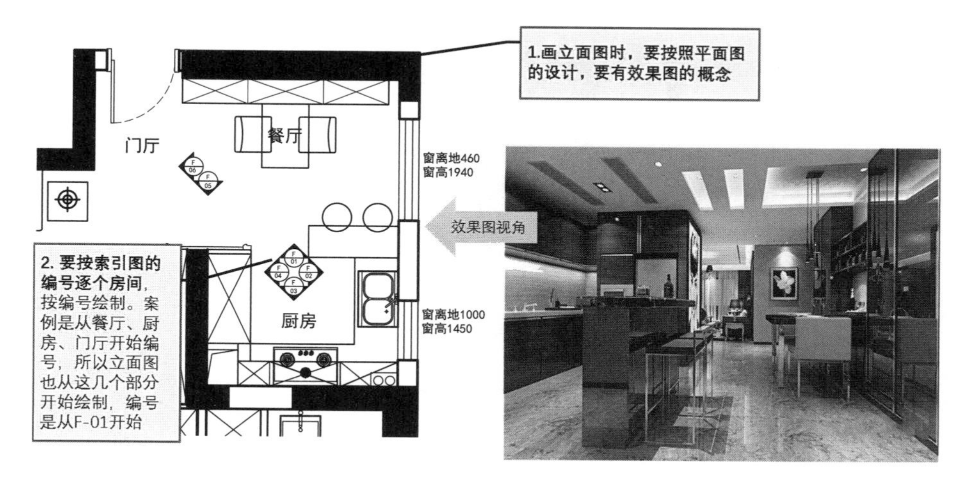

图 T8.4–2　立面图画法 1

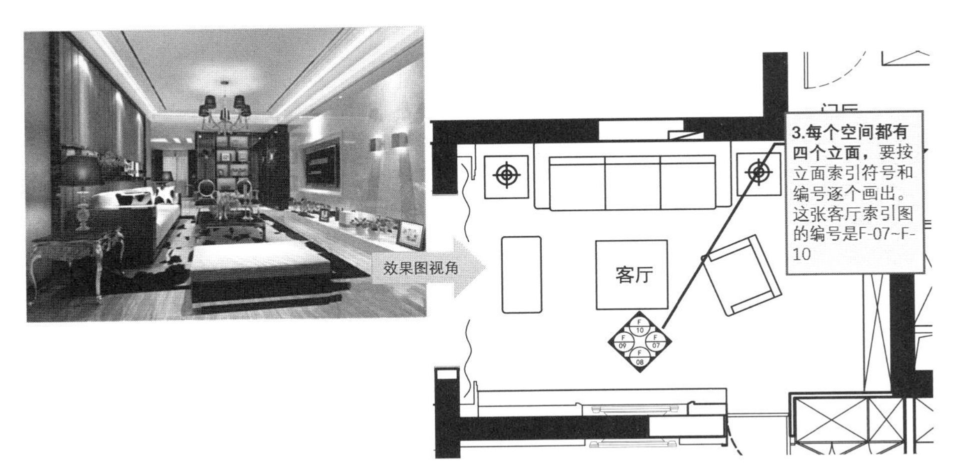

图 T8.4–3　立面图画法 2

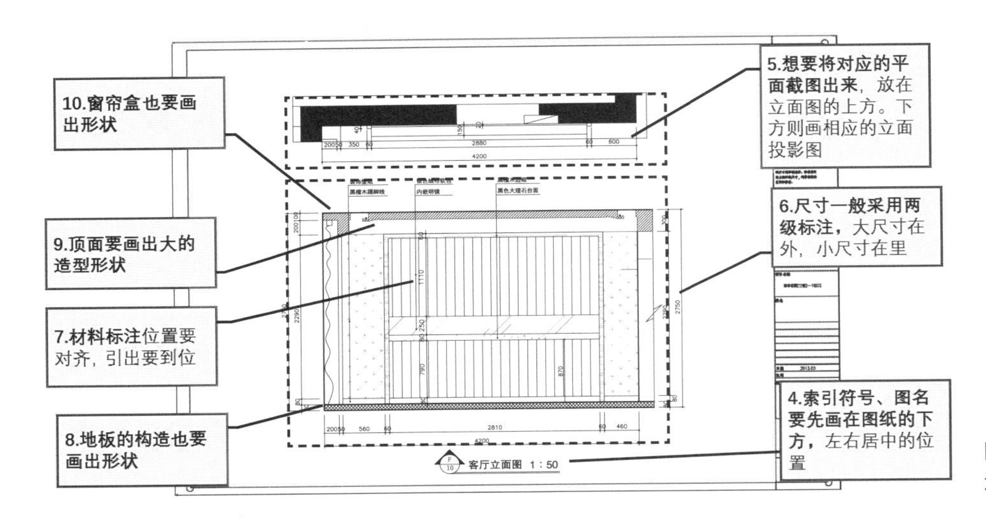

图 T8.4–4　立面图画法 3

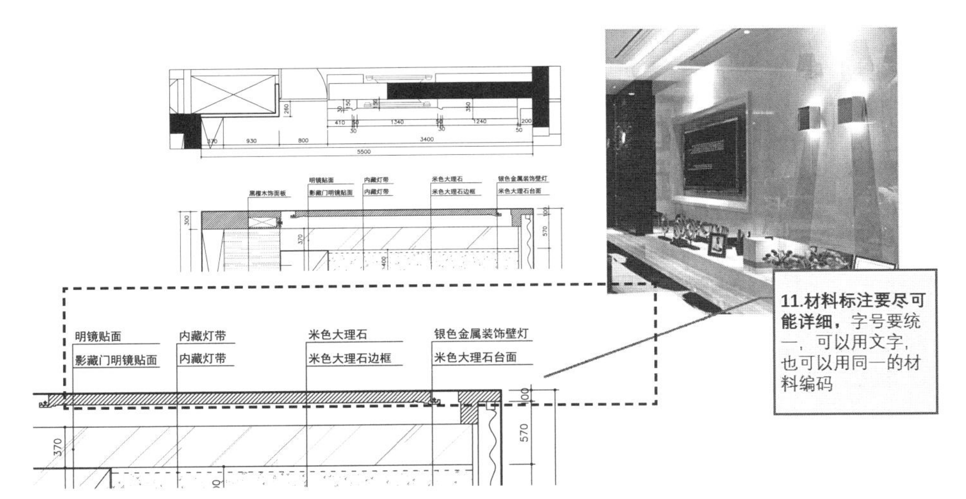

图 T8.4–5　立面图画法 4

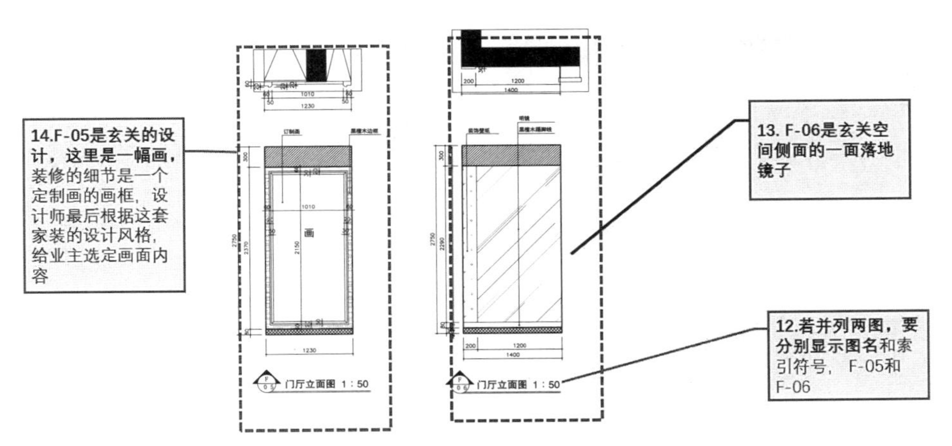

图 T8.4–6 立面图画法 5

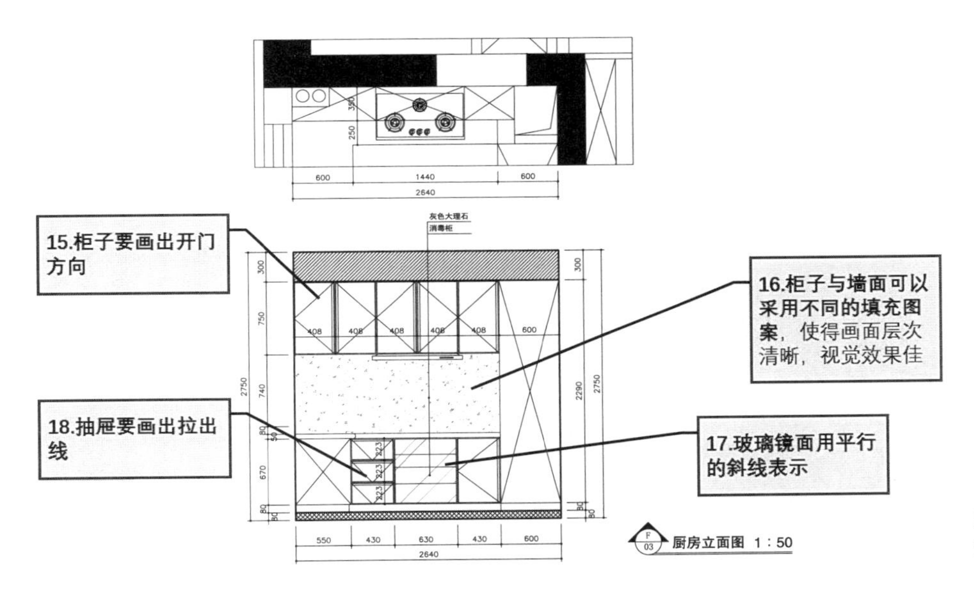

图 T8.4–7 立面图画法 6

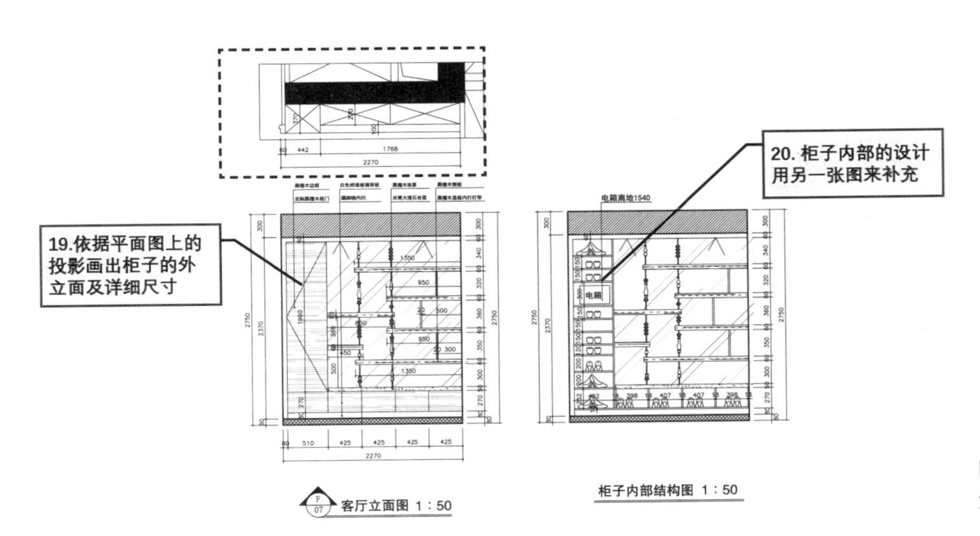

图 T8.4–8 立面图画法 7

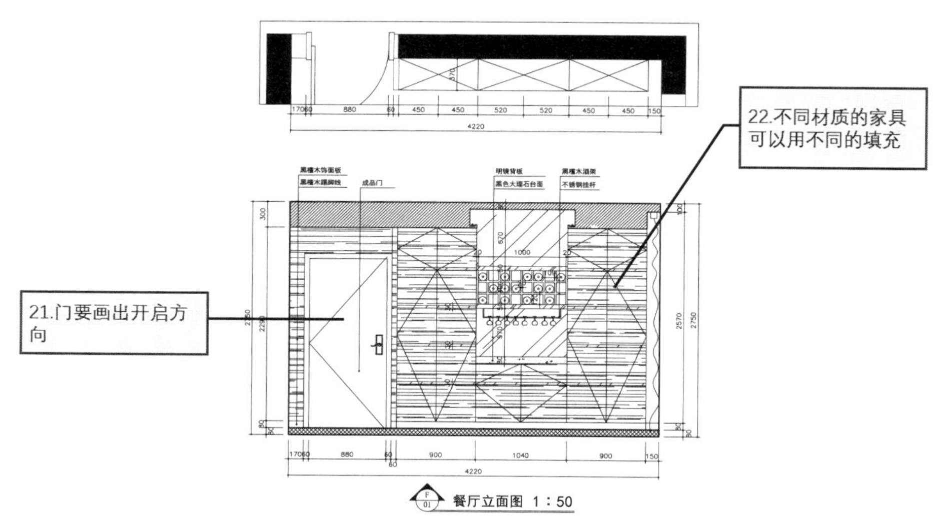

图 T8.4–9 立面图画法 8

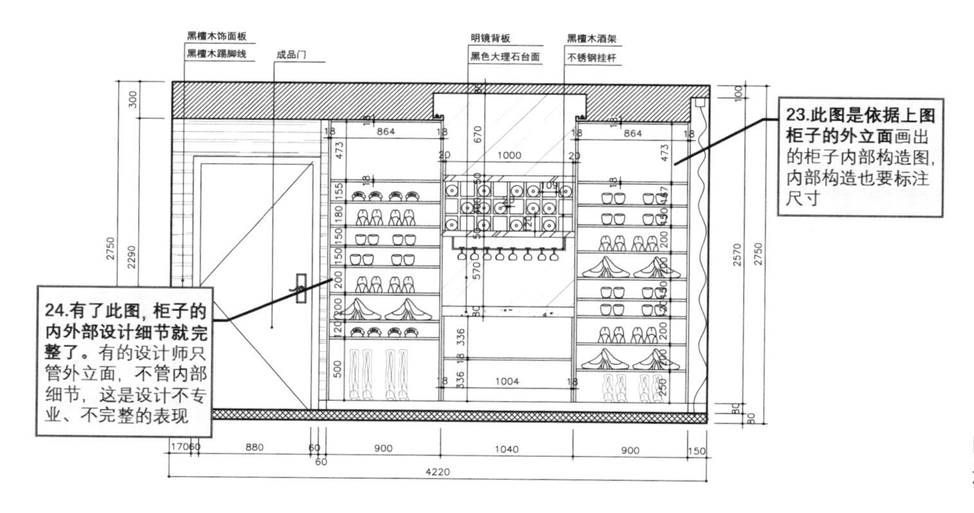

图 T8.4–10 立面图画法 9

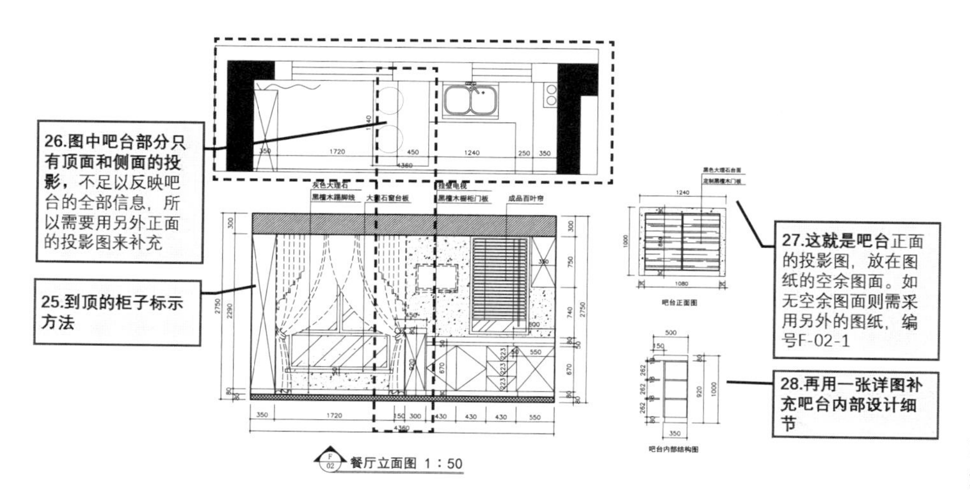

图 T8.4–11 立面图画法 10

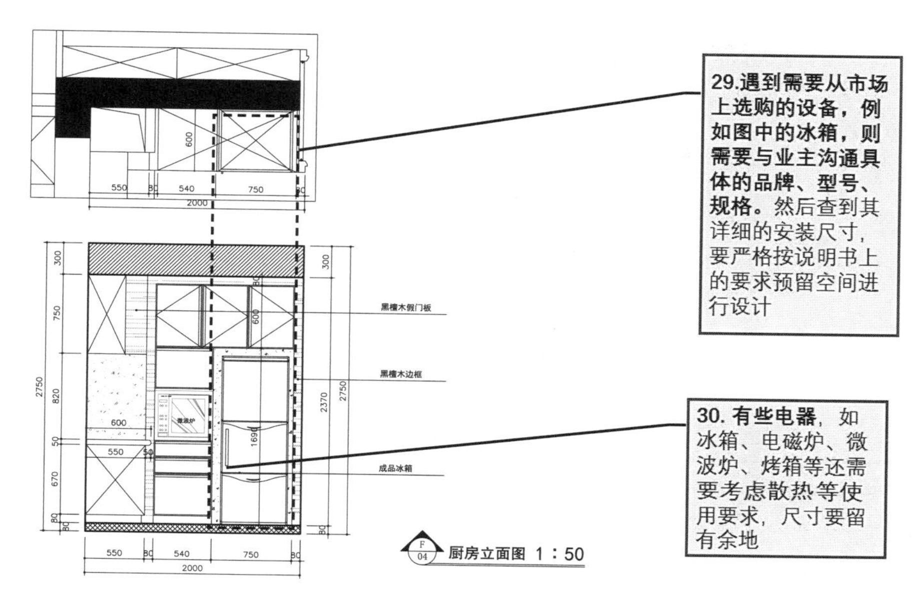

图 T8.4–12　立面图画法 11

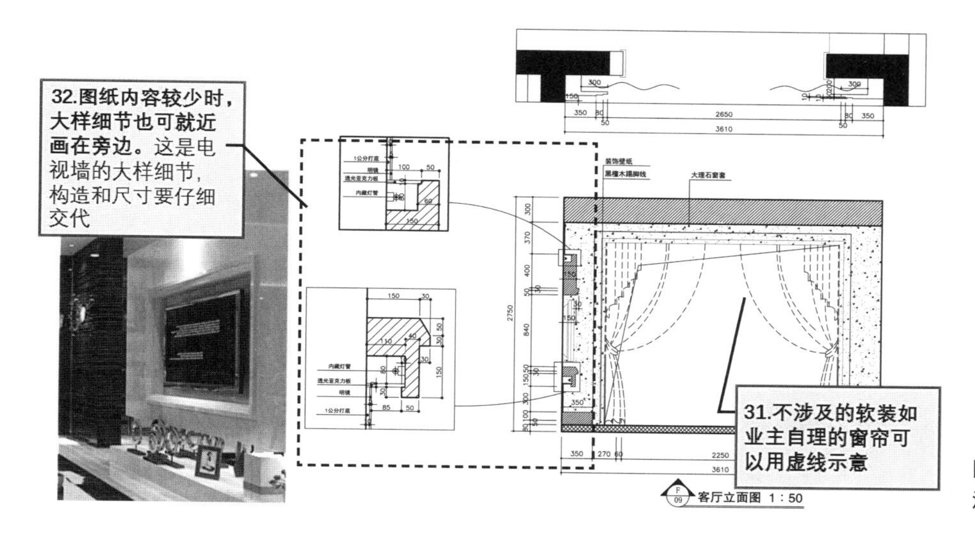

图 T8.4–13　立面图画法 12

T8.5　系列剖面图和节点详图设计

深化设计的第四项工作是设计系列剖面图和节点详图。

T8.5.1　什么是系列剖面图

1. 系列剖面图定义

是在系列平面图、系列立面图中仍无法清晰地表达出设计意图的情况下，用放大的系列剖面图形式专门标注室内设计构造细节的图纸。一般构造复杂的部位需要剖面图来补充设计信息，见图 T8.5–1。

2. 系列剖面图意义

可以让人更清楚地了解室内设计构造的设计信息，特别是墙面／顶面／

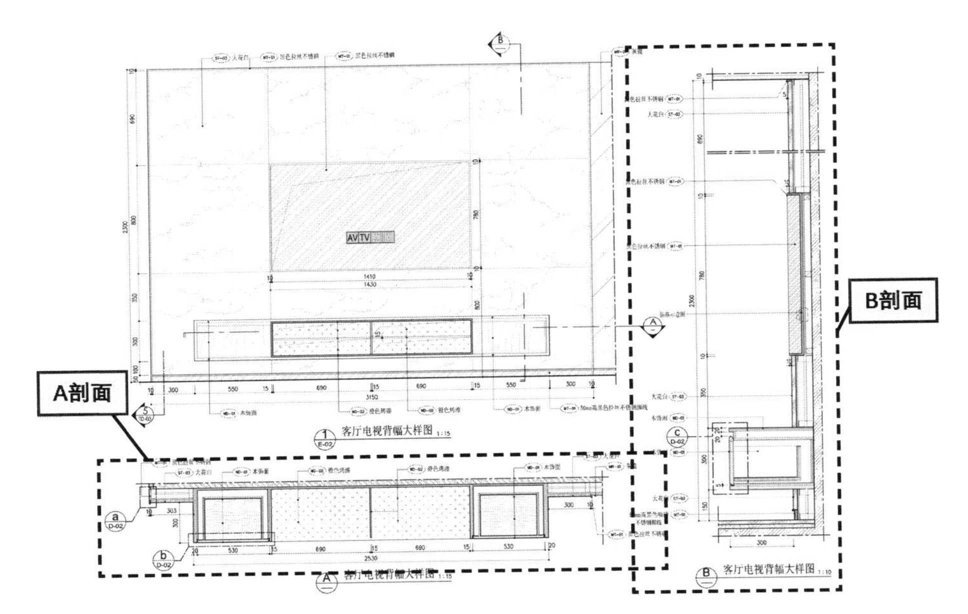

图 T8.5–1　剖面图画法案例——电视墙

地面整体的起伏或凹凸情况。剖面图越多，设计细节越清晰，施工效果就越好。

3. 系列剖面图画法

➢ 一般客厅电视墙、卧室背景墙、到顶的固定家具、隔断等，厨房灶台、卫生间盥洗台等造型及构造特别复杂的墙面、特别复杂的工艺吊顶、跃层式住宅的地面、楼梯等需要画剖面图。

➢ 剖面图主要用于表达室内立面的构造，着重反映墙（柱）面、顶面、地面表面的花隔图案、分层做法、选材、色彩、肌理要求和构造、做法。

➢ 剖面图是按房间平面图上标注的剖切位置，或竖向或横向整体剖切的。为了放大构造细节中间相同的部位可以用缩略线略去。

➢ 其他制图画法见图 T8.5–2 ~ 图 T8.5–7。

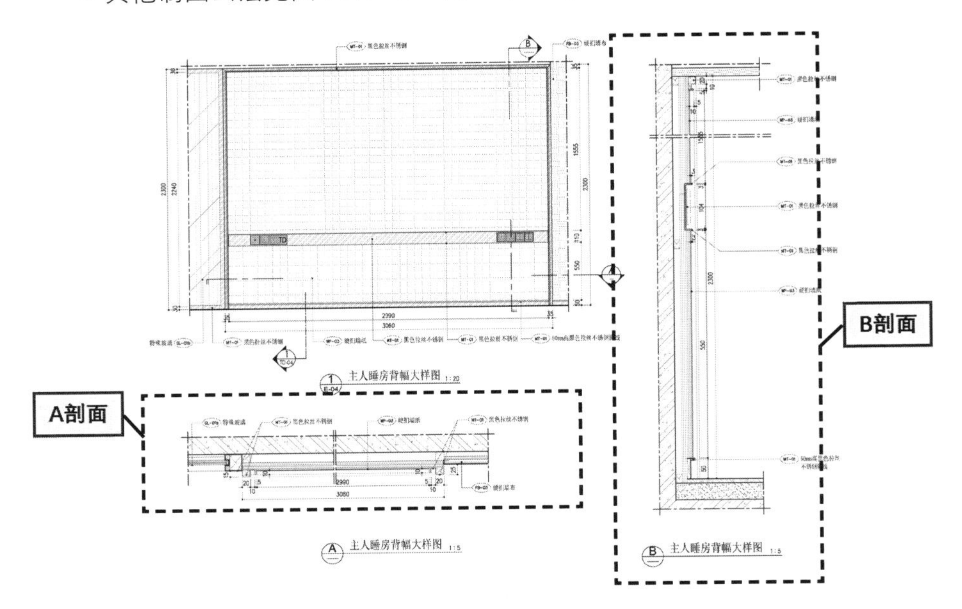

图 T8.5–2　剖面图画法——主卧室背影墙

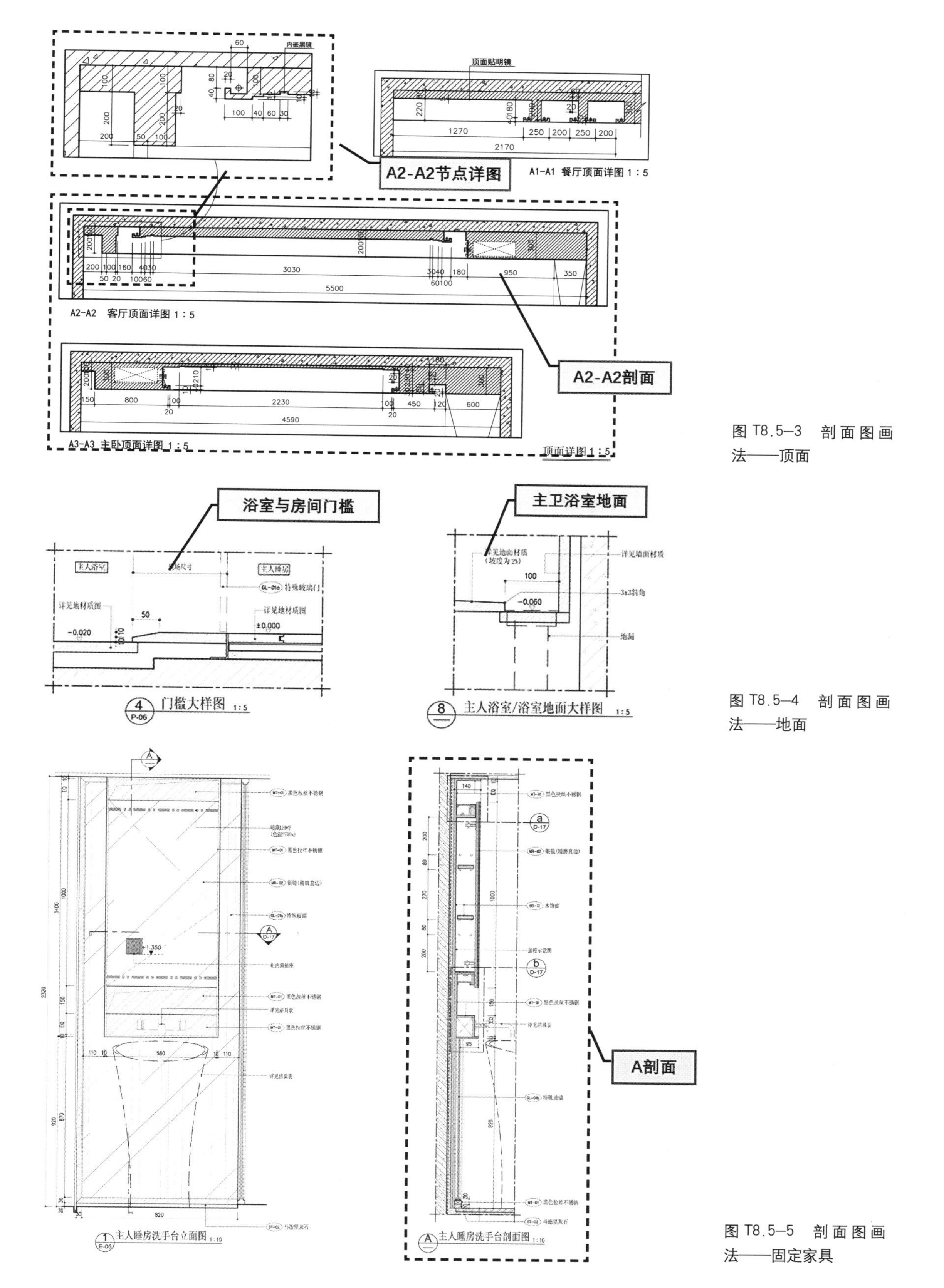

图 T8.5–3 剖面图画法——顶面

图 T8.5–4 剖面图画法——地面

图 T8.5–5 剖面图画法——固定家具

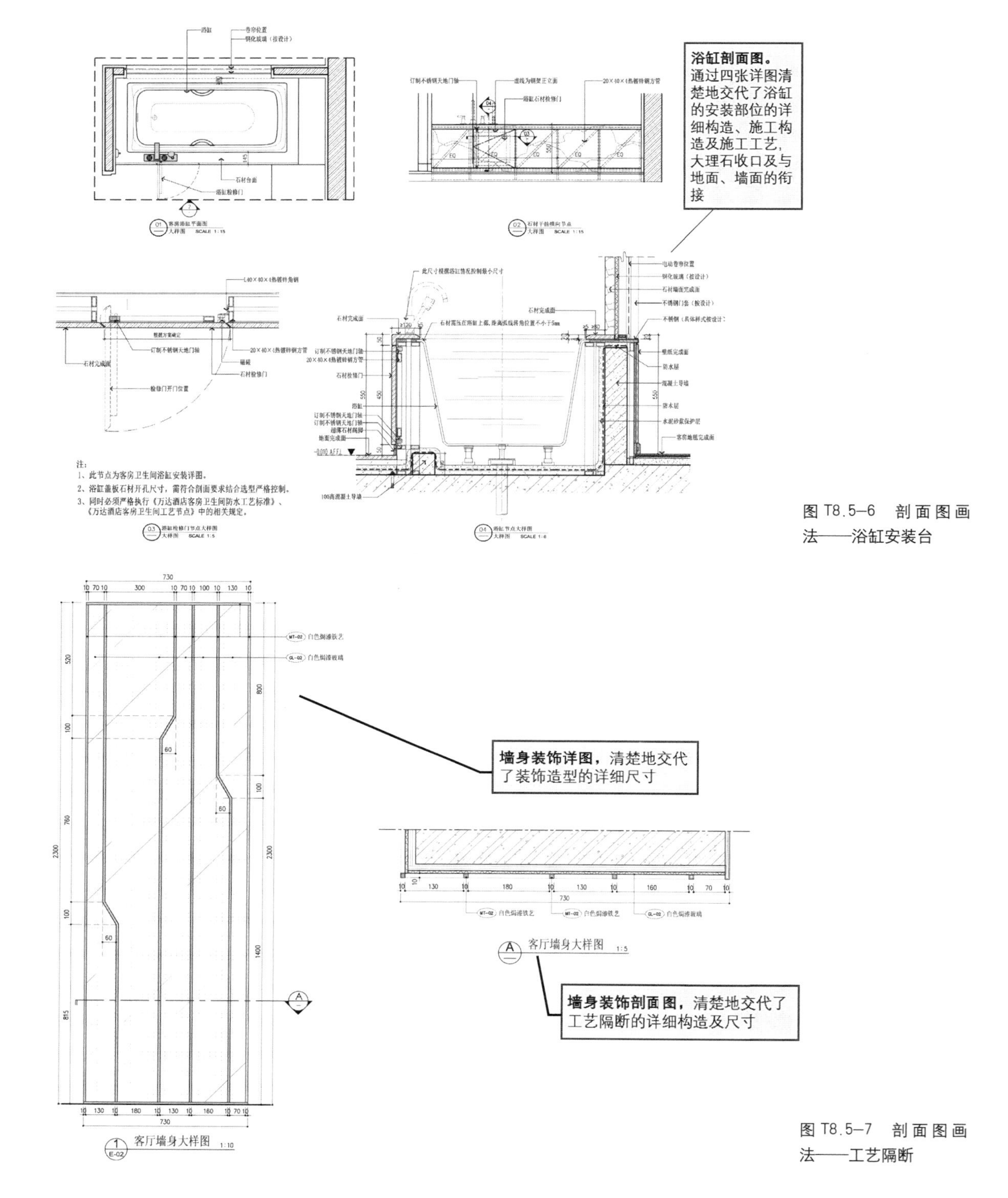

图 T8.5–6 剖面图画法——浴缸安装台

图 T8.5–7 剖面图画法——工艺隔断

T8.5.2 什么是系列节点详图

1. 系列节点详图定义

是在系列平面图、系列立面图、系列剖面图中仍无法清晰地表达出设计意图的情况下，用放大的节点详图形式专门标注室内设计构造细节的图纸。详图案例见图 T8.5–8。

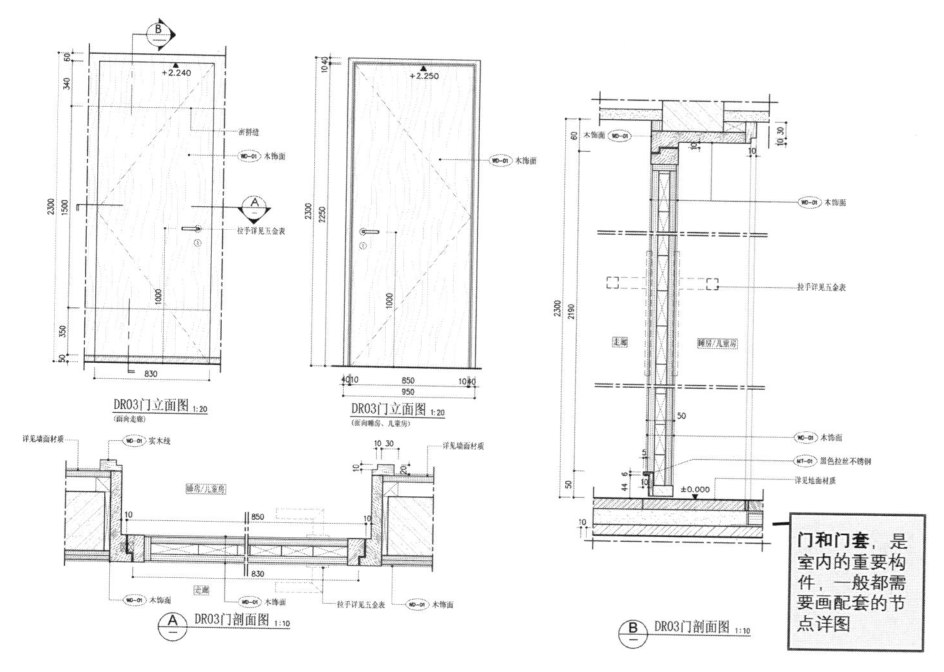

图 T8.5–8　节点详图画法案例——门和门套

2. 系列节点详图意义

节点详图一般以较大的比例绘制，如 1 ∶ 10、1 ∶ 20 等。有的图纸不一定要画剖面图，但节点详图是肯定少不了的。节点详图选取的位置可以是一个整体的构造，也可以是某一个构造的拐角，某一个细部的衔接位置、某一个台面的收口。因此，它的表达比剖面图更自由、更方便，也可以让人更清楚地了解节点构造的设计信息。节点详图越多，设计细节越清晰，施工效果就越好。

3. 系列节点详图画法

➢ 墙、顶、地的剖面图仍无法表达清楚的艺术造型、细部做法及装饰构造可以进一步通过节点详图深入表达，也可结合剖面图，在同一张图纸中灵活引出。

➢ 其他需要画出节点详图的位置包括装饰造型、固定家具、门窗及门窗套、小品及饰物等。

➢ 装饰造型详图指独立的或依附于墙柱的装饰造型，表现装饰的艺术氛围和情趣的构造体，如影视墙、花台、屏风、壁龛、栏杆造型等的平、立、剖面图及线角详图。

➢ 固定家具详图指需要现场制作、加工、油漆的固定式家具，如衣柜、书柜、储藏柜等。

➢ 门窗及门窗套详图指门的图样、门窗及门窗套立面图、剖面图和节点详图。

➢ 小品及饰物详图指水景、指示牌等制作图。

➢ 节点详图一般用大比例表达。

➢ 其他制图画法见图 T8.5–9 ~ 图 T8.5–21。

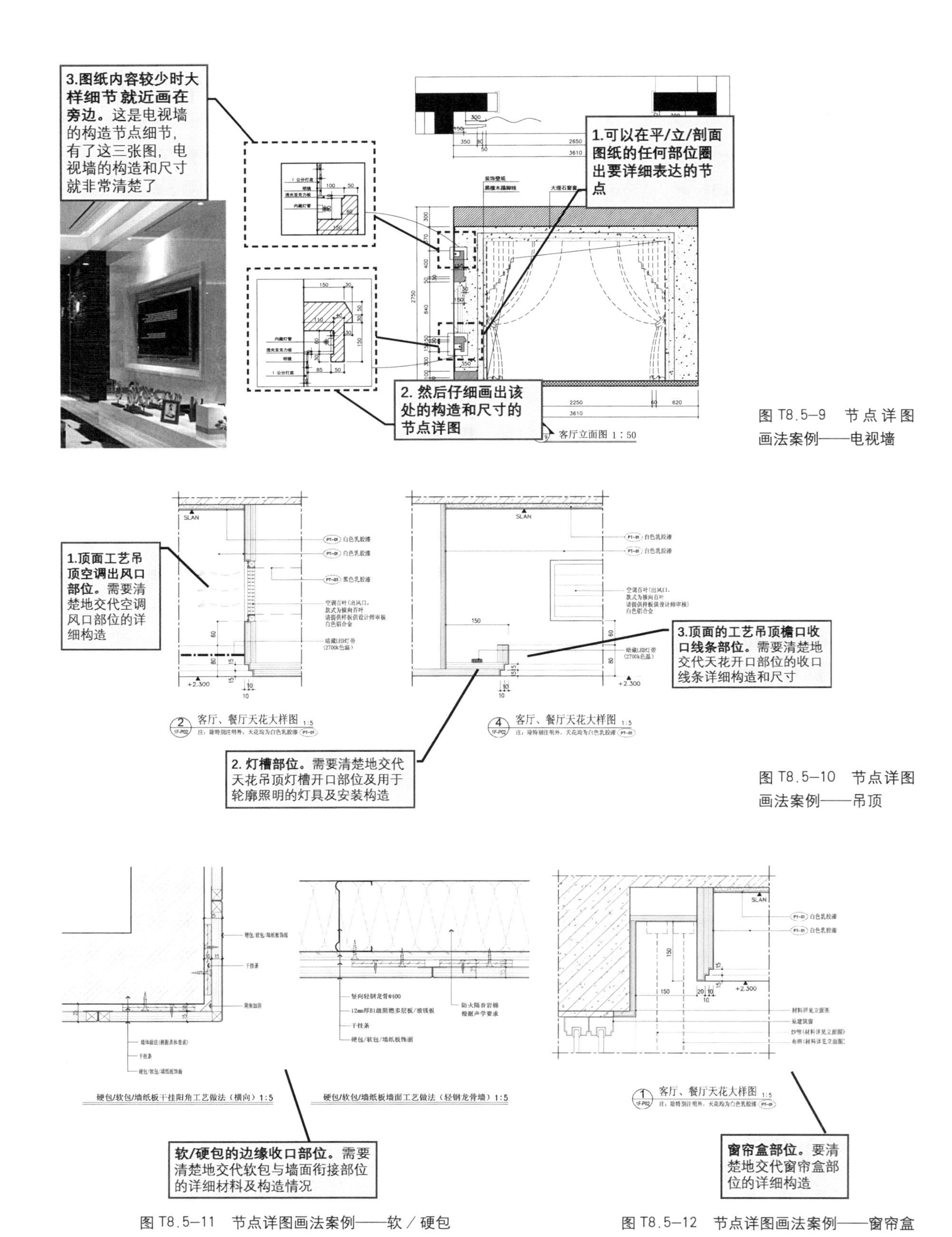

图 T8.5–9 节点详图画法案例——电视墙

图 T8.5–10 节点详图画法案例——吊顶

图 T8.5–11 节点详图画法案例——软／硬包

图 T8.5–12 节点详图画法案例——窗帘盒

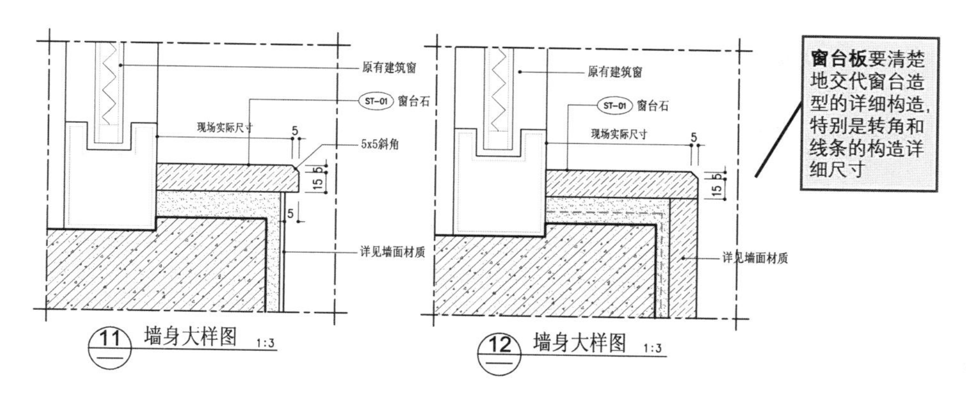

图 T8.5–13　节点详图画法案例——窗套和窗台

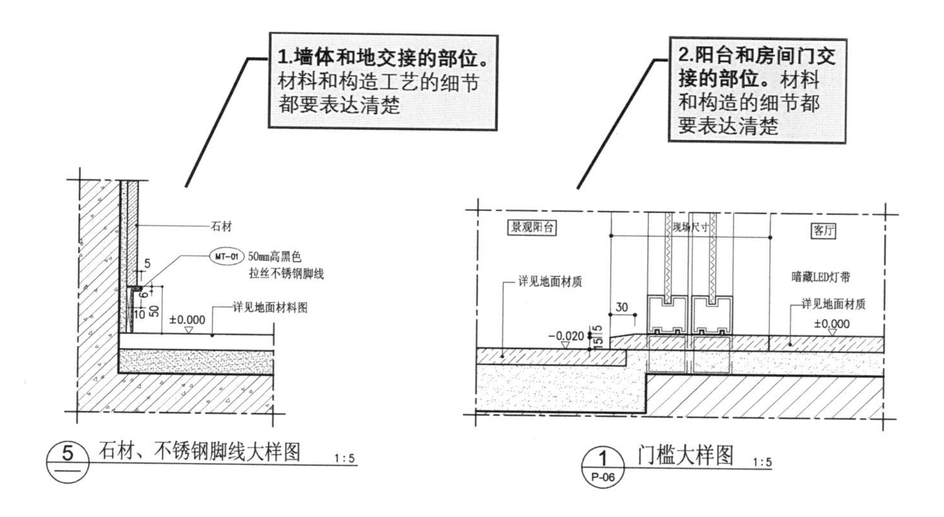

图 T8.5–14　节点详图画法案例——地面

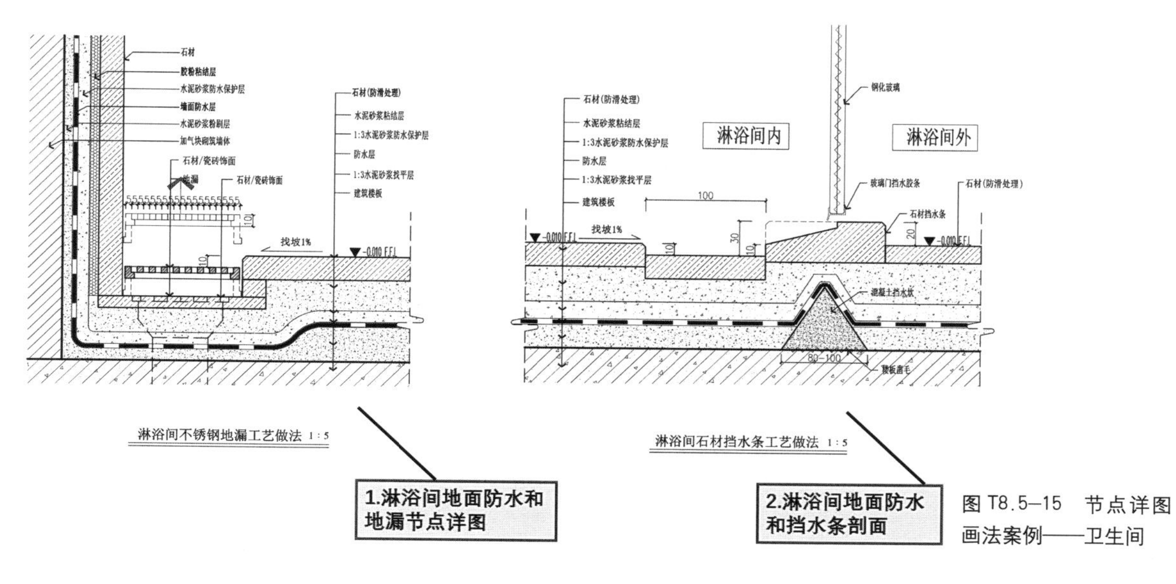

图 T8.5–15　节点详图画法案例——卫生间

2.桌角。桌子边缘和抽屉门板的收口造型、材料、尺寸要一一说明清楚

WD-01 木饰面

暗藏LED灯带

b 节点大样图 1:3

WD-01 木饰面

WD-01 木饰面

不锈钢脚线

c 节点大样图 1:3

01 石膏线条大样图 SCALE 1:1

1.收口线条。顶面与墙面交接的收口线条有特殊造型要求的需要画出细致的造型及尺寸

图 T8.5–16　节点详图画法案例——收口部位

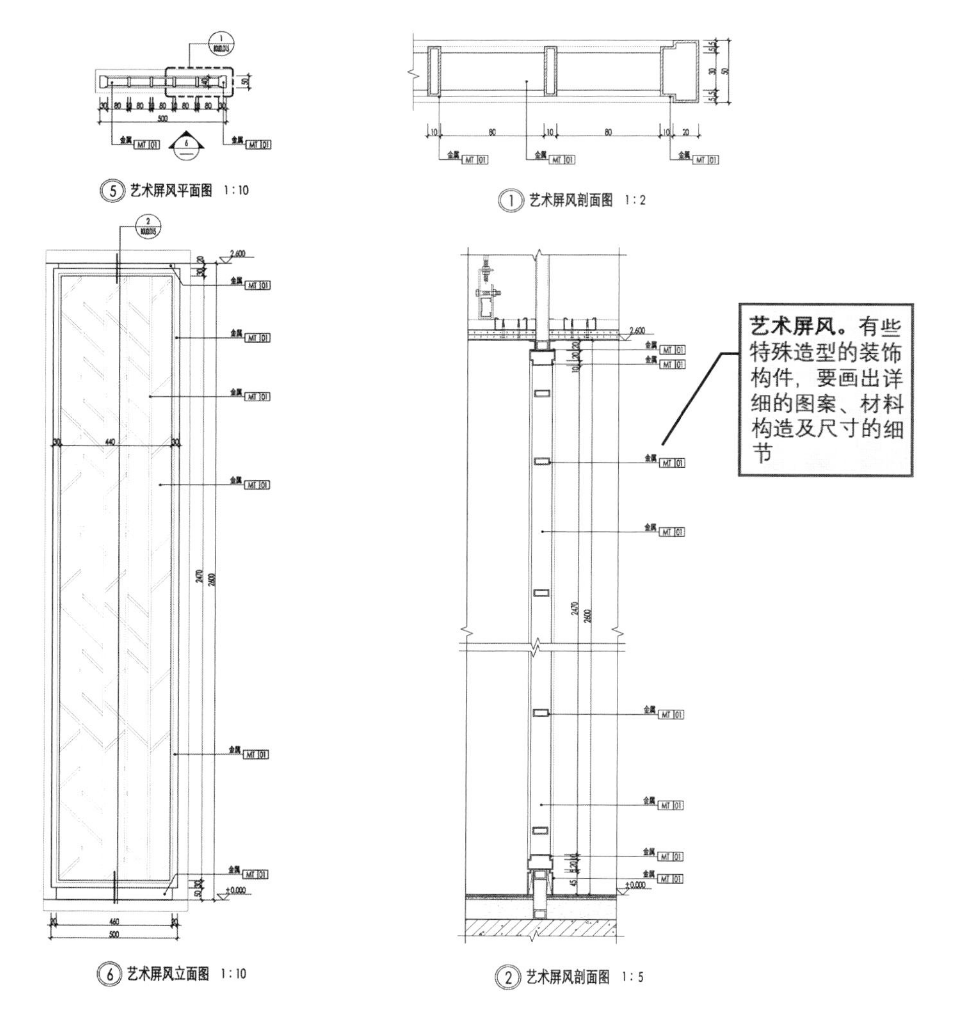

图 T8.5–17　节点详图画法案例——艺术屏风

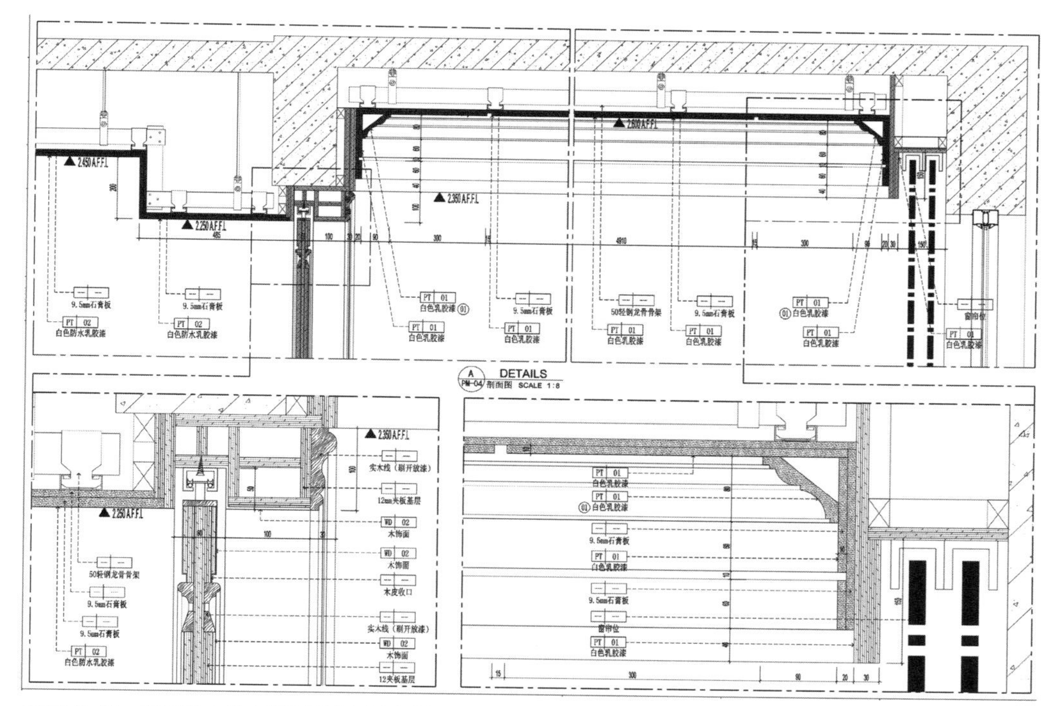

图 T8.5–18　剖面图＋节点详图组合画法案例——吊顶构造

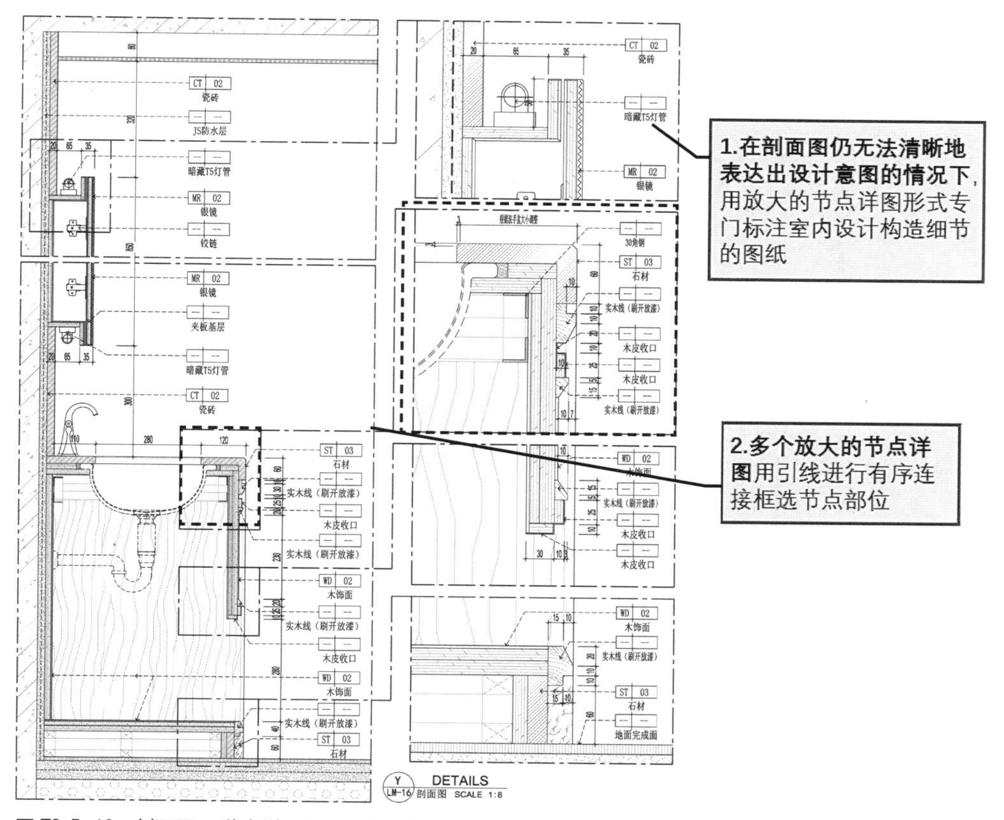

图 T8.5–19　剖面图＋节点详图组合画法案例——固定家具

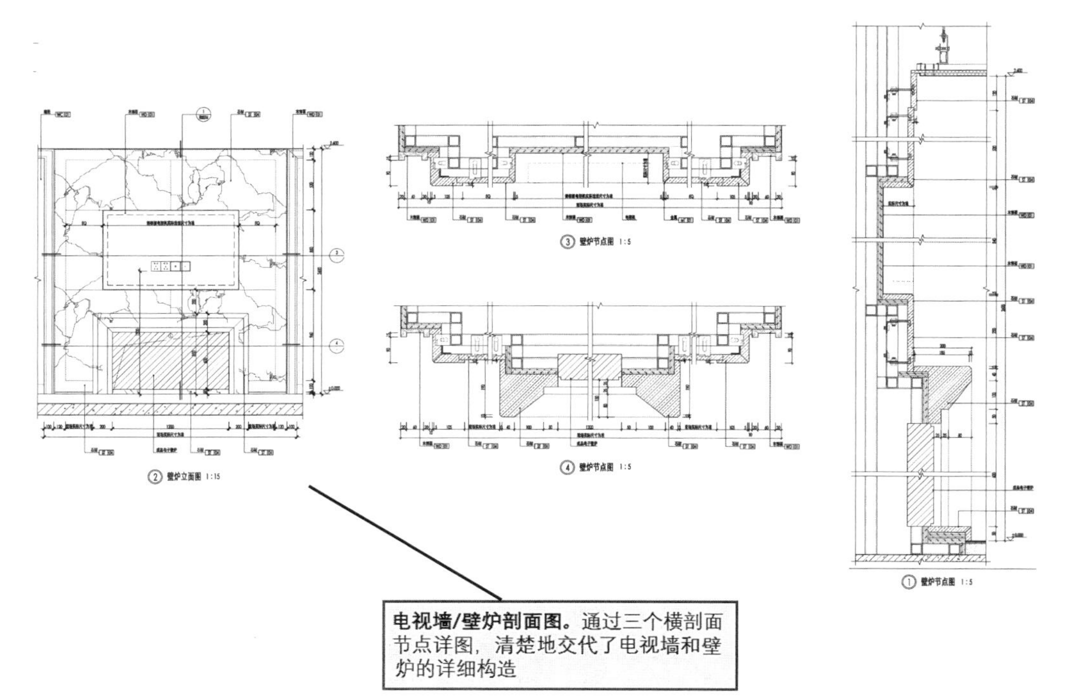

图 T8.5–20　剖面图 + 节点详图组合画法案例——电视墙 / 壁炉

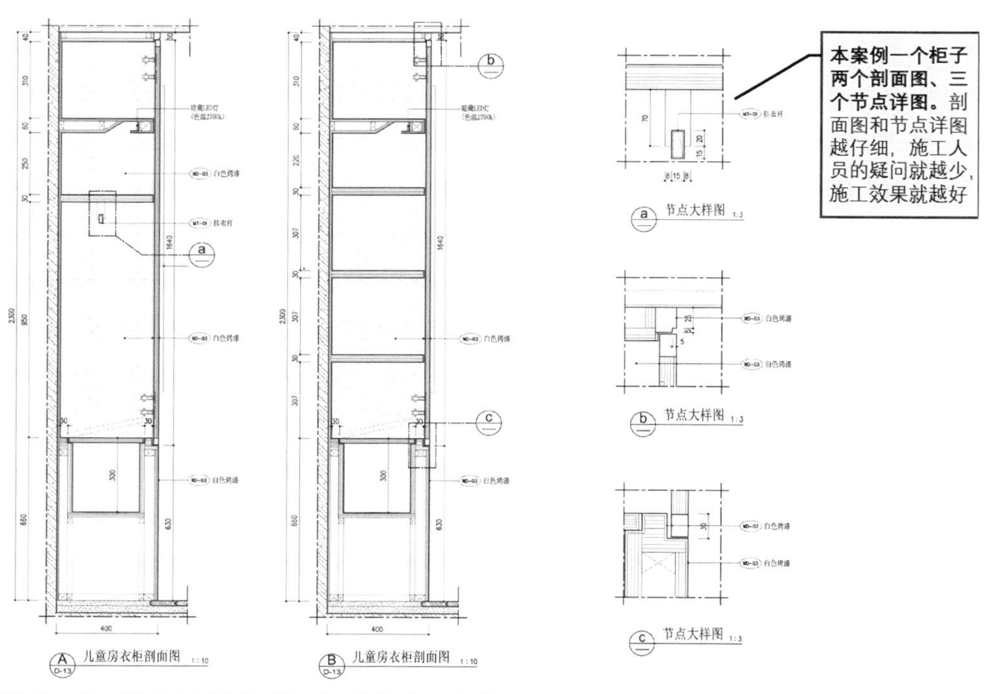

图 T8.5–21　剖面图 + 节点详图组合画法案例——衣柜

实训项目 8（Project 8） 深化设计实训项目

P8.1 实训项目组成

TP8 深化设计实训项目包括 4 个实训子项目：

- 墙体改造图设计实训；
- 系列平面图设计实训；
- 系列立面图设计实训；
- 系列剖面图和节点详图设计实训。

P8.2 实训项目任务书

TP8－1 墙体改造图设计实训项目任务书（电子版扫描二维码 TP8－1 获取）

二维码 TP8－1 墙体改造图设计实训项目任务书

1. 任务

以选定的刚需户型（60 ~ $120m^2$）或改善户型（120 ~ $200m^2$）的初步设计定案为基础，继续深化设计方案（刚需和改善户型二选一）。

2. 要求

1）继续以两人一组，互为业主和设计师开展设计。

2）以原始平面图为依据，以定案的平面设计图为参照，绘制墙体改造图。

3）用 CAD 格式绘制墙体拆除图。首先拷贝原始平面图，然后参考平面设计图中的空间分割设计，将需拆除的部分由实线改为虚线，并标注尺寸。

4）用 CAD 格式绘制墙体新建图。在墙体拆除图的基础上，删除需拆除的墙体及设施。然后按业主的功能要求和房间分配设计方案，将需新建的墙体部分画出，并按图示的方式填充，同时标注尺寸。尺寸标注要周全、规范。

3. 成果

1）A3 横向墙体拆除图 1 张、墙体新建图 1 张。完成后导出 JPG 格式的图纸，上传至课程 APP 作业指定位置。

2）A3 规格横向绘制并打印。

4. 考核标准

要求	得分权重
信息正确	50%
尺寸正确	50%
总分	100分

5. 考核方法

1）由互评小组成员对照评分要求，对绘制不正确的设计信息逐项扣分，得出绘制成绩。

2）对照示范图，逐项修改订正画错的部分，直至表达全部正确。

TP8-2 系列平面图设计实训项目任务书（电子版扫描二维码 TP8-2 获取）

二维码 TP8-2 系列平面图设计实训项目任务书

1. 任务

绘制系列平面设计图。

2. 要求

1）在平面设计定案和墙体新建图的基础上，绘制平面设计图和平面尺寸图。

2）绘制地面铺装图并标注材料和尺寸，材料标注采用编号形式，标注要横竖对齐，不同材料用图例的形式标示，填充适合的图案。石材瓷砖要求标注起铺点。标高不要遗漏。

3）绘制顶面设计图和顶面尺寸图，标注材料和尺寸、标高，材料标注采用编号形式。标注要横竖对齐，线型、灯具等可以采用图例形式。空调要标注进出风口。门、窗、家具、窗帘要标注开启方向。

4）绘制灯具设计图，标注不同灯具类型和尺寸，灯具等可以采用图例形式标示。灯具的尺寸位置要方圆有别。尺寸标示要全面。

5）绘制开关布置图和插座布置图。开关和插座的布置要符合生活逻辑。数量位置得当，开关和插座的品种用图例标示。尺寸标示要全面。

6）绘制水路布置图和燃气布置图。布置要符合生活逻辑。水路布置图的冷热水用不同的线型，热水器布置位置合理。燃气布置图燃气表、安全报警器位置要安全规范。

7）绘制空调布置图。进出风口安排合理、符号准确。管线走向合理，选型正确，型号标注规范。

8）绘制立面索引图。所有立面面面俱到，索引编码、位置准确。要求用箭头指向东南西北＋字母＋数字加以表达。相邻的数字要集中在一起，不能跳跃编排。

3. 成果

1）系列平面设计图一套。完成后导出 JPG 格式的图纸，上传至课程 APP 作业指定位置。

2）A3 规格横向绘制并打印。

4. 考核标准

要求	得分权重
图纸数量齐全	25%
线型尺寸规范	25%
字体标注合理	25%
比例准确	25%
总分	100分

5. 考核方法

1）由互评小组成员对照评分要求，对绘制不正确的设计信息逐项扣分，得出绘制成绩。

2）对照示范图，逐项修改订正画错的部分，直至表达全部正确。

TP8-3 系列立面图设计实训项目任务书（电子版扫描二维码 TP8-3 获取）

二维码 TP8-3 系列立面图设计实训项目任务书

1. 任务

在平面设计图和效果图的基础上，绘制各房间（空间）立面图。

2. 要求

1）按立面索引图的编码和位置绘制各房间（空间）立面图。各个房间、各个部位要面面俱到，不能遗漏。各个房间要集中编号，相邻安排，不能跳跃。

2）要在立面设计图中全面画出各个界面的硬装、软装、家具造型；各个部位的尺寸、材料、色彩、肌理；施工工艺和要求等详细信息。

3. 成果

1）系列立面图 1 套。同时导出 JPG 格式的图片上传至课程 APP 指定页面。

2）成品图按 A3 横向规格打印。

4. 考核标准

要求	得分权重
造型美观	40%
比例正确	20%
尺寸合理	20%
标注有序	20%
总分	100分

5. 考核方法

1）由互评小组成员对照评分要求，对绘制不正确的设计信息逐项扣分，得出绘制成绩。

2）对照示范图，逐项修改订正画错的部分，直至表达全部正确。

TP8-4 系列剖面图和节点详图设计实训项目任务书（电子版扫描二维码 TP8-4 获取）

二维码 TP8-4 系列剖面图和节点详图设计实训项目任务书

1. 任务

根据平面 / 立面设计图上标注的剖面图及节点详图截图符号，画出相应的剖面图和节点详图。

2. 要求

1）剖面图不少于 3 处，节点详图不少于 5 处。

2）根据平面 / 立面设计图上标注的剖面图及节点详图截图符号进行编号。

3）标注各个部位的尺寸、材料、色彩、肌理、施工工艺等详细信息。

3. 成果

1）系列剖面图及节点详图 1 套。完成后导出 JPG 格式的图纸，上传至课程 APP 作业指定位置。

2）成品图按 A3 横向规格打印。

4. 考核标准

要求	得分权重
信息全面	25%
细节清晰	25%
尺寸全面	25%
比例准确	25%
总分	100分

5. 考核方法

1）由互评小组成员对照评分要求，对绘制不正确的设计信息逐项扣分，得出绘制成绩。

2）对照示范图，逐项修改订正画错的部分，直至表达全部正确。

设计前					设计中					设计后
项目1 业主沟通	项目2 市场调研	项目3 房屋测评	项目4 设计尺度	项目5 设计对策	项目6 初步设计	项目7 沟通定案	项目8 深化设计	项目19 设计封装	项目10 审核交付	项目11 后期服务

★项目训练阶段2：方案设计

项目9　设计封装

★理论讲解9（Theory 9）　设计封装

● **设计封装定义**

设计封装是对项目的方案设计和施工图深化设计所有设计文件的统一包装。它是由套用特定图框（T9.1）、编写设计说明（T9.2）、编制物料清单（T9.3）、编制目录（T9.4）、设计封面（T9.5）、打印装帧（T9.6）六个部分构成。

● **设计封装意义**

经过设计封装以后，整个设计项目成果成为一个有封面、有目录、有设计说明、有方案图和施工图的完整设计产品。这样就可以按合同约定，交付甲方（业主）。

● **理论讲解知识链接9（Theory Link 9）**

T9.1 ➢ 套用特定图框

T9.2 ➢ 编写设计说明

T9.3 ➢ 如何编制物料清单

T9.4 ➢ 如何编制目录

T9.5 ➢ 如何设计封面

T9.6 ➢ 如何打印装帧

★实训项目9（Project 9）　设计封装实训项目

按公司的交付标准（学生为学校课程的考核标准）将自己的施工图套入图框、按要求编写设计说明、编制物料清单、编制目录、设计封面、打印装帧设计文本。

● **实训项目任务书9（Training Project Task Paper 9）**

TP9—1 ➢ 设计说明编制实训项目任务书

TP9—2 ➢ 物料清单编制实训项目任务书

TP9—3 ➢ 设计封装实训项目任务书

理论讲解 9（Theory 9） 设计封装

方案图和施工图深化设计完成之后，要按公司的设计文件的交付标准，将所有设计文件进行设计封装。它是由套用特定图框、编写设计说明、编制物料清单、编制目录、设计封面、设计文本打印装帧六个部分构成。

T9.1 套用特定图框

T9.1.1 特定图框

1. 图框的构成

正规的图框是由主图区、公司信息和图纸信息说明区、会签区三个部分构成，见图 T9.1－1。

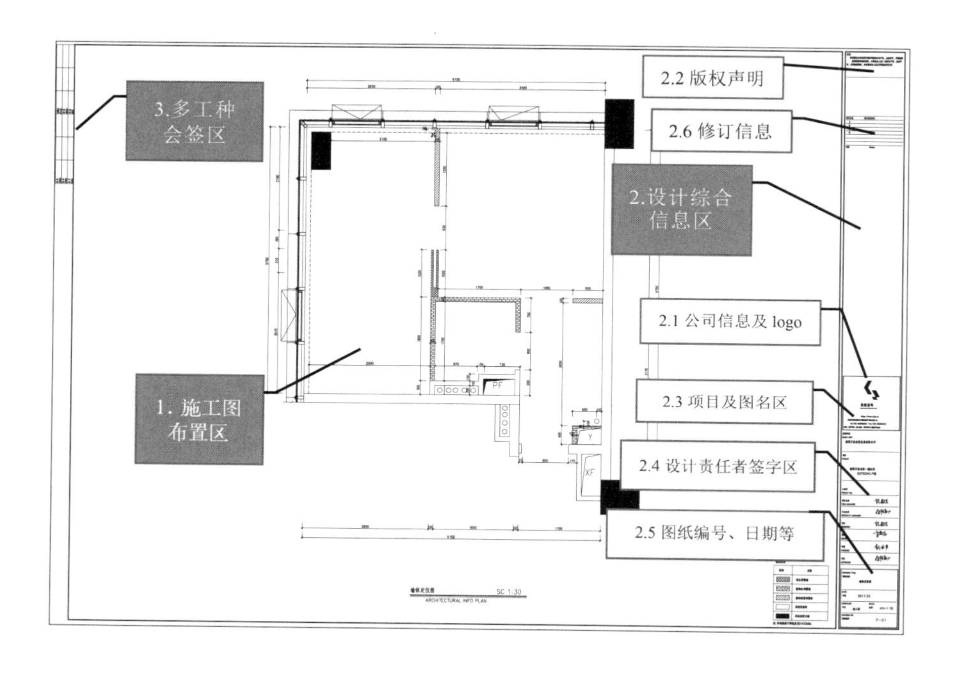

图 T9.1－1 图框的构成

2. 套用特定图框

套用特定图框是将项目所有设计施工图深化设计文件套入本公司特定图框的设计行为。每个设计公司都有自己的特定图框，本质上它是一种权利和责任的宣告和文档管理的需要。

首先，图框中一般都有公司名称和 logo、版权声明。将项目所有设计文件套入本公司特定图框就意味着本套图纸是本公司出品，版权宣告意味明显，见图 T9.1－2。

其次，图框中一般都有建设单位及项目名和技术责任的会签栏，相关人员需要在相应的栏目中签字。这些信息既是明确分工，也是用于落实设计责任，见图 T9.1－3。

公司信息及 logo

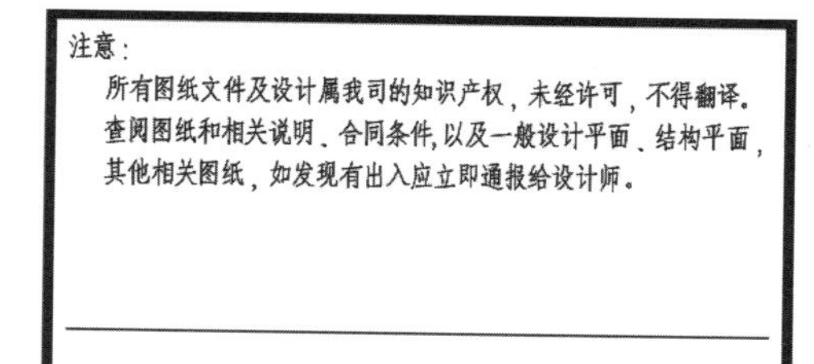
注意：
所有图纸文件及设计属我司的知识产权，未经许可，不得翻译。查阅图纸和相关说明、合同条件，以及一般设计平面、结构平面，其他相关图纸，如发现有出入应立即通报给设计师。

版权声明

图 T9.1–2 ××装饰公司图框

建设单位
BUILD UNIT
××××××发展有限公司

项目
PROJET
××××××一期公寓
55m²SOHO户型

工程号
PROJET NO.

建设单位及项目名

项目负责
ITEM MANAGER

专业负责
SPECIALTY MANAGER

设计
DESIGNER

制图
DRAWN

审核
CHECKED

审定
APPROVED

设计责任者签字区

图 T9.1–3 会签栏

再则，项目编号、图名、图号、日期、比例尺等信息是公司项目信息化和档案保存管理所要求的，见图 T9.1–4。

图 T9.1–4 项目信息

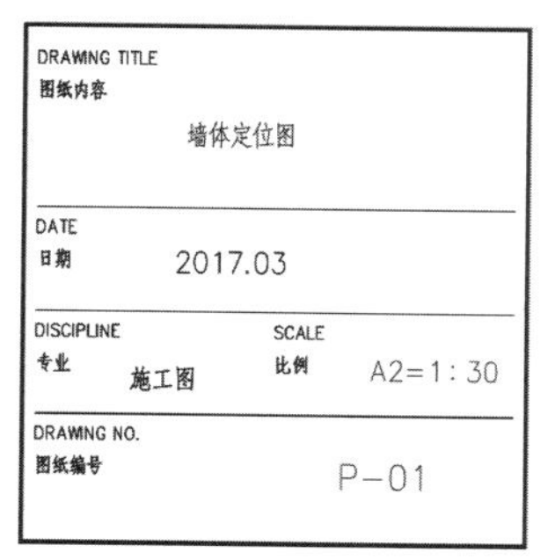
DRAWING TITLE
图纸内容
墙体定位图

DATE
日期 2017.03

DISCIPLINE
专业 施工图
SCALE
比例 A2=1:30

DRAWING NO.
图纸编号 P–01

图名、比例、编号、日期等

修订日志: REVISIONS
A
B
C
D
说明: Notes

修订信息

二维码 T9.1–1 ××装饰公司图框

二维码 T9.1–2 浙江广厦建设职业技术大学图框

扫描二维码 T9.1–1 查看 ××装饰公司图框文件。

学生阶段，学校会要求学生统一套入学校的图框，见图 T9.1–5。在套图框的过程中要学习企业怎样规范套图框这项设计任务。明白套图框这项工作看似简单、实则重要的道理。

扫描二维码 T9.1–2 查看浙江广厦建设职业技术大学图框文件。

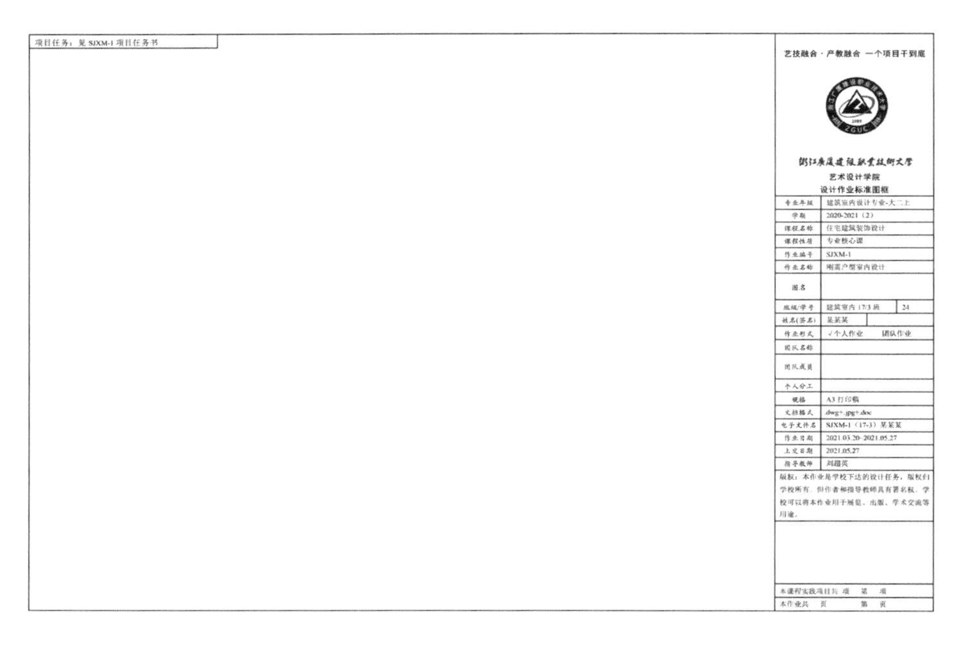

图 T9.1–5 浙江广厦建设职业技术大学的图框示意

T9.1.2 怎样套图框

将绘制好的施工图套入特定图框要注意以下几点。

1. 主图要放在设计图布置区，主图不能太大也不能太小。视觉上要饱满。
2. 主设计图位置要在图框中基本居中（上下左右），不能偏于一侧。
3. 尺寸要紧靠主图，且四个方向离主图的距离基本相当。
4. 图名要强调，位置一般在主图下侧，左右居中。
5. 若有图例说明，一般布置在主图右侧，上下均可。

示例见图 T9.1–6。

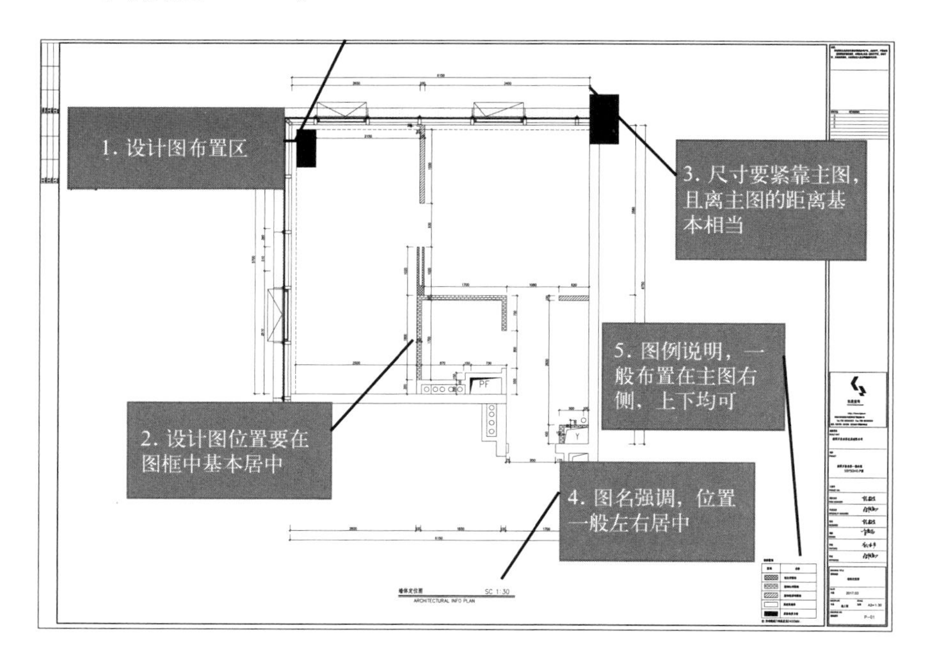

图 T9.1–6 施工图套入特定图框的注意事项

T9.2 编写设计说明

T9.2.1 设计说明的内容组成

1. 项目概况说明

是用文字的形式说明项目名称、甲方名称、地址、设计范围、项目性质、项目规模（面积）等内容的文件。通过简明的文字可以让人清楚地了解项目的基本情况，见图 T9.2–1。

二、室内设计工程项目概况
1. 项目概况：
1.1 工程名称：××××中心项目公寓项目
建设单位：××（深圳）有限公司
建设地点：广东省深圳市前海深港现代服务业合作区内
装修设计范围：××××中心项目T4公寓低区B户型室内装饰设计项目。
2. 建筑性质为公共建筑；总建筑面积为57449.00m²；建筑层数共49层；建筑高度为：183.150m。

图 T9.2–1 某公司设计说明中的项目概况

2. 设计依据说明

是用文字的形式说明项目的设计依据。一般设计依据由以下三个方面组成。

1）甲方要求。甲方的招标任务书、委托任务书、甲方提供的建筑图纸等。

2）国家标准。国家当前正在实施的制图标准、质量标准、验收规范。常用的国家标准有：

《房屋建筑制图统一标准》GB/T 50001—2017

《房屋建筑室内装饰装修制图标准》JGJ/T 244—2011

《建筑装饰装修工程质量验收标准》GB 50210—2018

《建筑地面工程施工质量验收规范》GB 50209—2010

《住宅室内装饰装修工程质量验收规范》JGJ/T 304—2013

《住宅室内装饰装修设计规范》JGJ 367—2015

《建筑内部装修设计防火规范》GB 50222—2017

《民用建筑工程室内环境污染控制标准》GB 50325—2020

《建设工程工程量清单计价规范》GB 50500—2013

《房屋建筑与装饰工程工程量计算规范》GB 50854—2013

《房屋建筑与装饰工程消耗量定额》TY 01—31—2015

《建设工程项目管理规范》GB/T 50326—2017

《施工企业安全生产管理规范》GB 50656—2011

3）本公司的企业标准。大型公司会有自己的企业设计标准。

以下是某公司"××××玫瑰园198号"设计图中列明的设计依据和施工验收技术要求，见图 T9.2–2。

3. 图例说明

是对设计公司规范表达工程设计符号和图纸索引的规定，见图 T9.2–3～图 T9.2–6。

三、设计依据
1. 建设单位的委托任务书
2. 建设单位提供的设计图纸
3. 室内防火设计严格按《建筑内部装修设计防火规范》GB 50222—1995执行
4. 本工程严格按照《民用建筑电气设计规范》JGJ/T 16—1992执行
5. 《建筑设计防火规范》GBJ 16—1987 2001年版
6. 《建筑装饰装修工程质量验收规范》GB 50210—2001
7. 国家其他有关的法规、规范

四、施工及验收技术要求
1. 本工程室内设计施工工艺及验收程序严格按照《建筑装饰装修工程质量验收规范》GB 50210—2001和《建筑安装分项工程施工工艺规程》DB J01—26—96执行。
2. 本工程环境控制部分严格按照《民用建筑工程室内环境污染控制规范》GB 50325—2001执行。

图 T9.2—2 某公司"×××玫瑰园198号"设计说明中列明的设计依据（以当时现行规范列入）

在国内，工程制图的图例必须按国家制图规范执行。在这个前提下，各公司有自己特有的一套工程制图标识符号和表意习惯。阅读图纸的人们，先要熟悉这些符号和索引的含义，这样才能理解图纸的内容。

它既是对公司内部设计师进行工程制图的规范，设计师必须按规定标注工程设计符号和图纸索引，同时也对阅读图纸的人们作出引导。

电 器

图例	说 明	图例	说 明	图例	说 明	图例	说 明
	照明配电箱（暗藏式）		卤钨射灯		格栅灯		地埋灯
	筒灯		卤钨射灯（明装）		T5日光管		地埋灯
	带应急电源筒灯		卤钨射灯（可调角度）		壁灯		池底防水灯
	防水灯		防水灯（卤钨）		镜前灯		池壁防水灯
	吊灯		投光灯		照画灯		
	枝状烛台工艺灯		金卤灯		台灯/落地灯		

图例	说明	图例	说明	图例	说 明	图例	说 明
	76		48		单联单控		普通插座 （未注明标高则为距地0.35m高）
	106		56		双联单控		防水插座 （未注明标高则为距地1.4m高）
	125		63		三联单控	P	电话接口 （未注明标高则为距地0.35m高）
	160		76		单联双控	T	电视接口 （未注明标高则为距地0.35m高）
	175		95		双联双控	D	网络接口 （未注明标高则为距地0.35m高）
			125		三联双控	○	地插

图 T9.2—3 某公司"×××玫瑰园198号"设计说明中列明的部分图例

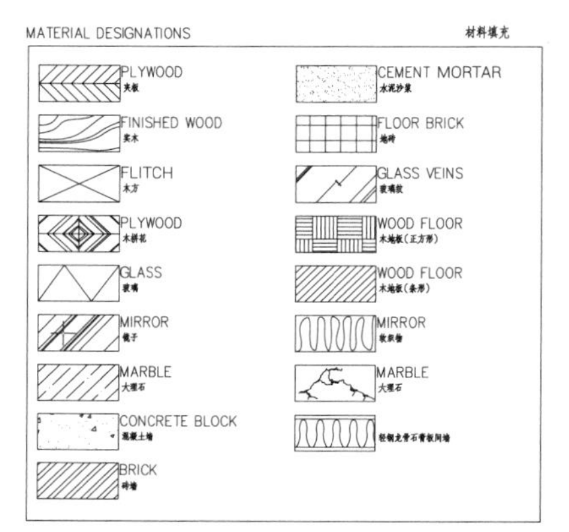

MATERIAL FINISH REFERENCE 材料缩写代号说明

ARF	ARCHITECTURAL FINISH	建筑完成
CT	CERAMIC TILE	瓷砖
FT	FLOOR TILE	地砖
CA	CARPET	地毯
BYP	BYPSUM WALL BOARD	石膏板墙
MT	METAL FINISH	金属料
SS	STAINLESS STEEL	不锈钢
WD	WOOD FINISH	木饰面
ST	STONE	石材、石头
PL	PLYWOOD	夹板、胶板
WP	WALL PAPER	墙纸
UP		布料
GL	GLASS	玻璃
MR	MIRROR	镜子
PT	PAINT	涂料、油漆
E		电器、电制
PC		天花线

图 T9.2—4 某公司设计说明中列明的材料填充部分的图例（左）

图 T9.2—5 某公司设计说明中列明的材料缩写代号（右）

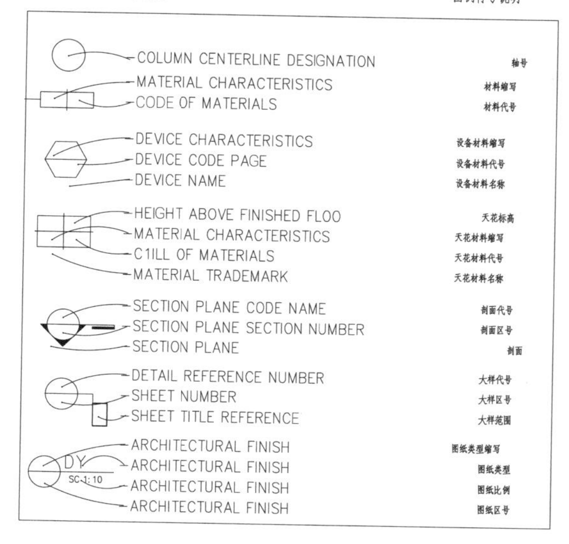

图 T9.2–6　某公司设计说明中列明的索引符号图例

T9.2.2　如何编制设计实施要求（施工工艺 / 技术）说明

编制设计实施要求说明是通过文字的形式，逐一编制自己所设计项目的设计实施要求，特别是详细的施工工艺与施工技术的说明文件。可以让施工企业和人员清晰地了解每个设计项目和部位的设计实施要求，特别是详细的施工工艺与施工技术，这样才可以真正做到按图施工。这个文件也是设计师与施工企业团队进行技术交底的主要文字依据。

1. 简版说明

只简述某一材料的典型施工工艺，以此为代表，其他则参考相应标准、规范的规定。或只说明材料的选用标准和施工工艺采用的原则。这样的设计说明就是简版设计实施要求（施工工艺 / 技术）说明。

例如，某公司的“××××玫瑰园198号”设计说明只写了半页纸，仅仅是说明了建筑装饰装修材料与施工的基本规定：

五、关于建筑装饰装修材料与施工的基本规定：

1. 建筑装饰装修工程必须保证建筑物的结构安全和主要使用功能。当涉及主体和承重结构改动或增加荷载时，必须由原结构设计单位或具备相应资质的设计单位核查有关原始资料，对既有建筑结构的安全性进行核验、确认。

2. 建筑装饰装修工程所用材料的品种，规格和质量应符合设计要求和国家现行标准的规定。当设计无要求时应符合国家现行标准的规定。严禁使用国家明令淘汰的材料。

3. 建筑装饰装修工程所用材料的燃烧性能应符合现行国家标准《建筑内部装修设计防火规范》GB 50222—2017、《建筑设计防火规范》GB 50016—2014（2018年版）的规定。

4. 建筑装饰装修工程所用材料应符合现行国家有关建筑装饰装修材料有害物质限量标准的规定。

5. 建筑装饰装修工程所用材料应按设计要求进行防火、防腐和防虫处理。

6. 建筑装饰装修工程施工中，严禁违反设计文件擅自改动建筑主体、承重结构或主要使用功能；严禁未经设计确认和有关部门批准擅自拆改水、暖、电、燃气、通信等配套设施。

7. 施工单位应遵守有关环境保护的法律法规，并应采取有效措施控制施工现场的各种粉尘、废气、废弃物、噪声振动等对周围环境造成的污染和危害。

六、施工图纸、材料说明及工艺做法（本条根据工程具体情况依据规范要求自行编制）

1. 本工程所选用的装饰材料应符合现行国家标准《民用建筑工程室内环境污染控制标准》GB 50325—2020 的要求。

2. 木装饰板及表面装饰木料应符合国家标准。

3. 本套图纸所标墙体尺寸主要反映平面布置图修改后的墙体尺寸，未标尺寸以原建筑图为准。

4. 室内外装修过程中所选用主要材料均需保证质量，并经过建设方与设计单位认可，方可施工。

5. 本设计图纸选用材料，无论在规定之内的主材或其他辅料，均需具有正式合格证，以及绿色环保认证，是无污染的产品。

6. 吊顶主材为轻钢龙骨石膏板，局部艺术吊顶详见施工图。墙体阳角处如无特殊做法均为内衬铝制圆护角面饰乳胶漆或壁纸。

7. 内部木结构必须做防火、防腐处理。具体做法为：刷防火涂料三遍，防腐剂涂刷均匀。

8. 内部结构金属部分必须做防锈处理。具体做法为：刷防锈漆三遍。

9. 卫生间防水采用高分子防水材料，达到规范要求。

10. 本图中所装修区域具体施工工艺除已标明外均需按国家有关规定施行，并与外装配合施工，以确保质量和安全。

扫描二维码 T9.2–1 查看某公司编写的设计实施要求（施工工艺／技术）案例（一）。

二维码 T9.2–1　某公司编写的设计实施要求（施工工艺／技术）案例（一）

2. 详版说明

经验丰富的设计企业会将自己公司长期积累的丰富经历与经验融入这份设计实施要求，并且在实践中不断更新和丰富。它不同于常规施工工艺技术要求和技术规范，是有个性的设计公司能力、实力和技术水平的集中体现。这些设计企业有自己的设计和施工研究院，对精装修房屋的施工工艺有自己的企业标准。这样的企业能写出非常接地气、非常详细的施工技术要求。所以这类公司都有详版的设计实施要求（施工工艺／技术）说明。

扫描二维码 T9.2–2 查看某公司编写的设计实施要求（施工工艺／技术）案例（二）。

二维码 T9.2–2　某公司编写的设计实施要求（施工工艺／技术）案例（二）

T9.2.3　如何进行免责条件和图纸的版权约定

1. 图纸未涉及的部分如何免责

不管施工图设计得再深入，在现场施工也会发现图纸和施工说明中未涉及的施工内容，怎么办呢？如果是常规的施工工艺，可以表达这样的意思：某施工工艺要求按照国家标准／规范执行。例如“10. 本图中所装修区域具体施工工艺除已标明外均需按国家有关规定施行并与外装配合施工，以确保质量和安全。”

或者写一个免责条款：“5. 图纸上的比例是相对准确的，如发现个别尺寸未标注，应及时联系设计单位，由设计单位出书面通知。所有尺寸必须核对现场，如有不同，通知设计师，由设计师现场调整。”

又如“12. 本图未尽事宜按国家标准及有关施工验收规范和厂家技术要求进行施工或在施工过程中与设计师共同协商解决。”

2. 图纸有误的部分如何免责

设计图纸理论上应达到万无一失的要求，但实践操作中会出现各种各样的小失误，人无完人，这是可以理解的。所以对自己设计图有误的部分事先申明处理方法。应当在文字上表达这样的意思：当施工人员发现图纸的设计与现场上有误的地方，应该联系设计人员进行核对和处理，不应擅自施工。擅自施工由施工方负责。

深圳某室内设计公司的图框上印有这样的免责内容：“承建人必须在现场核对图纸，如发现有任何矛盾之处请立刻联系设计师。”

3. 图纸的版权如何约定

所有公司都会主张自己的设计版权。有的在图框中／设计文件的封面／设计说明中印有如下版权声明：“版权所有，不得翻印”“未经设计师批准，不得翻印图纸的任何部分”。见图 T9.2–7。

注意：
所有图纸文件及设计属我司的知识产权，未经许可，不得翻译。查阅图纸和相关说明，合同条件，以及一般设计平面、结构平面、其他相关图纸，如发现有出入应立即通报给设计师。

图 T9.2–7　某装饰公司编写的图纸的版权约定和免责条件

T9.3　如何编制物料清单

T9.3.1　什么是物料清单

物料清单是以详细列表的形式，说明在工程设计中所采用的材料、设备、家具、灯具等物料的信息。

物料清单把在工程设计中所采用的每一项材料、设备、家具、灯具等信息从名称、规格、数量、质量属性到品牌、价格直至供应商的名称、联系人、联系电话无所不包。所以，业主可以根据清单所列内容，买到设计师所采用的所有物料。因此，可以保证完全实现设计师所预想的设计效果。

设计师在编制物料清单时必须亲自看过每项物料的实物，也就是确认过“眼神”。不能贪图方便，仅仅从网上查找，依据网络图片确定物料清单，这是一条铁律！否则，会给业主造成巨大损失，同时也为自己带来被“追责”的后果。

T9.3.2 物料清单的编制方式

物料清单的编制以表格式为主，有的用综合清单表的形式表达，有的用一表一材料的形式表达，案例详见图 T9.3–1、图 T9.3–2。至于表格可以用 CAD 也可以用 WORD/EXCEL，有的还使用 PPT，形式不重要，但材料的内容是不能缺少的。

图 T9.3–1 列表式物料清单（左）

图 T9.3–2 表格式物料清单（右）

材料表

序号	代码	名称	颜色	规格	使用位置	防火等级
1	PT-101	一般涂料	白色	详见施工图	所有一般墙体&吊顶	A级
2	PT-103	半哑光烤漆	详见材料实样	详见施工图	A户型客厅与主卧电视柜	A级
3	PT-105	半哑光烤漆	详见材料实样	详见施工图	B户型客厅橱柜、主卧室与卧室橱柜2写桌面/床头板	A级
4	PT-107	半哑光烤漆	详见材料实样	详见施工图	D户型客厅电视柜主卧橱柜与卧室3写桌面	A级
5	PT-109	防霉乳胶漆	详见材料实样	详见施工图	所有浴室吊顶	A级
6	PT-110	半哑光烤漆	详见材料实样	详见施工图	橱柜细节	A级
7	ST-101	大理石	高度亚光	20mm厚	客餐厅与西厨地面	A级
8	ST-102	浅色银貂大理石	浅色银貂	20mm厚	主浴与梳洗间墙面地面	A级
9	ST-103	人造大理石	高度亚光	20mm厚	主浴淋浴间与厕所地面	A级
10	ST-104	人造大理石	详见材料实样	20mm厚	西厨橱柜台面	A级
11	TL-101A	切边同质瓷砖	亚光面	600mmX600mmX10mm	所有次浴室地面	A级
12	TL-101B	切边同质瓷砖	亚光面	600mmX300mmX10mm	所有次浴室墙面	A级
13	TL-102	切边同质瓷砖	亚光面	600mmX600mmX10mm	中厨与杂物间地面	A级

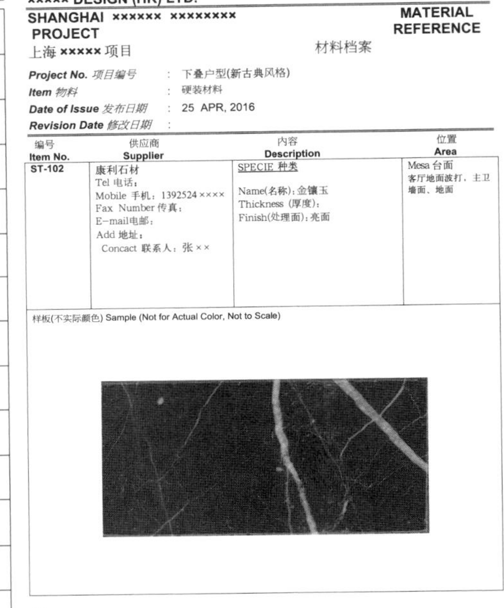

××D
ChengChung ◎ Design

xxxxx DESIGN (HK) LTD.

SHANGHAI xxxxxx xxxxxxxx PROJECT
上海 xxxxx 项目

MATERIAL REFERENCE
材料档案

Project No. 项目编号 : 下叠户型(新古典风格)
Item 物料 : 硬装材料
Date of Issue 发布日期 : 25 APR, 2016
Revision Date 修改日期 :

编号 Item No.	供应商 Supplier	内容 Description	位置 Area
ST-102	康利石材 Tel 电话： Mobile 手机：1392524×××× Fax Number 传真： E-mail电邮： Add 地址： Concact 联系人：张××	SPECIE 种类 Name(名称)：金镶玉 Thickness (厚度)： Finish(处理面)：亮面	Mesa 台面 客厅地面波打，主卫墙面、地面

样板(不实际颜色) Sample (Not for Actual Color, Not to Scale)

Notes:
- Refer to construction document for dimensions, conditions and quantities required.
  所有尺寸及数量由承建商核实，详情请参照施工文件。
- All internal parts to be specified by contractor.
  所有内部构件由承建商提供。
- Material must be contract quality and suitable for commercial use.
  材料必须达到合同质量并符合商业用途。
- All materials should comply with all state and local codes and standards.
  所有材料应该符合当地规律和标准。
- Contractors or manufacturers must submit finish samples for designer's approval prior to purchase order or production.
  承办商或制造商必须提供所有选定材料之样板供设计师审核通过后，方可进行订购或生产。

T9.4 如何编制目录

T9.4.1 目录的定义和意义

目录是通过文字列表的形式，说明自己所有设计文件装订编排的目录文件。科学编排的图纸目录可以使设计文本的使用者按特定目录，快速找到特定的设计文件。

T9.4.2 目录的排序

图纸目录的顺序要按设计逻辑，科学编排。

1. 各类图纸的排列顺序

封面、目录、设计说明、物料清单、系列平面图、系列立面图、系列剖面图、系列节点详图、效果图。

2. 系列平面图的顺序

原始平面图、墙体拆除图、墙体新建图、平面设计图、平面尺寸图、地面铺装图、地面铺装尺寸图、顶面设计图、顶面尺寸图、灯具布置图、灯具尺寸图、灯具连线图、开关布置图、插座布置图、空调布置图、新风布置图、智能安防图等，最后要有一张立面剖面索引图。

3. 系列立面图的排列顺序

起居室（客餐厅）立面图、主卧室立面图、次卧室立面图、书房立面图、厨房立面图、卫生间立面图（主卫、次卫）、储藏室／阳台／过道／门厅立面图。

4. 系列详图排列顺序

地面节点图、天花节点图、墙身节点图（按立面图顺序）、柜子／储藏室节点图、厨房节点图、卫生间（主卫、次卫）节点图。

如果有楼层，一般从低到高排列。

T9.5 如何设计封面

T9.5.1 封面的定义和意义

封面是对设计项目和设计文本的包装。是用讲究和统一的平面设计将公司名称、项目名称、公司信息、公司理念等都通过一定的平面设计完整地呈现出来的设计行为，它的水准和风格代表着公司设计的水准和风格。

T9.5.2 封面的设计要求

封面设计讲究清晰、美观。某公司封面设计的案例见图 T9.5–1。

图 T9.5–1 某公司封面设计的案例

T9.6　如何打印装帧

是将所有的设计文件装订、装帧起来的设计行为。

T9.6.1　如何打印

设计审核完成后，就可以进行封装打印和文件装帧。

1. 打印规格

家装图纸一般以 A3 规格，横向打印。这个规格是符合家装施工实际要求的。

2. 打印数量

设计文件至少打印两个正本，若干个副本。设计公司和业主各持一个正本，若干个副本。

T9.6.2　如何装帧

1. 设计文件装帧形式

设计文件装帧主要有简装、软装、精装三种形式。

简装就是直接用打印纸订书机装订的文本。软装是在简装的基础上用彩色打印的封面将简装的文本用胶装包装起来的文本。精装是将软装的封面更替为硬质的封面，看起来更为精美。

2. 不同装帧的用途

不同的文件装帧有不同的用途。

简装因为装帧简单，成本比较低，可以卷折，可用于非正式沟通和工地的沟通，副本可用。软装是比较正式的装帧，成本比简装略高，可以卷起来，携带比较方便，成本也不算高，副本可用。精装是非常正式的装帧，成本较高。一般用于设计交付这样正式的场合，正本可用。

实训项目 9（Project 9） 设计封装实训项目

P9.1 实训项目组成

设计封装实训项目包括 3 个子项目：

- 设计说明编制实训；
- 物料清单编制实训；
- 设计封装实训。

P9.2 实训项目任务书

TP9–1 设计说明编制实训项目任务书（电子版扫描二维码 TP9–1 获取）

二维码 TP9–1 设计说明编制实训项目任务书

1. 任务

为自己的设计项目编写一套完整的设计说明。

2. 要求

1）编写项目概况。

2）编写设计依据。

3）编写设计图例。

4）编写设计技术要求（施工说明）。

5）编写免责条款。

3. 成果

设计说明一套。

4. 考核标准

要求	得分权重
说明完整	40%
目录合理	20%
装帧美观	40%
总分	100分

5. 考核方法

1）各团队代表交叉评分。

2）老师给出最后得分。

TP9–2 物料清单编制实训项目任务书（电子版扫描二维码 TP9–2 获取）

二维码 TP9–2 物料清单编制实训项目任务书

1. 任务

为自己的设计项目编制物料清单。

2. 要求

1）按一种材料一张表格的格式编制物料清单。

2）主材要求全部编列。

3）材料编码正确，耐火等级、使用部位、供应商等信息齐全。

3. 成果

物料清单一套。

4. 考核标准

要求	得分权重
信息完整	40%
编排合理	20%
图标美观	40%
总分	100分

5. 考核方法

1）各团队代表交叉评分。

2）老师给出最后得分。

TP9–3　设计封装实训项目任务书（电子版扫描二维码 TP9–3 获取）

二维码 TP9–3　设计封装实训项目任务书

1. 任务

将所有设计文件套入规定的图框，并按科学逻辑进行目录编排，设计封面，最后打印成册。

2. 要求

1）将本课程所有作业套用本校规定图框，并在右侧信息栏填写相应信息。每页图纸均需个人签名。

2）将所有设计文件按科学逻辑进行目录编排。

3）按规定模板设计封面。

4）最后按 A3 规格打印，软皮封面胶装成册，左侧装订。

5）设计文件全部 CAD 电子版及设计说明打包上传至课程 APP 指定作业栏目。

3. 成果

A3 规格、软皮封面、胶装成册的设计文件。

4. 考核标准

要求	得分权重
图框正确	40%
目录合理	20%
装帧美观	40%
总分	100分

5. 考核方法

1）各团队代表交叉评分。

2）老师给出最后得分。

设计前					设计中					设计后
项目1 业主沟通	项目2 市场调研	项目3 房屋测评	项目4 设计尺度	项目5 设计对策	项目6 初步设计	项目7 沟通定案	项目8 深化设计	项目9 设计封装	项目10 审核交付	项目11 后期服务

★项目训练阶段 2：方案设计

项目 10　审核交付

★理论讲解 10（Theory 10）　审核交付

● **审核交付定义**

审核交付有两个环节，一是设计审核，是指这个项目的施工图深化设计完成后，对所有图纸的形式及内容进行的技术及责任审核和责任落实的行为。二是设计交付，是指通过公司的设计审核后的设计文件，在履行了一定的程序之后，交付给甲方（业主）的行为。

● **审核交付意义**

设计审核首先是图纸的形式审核（T10.1.2），然后是图纸的内容审核（T10.1.2），看这两方面是不是符合公司的交付标准，经过相应的审核人员仔细审核后要提出并签署审核意见，以落实审核责任。后期如有问题，审核人员也要负起责任（T10.1.3）。在审核过程中如发现不符合交付标准的，就要按设计责任交有关人员逐一整改，直至符合要求为止。通过设计审核的图纸就可以通知业主进行设计交付了。这是设计单位对自己设计成果的一个技术把关程序。

设计交付需要履行完交付程序（T10.2），之后才可以交给业主。这样设计公司按合同完成了设计任务，业主在付出了约定的代价之后得到了设计成果。方案设计过程宣告结束。

● **理论讲解知识链接 10（Theory Link 10）**

T10.1 ➢ 设计方案的审核

T10.2 ➢ 设计方案的交付

★实训项目 10（Project 10）　审核交付实训项目

按公司的交付标准（学生为学校课程的考核标准）将自己的设计方案进行形式与内容的审核，通过审核的，需要在相应的责任栏中签字。然后按规定标准交付设计（作业上交）。

● **实训项目任务书 10（Training Project Task Paper 10）**

TP10—1 ➢ 设计审核实训项目任务书

TP10—2 ➢ 设计交付实训项目任务书

理论讲解 10（Theory 10） 审核交付

施工图深化设计完成之后，要按照公司的设计审核程序进行施工图的审核和交付。

T10.1 设计方案的审核

T10.1.1 设计审核程序

1. 设计审核的重要性

“按图预算”“按图施工”“按图验收”这些在家装行业经常听到的行话说明了施工图在工程实施中的基础地位。施工图是施工指令，来不得半点差错。施工图质量高，预算才能准确，施工组织才能科学，施工过程和工程验收才能顺利。相反，如果施工图错误百出，就会给后续工作造成很多麻烦，返工、误工就会接踵而至，不仅会给甲方造成经济损失，设计公司也会遭遇索赔。所以，施工图完成后，必须进行严格的审核。

2. 设计审核的程序

施工图的审核需要一套严格的程序，才能保证施工图审核不走过场，能够真正发现问题、改正错误。施工图的审核的程序是：

各设计工种设计师自查→校核人核对（各工种负责人会审）→设计总监或公司审核部门审核专员审核→审定人（企业负责人）审定。

每个程序各负其责，逐级审核，发现问题及时纠正，审核完成后逐级签字。自查与被查会审相结合。对涉及其他工种的图纸需要会审、会签。真正做到在设计阶段发现问题，减少施工实施阶段的损失。

T10.1.2 设计审核内容与要点

1. 形式审查

首先审核图纸是否齐全。系列平面图、系列立面图、系列详图、设计说明、物料清单、目录等是否符合设计合同规定的设计深度和公司的设计标准。

其次审核图面要素是否齐全。图号、图纸、图名、图框、比例、免责申明、图签等是否完整。

再则审核图纸排序是否正确，与目录排序是否一致。

2. 内容审核

图纸的技术表达是否符合国家制图标准，各部位的尺寸是否正确，标注是否规范，材料标注是否正确规范，是否符合国家强制性规范等。详细的审核检查项目见表 T10.1–1。

3. 设计会审

家装设计所涉及的工种很多，往往由多位设计师协同完成，如结构改造、水电、空调、智能家居，各项的技术要求各有不同。不同的设计师在设计时都

施工图各部分内容审核要点表　　表T10.1–1

序号	审核要素	审核要点及审核内容
1	图册封面	1）信息正确。审核是否包含项目名称、设计公司名称、公司logo、设计日期等必须内容 2）设计美观。审核排版是否美观，是否符合公司通用格式
2	图册目录	1）内容完整。审核是否包含下列要素：封面、目录、材料表、设计说明、系列平面图、系列立面图、系列剖面节点详图、系列效果图 2）顺序合理。审核图纸编排顺序：封面、目录、材料表、设计说明、平面布置图、楼地面平面图、顶棚平面图、室内立面图、墙柱面剖面图、节点详图、效果图 3）编号正确。审核顺序编号，不跳号
3	设计说明	1）工程概况。审核是否有项目名称、地址、设计范围、设计规模 2）设计依据。审核是否采用最新国家规范 3）设计图例。审核设计图例索引的规范性 4）设计风格。审核是否点明设计风格 5）材料要求。审核是否对材料提出质量要求 6）施工工艺。审核是否涵盖设计内容 7）注意事项。审核是否有特点的注意事项 8）免责条款。审核是否有对未及内容和失误内容的免责条款
4	材料列表	1）材料名称。审核材料名称是否正确 2）材料编码。审核材料编码是否正确 3）使用部位。审核是否标注材料使用部位，或有“见图纸规定”的标注 4）防火等级。审核材料防火等级是否正确 5）材料规格。审核材料规格、单位是否正确 6）材料样图。审核是否有材料样图（针对一表一物的材料表） 7）材料商信息。审核是否有材料商详细信息
5	平面布置图	1）图纸比例。审核比例大小是否合适、图面构图布局是否合理美观 2）标注齐全。审核是否标注建筑主体结构，开间、进深、门窗洞口、楼地面标高等 3）空间位置。审核各功能空间的家具、陈设、隔断、绿化等形状、位置是否正确 4）尺寸标注。审核空间、墙厚、门窗构件、隔断、家具、陈设、装饰造型等定形、定位尺寸是否统一 5）编码符号。审核内视投影符号、详图索引符号等是否准确统一 6）房间名称。审核是否标注了房间名称，文字的位置、大小，字形等是否合理统一 7）剖切准确。审核剖切位置、方向、线型是否准确 8）图线规范。审核轮廓线、内部分割和纹理线、门扇开启线、尺寸线等各类线型使用是否规范
6	地面铺装图	1）图名比例。审核图名是否正确，比例大小是否合适、图面构图布局是否合理美观 2）标注齐全。审核是否标注建筑主体结构，开间、进深、门窗洞口，楼地面标高等 3）图例符号。审核是否有图例符号，符号是否齐全，符号形式、填充、布置是否合理 4）材料标注。审核材料名称是否标注、尺寸是否准确，填充图案是否合适、美观，引线是否到位 5）起铺点线。审核是否标注瓷砖、地板等材料的起铺点线 6）节点详图。特殊部位是否标注了详图索引或在同一页面直接画出构造详图 7）施工工艺。审核是否标注了施工工艺及做法

续表

序号	审核要素	审核要点及审核内容
6	地面铺装图	8）图线规范。审核地面铺装轮廓材料的花格划分图线、尺寸线等是否规范 9）文字符号。审核图纸文字符号等字形、字号、大小是否统一，文字、符号是否对齐
7	顶平面图	1）图名比例。审核图名是否正确，比例大小是否合适，图面构图布局是否合理美观 2）标注齐全。审核是否标注建筑主体结构，开间、进深、门窗洞口、顶面完成面标高等，特别审核门窗洞口洞边线是否正确，是否画了多余的门扇及开启线 3）造型尺寸。审核是否标注顶棚的造型和尺寸 4）图例符号。审核是否有图例符号，符号是否齐全，符号形式、填充、布置是否合理 5）材料标注。审核材料名称是否标注、尺寸是否准确，填充图案是否合适、美观，引线是否到位 6）灯具位置。审核灯具设计是否合理美观，布局、尺寸是否准确，图例是否正确 7）节点详图。特殊部位是否标注了详图索引、索引符号，数字是否正确，剖切线线型、位置、方向是否正确 8）窗帘设施。审核窗帘盒、窗帘帷幕板等设施、窗帘开闭箭头是否合理准确 9）空调标注。审核空调进出风口位置是否合理，出风口符号是否正确 10）其他设备。消防自动报警系统、音视频设备、检修口等的设施布置是否合理 11）施工工艺。审核是否标注了施工工艺及做法 12）图线规范。审核顶面造型轮廓线、花格划分图线、灯带、尺寸线、到顶的家具隔断线等是否规范 13）文字符号。审核图纸文字符号等字形、字号、大小是否统一，文字、符号是否对齐
8	灯具布置图	1）图名比例。审核图名是否正确，比例大小是否合适，图面构图布局是否合理美观 2）底图处理。审核是否采用了正确的平面设计底图，底图是否设置了“淡显” 3）图例符号。审核是否有图例符号，符号是否齐全，符号形式、填充、布置是否合理 4）灯具设计。审核各房间灯具的型号、功能、数量、位置是否合理，全体照明、局部照明、直接照明、氛围照明等要求是否满足、是否有夜灯设计 5）灯具位置。审核灯具设计是否合理美观，布局、尺寸是否准确，图例是否正确 6）文字符号。审核图纸文字符号等字形、字号、大小是否统一，文字、符号是否对齐
9	开关布置图	1）图名比例。审核图名是否正确，比例大小是否合适，图面构图布局是否合理美观 2）底图处理。审核是否采用了正确的平面设计底图，底图是否设置了“淡显” 3）图例符号。审核是否有图例符号，符号是否齐全，符号形式、填充、布置是否合理 4）开关设计。审核各房间开关的型号、数量、回路、安装位置是否正确，需要双开的地方是否满足条件，主灯和氛围灯是否分设了开关 5）文字符号。审核图纸文字符号等字形、字号、大小是否统一，文字、符号是否对齐

续表

序号	审核要素	审核要点及审核内容
10	插座布置图	1）图名比例。审核图名是否正确，比例大小是否合适，图面构图布局是否合理美观 2）底图处理。审核是否采用了正确的平面设计底图，底图是否设置了“淡显” 3）图例符号。审核是否有图例符号，符号是否齐全，符号形式、填充、布置是否合理 4）插座设计。审核各房间插座的型号、数量、安装位置是否正确，特别像卫生间马桶后、阳台、衣柜内、橱柜内、门厅可视对讲机、自动门锁、鞋套机、报警器等插座容易遗忘的部位是否安排了插座 5）路由器位。审核路由器是否安排在距离各房间距离基本相同的位置 6）材料标注。审核材料（插座）的品牌规格是否准确 7）文字符号。审核图纸文字符号等字形、字号、大小是否统一，文字、符号是否对齐
11	水路布置图	1）图名比例。审核图名是否正确，比例大小是否合适，图面构图布局是否合理美观 2）底图处理。审核是否采用了正确的平面设计底图，底图是否设置了“淡显” 3）图例符号。审核是否有图例符号，符号是否齐全，符号形式、填充、布置是否合理 4）给水设计。审核是否正确标注给水线路，冷热水是否区分，出水点位置是否正确，管道是否走最近的路线、是否经过卧室，给水管是否走顶不走地 5）排水设计。审核是否正确标注排水线路、排水点位置是否正确、配水管是否有落水箭头 6）材料标注。审核材料名称是否标注、尺寸是否准确，引线是否到位 7）设施位置。审核热水器的位置是否合理 8）图线规范。审核给水、排水、冷水、热水等线型是否规范 9）文字符号。审核图纸文字符号等字形、字号、大小是否统一，文字、符号是否对齐
12	空调布置图	1）图名比例。审核图名是否正确，比例大小是否合适，图面构图布局是否合理美观 2）底图处理。审核是否采用了正确的平面设计底图，底图是否设置了“淡显” 3）图例符号。审核是否有图例符号，符号是否齐全，符号形式、填充、布置是否合理 4）空调设计。审核空调型号、数量、回路、安装位置是否正确，进出风口布置是否合理，是否有直吹静态使用者的状况 5）文字符号。审核图纸文字符号等字形、字号、大小是否统一，文字、符号是否对齐
13	立面索引图	1）图名比例。审核图名是否正确，比例大小是否合适、是否与剖切索引符号统一，图面构图布局是否合理美观 2）索引底图。是否选择了平面设计图作为底图 3）引出位置。索引符号是否标注在正确的引出位置 4）索引图号。索引图号是否按统一规则编码，有无跳号、漏号 5）符号排列。索引符号排列是否对齐有序
14	立面图	1）图名比例。审核图名是否正确，比例大小是否合适、是否与剖切索引符号统一，图面构图布局是否合理美观 2）面面俱到。审核所有房间（空间）是否都设计了立面图 3）造型风格。墙面造型、陈设、门窗、分格、墙面灯具、暖气罩等装饰内容的造型设计风格是否统一 4）材料标注。审核材料名称是否标注、尺寸是否准确，填充图案是否合

续表

序号	审核要素	审核要点及审核内容
14	立面图	适、美观，引线是否到位，纹理填充是否设置了“淡显” 5）图线规范。审核立面造型轮廓线、花格划分图线、尺寸线、家具隔断线等是否规范 6）详图索引。复杂部位是否增设节点详图、是否标注了正确的剖切符号和剖切位置 7）尺寸标注。审核尺寸标注是否齐全、分级有序，外部尺寸是否标注了地面和顶面的标高 8）设施标注。开关、插座、空调的位置等是否标注。可见的灯具投影是否用虚线表示 9）施工工艺。审核是否标注了施工工艺及做法 10）文字符号。审核图纸文字符号等字形、字号、大小是否统一，文字、符号是否对齐
15	剖面图 节点详图	1）图名比例。审核图名是否正确，比例大小是否合适、是否与剖切索引符号统一，图面构图布局是否合理美观 2）内容齐全。审核必要的节点详图是否齐全，如： ①在分层做法、选材、色彩上有要求的墙（柱）面、电视背景墙 ②吊顶构造、做法、吊顶檐口、窗帘盒和线条部位 ③独立的或依附于墙柱的装饰造型、影视墙、花台、屏风、壁龛、栏杆造型等装饰艺术构造体 ④地面、门槛石、地漏、厨房、卫生间的防水等构造细节 ⑤需要现场制作的固定式家具如衣柜、书柜、储藏柜等家具 ⑥装饰门窗及门窗套 3）图线规范。审核立面造型轮廓线、花格划分图线、尺寸线、家具隔断线等是否规范 4）纹理填充。审核各种材料的纹理填充是否美观统一 5）尺寸标注。审核尺寸标注是否齐全、分级有序 6）施工工艺。审核是否标注了施工工艺及做法 7）文字符号。审核图纸文字符号等字形、字号、大小是否统一，文字、符号是否对齐
16	格式签字	1）图框规范。是否采用了统一的图框 2）页面编码。是否编制了总页码和分页码，有无跳页漏页 3）签字审核。需要签字落实责任的地方是否签字（每页都要签字）

从自己的出发点进行设计，因此很容易造成设计冲突。复杂的图纸需要设计会审，排除设计冲突。

家装设计师主要与下列工种的技术人员进行配合：建筑结构、空调、水、电、煤气、采暖、消防、厨具、家用电器和家庭设备。如有不同技术工种的设计师参与，就必须有一个设计会审的程序，以确保室内设计与其他工种不存在设计冲突。

家装设计师首先要查阅土建施工图，了解建筑的结构形式、门窗的尺寸、结构梁柱的尺寸，确认方案设计的可行性和主体结构的安全性。如需要拆除承重结构墙体，需经过原土建设计单位或具有相同资质的土建设计单位验算处理后方能进行装饰设计。框架结构的建筑，非承重墙虽然可以拆除，但需考虑改建后是否符合消防规范的要求。空调、给水排水及消防管道的高度和位置是影响吊顶、墙面造型的重要因素。在施工图设计开始前，设计师就应仔细研究各种管道的布置和高度，与其余各工种协调。在平面布置图、顶棚平面图及立面图初步完成后，及时向设备工种提供图纸，尽量按照装修需要进行设计。在确定了这些设备的设计方案后，家装设计师要给予最大限度地配合。

T10.1.3 设计审核责任

国家规定，设计师对自己承担的设计项目要终身负责。设计师要对自己每一条线条、每一个尺寸、每一点说明负责。同样，设计审核人员在履行审核程序后也要对所审核的内容负责。一旦审核人员签下自己的名字，就意味着要对设计的正确性负连带责任。

T10.2 设计方案的交付

封装打印完成后，就可以通知业主进行设计交付。

T10.2.1 交付手续

设计交付应该履行一个交接手续，各个公司对此都有自己的做法，如先付款、后交付。

设计交付前，委托人应该付清全部的设计费，设计人向委托人出具收款凭证。然后委托人则在设计文件交付单上签字，设计人把设计文件的正副本交给委托人。到此为止方案设计阶段全部结束。

T10.2.2 注意事项

设计交付的手续是必要的法律程序。履行了这一程序，可最大限度地保障双方利益。

实训项目 10（Project 10） 审核交付实训项目

P10.1 实训项目组成

审核交付实训项目包括 2 个子项目：

➢ 设计审核实训；

➢ 设计交付实训。

P10.2 实训项目任务书

TP10–1 设计审核实训项目任务书（电子版扫描二维码 TP10–1 获取）

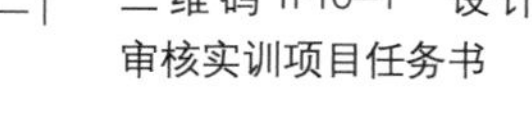

二维码 TP10–1 设计审核实训项目任务书

1. 任务

为自己的设计图作自我审核和交叉审核。

2. 要求

1）从封面、目录、材料表、设计说明到系列图纸均需对照“表 T10.1–1 施工图各部分内容审核要点表”作自我审核和交叉审核。

2）自我审核审出的错误需要用红笔标注。交叉审核审出的错误需要用蓝笔标注。

3）审核出的错误需要一一订正。

4）订正完成的图纸按 A3 规格打印。

5）打印正稿需要一一在相应栏目签字。

3. 成果

经过审核和签字的设计图一套。

4. 考核标准

要求	得分权重
审核全面	25%
错误订正	25%
打印无误	25%
签字完整	25%
总分	100分

5. 考核方法

1）结对团队成员交叉评分。

2）老师给出最后得分。

二维码 TP10–2 设计交付实训项目任务书

TP10–2 设计交付实训项目任务书（电子版扫描二维码 TP10–2 获取）

1. 任务

对完成审核的图纸进行装帧，并通知模拟业主办理设计交付手续。

2. 要求

1）4 人一组组成团队，主要角色有：业主、设计师、公司财务经理、业务员。

2）设计师装帧设计图纸，正本 1 份、副本 1 份。

3）模拟业务员通知业主办理设计交付手续。

4）模拟业主与公司财务人员办理缴费手续，收款后给出收据。

5）设计师将设计文本正本、副本各 1 份交付模拟业主，业主签下收据。

3. 成果

1）设计文本正本、副本各 1 份。

2）交付记录 1 份。

4. 考核标准

要求	得分权重
程序规范	25%
图纸齐全	25%
装帧正确	25%
签字完整	25%
总分	100分

5. 考核方法

1）结对团队成员交叉评分。

2）老师给出最后得分。

设计前					设计中					设计后
项目1 业主沟通	项目2 市场调研	项目3 房屋测评	项目4 设计尺度	项目5 设计对策	项目6 初步设计	项目7 沟通定案	项目8 深化设计	项目9 设计封装	项目10 审核交付	项目11 后期服务

★项目训练阶段3：后期服务

项目11　后期服务

★理论讲解11（Theory 11）　后期服务

- **后期服务定义**

后期服务是在设计交付完成以后，继续进行的包括设计交底、设计变更、现场指导、参与验收等一系列以把控设计效果目的的设计咨询服务。

- **后期服务意义**

后期服务是确保设计效果实现的必要步骤，也是设计工作的有机组成部分。设计师是亲自操作方案设计的，没有人比他更了解项目未来应该呈现的效果。虽然对设计师要求在方案设计中能够面面俱到，但对现场的情况和设计表达仍有可能挂一漏万。而且业主的想法有可能发生变更，也有可能出现某些地方设计效果不理想的情况，等等，所以为了全面实现设计师的设计构想确有必要开展包括设计交底（T11.1）、设计变更（T11.2）、现场指导（T11.3）、参与验收（T11.4），甚至包括项目交付业主投入使用后的设计回访（T11.5）等一系列后续服务。

- **理论讲解知识链接11（Theory Link 11）**

T11.1 ➢ 设计交底

T11.2 ➢ 设计变更

T11.3 ➢ 现场指导

T11.4 ➢ 参与验收

T11.5 ➢ 设计回访

★实训项目11（Project 11）　后期服务实训项目

按公司的后期服务标准开展后期服务，重点实训设计交底和熟悉家装施工流程及关键环节把控这两项业务。

- **实训项目任务书11（Training Project Task Paper 11）**

TP11–1 ➢ 设计交底实训项目任务书

TP11–2 ➢ 设计变更实训项目任务书

理论讲解 11（Theory 11） 后期服务

施工图审核交付之后，就进入了设计的后期服务阶段，设计师要为设计项目的施工阶段提供一系列包括设计交底、设计变更、现场指导、工程验收及设计回访等设计服务。

T11.1 设计交底

T11.1.1 交底方式

按行业惯例，设计师要向甲方聘期的施工项目负责人进行设计交底，也称技术交底。

1. 交底方式

设计交底的通行方式是，由甲方的施工项目负责人邀请设计师，对施工队各工种负责人，对照设计图纸讲解设计理念、施工要点、技术难点、需要特别关注的工程细节等。然后由施工人员对图纸中的疑难问题提问，设计师逐一作出解答，直至施工人员理解为止。

在设计交底之前最好请施工人员先熟悉图纸，了解图纸对各工种施工的具体要求。

2. 交底地点

交底的地点最好选在施工现场。

T11.1.2 注意事项

1. 参与人员齐全

由业主、设计师、工程监理、施工负责人四方参与，在设计交底时他们应全部到达施工现场，并由工程监理协调，办好各种手续。

2. 履行文字手续

各方应该杜绝口头协议，对所有应该明确的技术条款都必须用书面形式表达清楚。如有特殊做法的施工技术，要在现场由当事方签字确认。现场交底时达成的书面共识也是设计文件，与家装合同具有同等的法律效力。

家装是一个很复杂的过程，一般情况下只进行一次设计交底是不够的。在整个施工过程中，设计师免不了要经常回答施工人员提出的问题。

对纯设计服务而言，后续的咨询是要另付咨询费的，但这需要事先约定。

T11.2 设计变更

T11.2.1 什么是设计变更

设计交付完成后，因种种原因需要设计师对原设计进行部分修改。这部分的设计工作称为设计变更。设计变更了，施工内容及施工造价等也会发生相应的改变，这种改变需要按设计变更的程序进行书面确认。

T11.2.2　变更的原因

在现实中，设计变更的情况是经常发生的。之所以会这样，主要由下列原因造成。

1. 业主要求

业主看不懂设计图纸，等到实际施工后发现，这个效果不是业主真正想要的，或者在施工过程中业主的要求改变了，需要增加、减少或改变某些设计。

2. 设计疏忽

设计师没有注意到现场的某些情况，现场发生了实施的困难。

3. 技术原因

当前的施工技术无法实现设计要求，无法采购到设计师需要的材料等。

T11.2.3　变更的责任

业主要求变更，责任自然在业主。因设计师的疏漏造成的变更责任就在设计师。

设计变更之后，一个直接的后果就是工程造价的变动。如果是轻微变更，不影响外观和功能的尺寸，基本不影响造价，设计师可以自行决定进行调整。如果要影响外观和功能，属于重大调整，这就要与业主沟通，征得业主的同意。这样的沟通一定要事先进行，并办好书面手续。

T11.2.4　变更的手续

设计变更的手续需由变更提出方首先提出，经变更相关方同意变更，由设计师或施工员画出变更后的施工图。然后重新确定造价和工期，填写变更通知书，相关方签字同意。设计变更注意以下事项：

（1）设计变更表由业主、设计、施工单位各保存一份。

（2）涉及图纸修改的必须注明修改的图纸图号。

（3）不可将不同专业的设计变更办理在同一份变更上。专业名称应按专业填写，如装修、结构、空调等。

T11.3　现场指导

设计师在约定的时间亲临施工现场指导施工，对设计效果进行控制称为现场指导。家装设计师必须完全了解本公司的家装流程，也要熟悉具体项目的施工组织。不同的项目会有不同的施工组织。

T11.3.1　家装施工组织网络图

每一个工程最好绘制一张施工网络图。图 T11.3-1 是某家装公司以现场

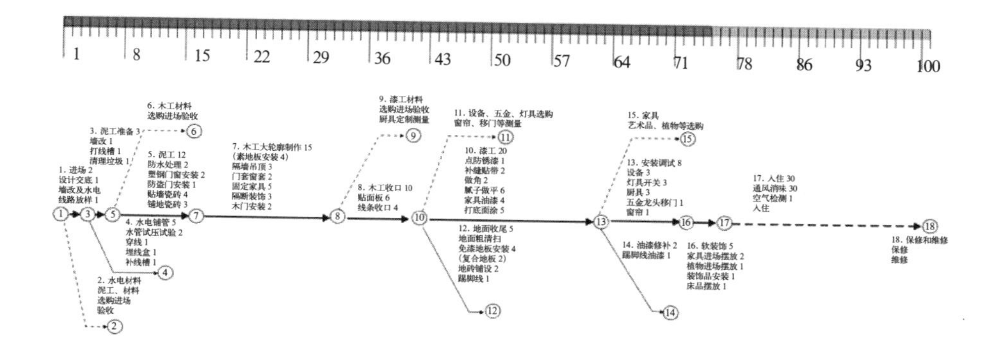

图 T11.3–1　80 ~ 100m² 家装施工网络控制图

施工方式对 80 ~ 100m² 的家装工程制定的施工网络控制图。如果按装配式施工方式，就会是另外一张施工网络图了。流程和工期完全不一样。

80 ~ 100m² 的家装工程是中型的家装工程。从图 T11.3–1 中可以看出，做这样一个工程整个施工阶段需要 75 天时间。关键线路有 10 个环节，其他环节有 3 个，材料准备环节有 5 个，合计 18 个环节。

不同的家装公司会有不同的家装流程。图 T11.3–1 是其中比较典型的一个现场施工的家装工程施工组织管理网络方案。75 天工期对一个一般复杂程度的中型家装工程还是比较紧凑的。它要求材料准备及时到位，不得拖延；工人的数量也必须合理配备，例如水电工必须 2 人，泥工也需要 2 人，木工需要 4 人，油漆工需要 3 人；还需要好的天气条件的配合。没有这些保证，75 天工期是难以完成的。如在梅雨季节，20 天的油漆工期是不够的。下面结合图 T11.3–1 对这个家装施工组织网络图进行简要介绍。

T11.3.2　家装施工流程

1. 进场

进场是家装施工的第一个环节，大约需要 2 天时间。

首先施工队伍需要去物业管理部门办理进场手续。然后设计师与施工、监理方进行设计交底。施工员同时对泥工、水电工进行分项设计交底。泥工、水电工等施工人员进行墙改及水电现场放样，施工员检查墙改及线路放样情况。

2. 水电材料进场

家装业主和材料员需要采购或供应水泥、石灰及水电材料并及时进场，为泥工和水电工准备好物质基础。家装业主或监理人员需要对这些材料的品牌、规格、数量进行验收，然后与施工员做好交接。这些工作需要在泥工和水电工进场之前完成。

3. 泥工准备

泥工准备大约需要 3 天时间。

首先泥工进场后根据墙改平面图放样，进行墙改，该拆除的拆除，该建造的建造；然后根据水电走向的放样线路，在墙面或地面打出供管线预埋的线槽。这个过程会产生大量的垃圾，需要及时清理。

4. 水电铺管

水电铺管大约需要5天时间，它可以和泥工准备同时进行。

首先进行按线路走向放样开槽，然后进行水电铺管。电路先预埋PVC管和线盒，然后进行穿线。

水路预埋冷热水管。水管预埋完成后需要进行水管试压试验，经过24小时试验，确定没有漏水，才可以将线路补平。

5. 泥工施工

80～100m^2套型一般是一厨一卫一阳台。泥工大约需要12天时间。

先对有防水要求的房间进行防水处理。一般厨房、卫生间、阳台都需要进行防水处理，处理完以后还需要做24小时养水试验，确定没有漏水，才可以进行下一个工序。

在此期间可以进行塑钢门窗安装和防盗门安装。门窗的安装需要泥工收口。有些门窗还要泥工做石材的窗台或窗套。接着就可以安装浴缸、贴墙瓷砖、铺地瓷砖和过门石。

6. 木工材料进场

在泥工施工阶段，家装业主或材料员需要采购或供应木工材料。家装业主或监理人员需要对这些材料的品牌、规格、数量进行验收，然后与施工员做好交接。这些工作需要在木工进场之前完成。

7. 木工大轮廓制作

泥工施工完成之后需要进行验收，特别需要请木工参加。因为木工是在泥工的基础上进一步制作的，因此，基础做得好不好、对不对，好的木工一看就知道了。泥工没有到位的需要泥工整改。木工大轮廓制作大约需要15天时间，如果是采用素地板的方式需要增加4天时间。

木工大轮廓制作。首先是隔墙、吊顶，接着是包门套、窗套，再制作固定家具、隔断装饰和木门安装。大轮廓的制作决定家装的大效果，最关键的是把握尺度。

8. 木工收口

木工收口大约需要10天时间。

主要工作是贴面板和线条收口。面板是饰面用的，对视觉的作用很大。线条收口的作用是用装饰来掩盖缺陷。

9. 油漆工材料进场

在木工进行的同时，要选购好漆工用料，在木工结束时进场验收。

如果是委托专业厂家定制厨具，可以在这个时候到现场进行测量。如果厨具是木工制作的话，则在上面的木工大轮廓阶段和收口阶段进行制作，工期增加2～3天。

10. 油漆工施工

木工施工完成之后需要进行验收，油漆工最好参与其中。因为漆工是在木工的基础上进一步制作的。木工没有到位的需要木工整改。漆工整个工期大约需要 20 天时间。

第一个工序是点防锈漆。将铁钉暴露的地方点上防锈漆，以免今后铁钉发锈，影响效果。接着是补缝、贴防裂带。紧接着需要把阴阳角做直，顶面、墙面腻子做平，家具油漆打底。然后就是用涂料和面漆进行面涂。如果贴墙纸的话也在这个时候制作。

11. 设备、五金、灯具选购

在前道工序进行的时候需要将即将安装的家用设备、五金、灯具选购完成。窗帘、移门等制作的测量也可以在这个阶段穿插进行。

12. 地面施工收尾

漆工基本完工之后，就可以进行地面清扫。接着进行地板和客厅等地砖的铺贴。这个过程需要 5 天时间。

面漆地板安装需要打地龙，整平，喷防虫剂，填干燥介质。接着就可以铺设地板。如果是铺设复合地板的话工序可以缩减 2 ~ 3 天。铺设复合地板的前提是将地面整平。

如果地砖铺设的工序放在最后的话，也在这个时候进行。优点是铺设的地砖不会被木工打碎，也不会被漆工污染。最后安装踢脚线。

13. 设备安装调试

地面收尾完成之后就可以进行设备安装和调试了。设备的安装涉及空调、热水器、厨房设备、卫生间器具、平板电视。灯具和开关面板的安装也可以在这个时候穿插进行。定制厨具的安装也在这个时候进行。

这些安装与调试还会产生大量的灰尘。安装完成之后需要对浮尘进行比较彻底地清扫。之后进行五金、龙头、移门、窗帘的安装。

14. 油漆修补

在上述工作进行过程中不可避免会出现某些易损部位的损坏。哪些是易损部位呢？主要通道周边和地面、柱墙的阳角、设备安装部位周边。这些易损部位被损坏之后需要进行油漆的修补。

墙面和家具的最后一涂也在这个时候进行。因为踢脚线在最后才完工，所以需要重新油漆。这个工期需要 3 天时间。

15. 家具艺术品、植物等选购

在上一个工序进行的时候就可以选购合适的家具和艺术品、植物等。

16. 软装饰安装

在油漆修补完成并进行适当的保养后就可以进行家具、植物、艺术品的进场摆放，最后进行床品的摆放。软装饰完成后，整个家装工程就完成了。家装的效果也就完全表现出来了。

17. 入住

施工结束到业主入住至少搁置 30 天时间。不过这段时间是根据业主对空气环境的在意程度自由确定的。家装公司一般建议业主不要少于 30 天通风消味的时间。通风消味主要手段有：开窗通风消味、植物吸收消味、专用化学品专业消味等。入住前要建议业主进行空气质量检测，空气质量指标达标后才可以入住。否则可能会对业主的身体造成伤害。

18. 竣工验收和保修、维修

理论上，家装工程的竣工验收是在入住之前进行的。但在实际的操作中竣工验收往往是在油漆修补之后就进行了，后面的设备安装和软装饰一般交给业主自己打理。但这样做对家装设计师而言往往就会功亏一篑。它使得设计的效果大打折扣。在没有专业人员的指导下，软装阶段很有可能会破坏设计的整体效果。所以应该提倡家装设计师全过程控制，以完全实现设计效果。

验收完成后就进入了保修环节。中华人民共和国建设部令第 110 号《住宅室内装饰装修管理办法》第三十二条规定：在正常使用条件下，住宅室内装饰装修工程的最低保修期限为二年，有防水要求的厨房、卫生间和外墙面的防渗漏为五年。保修期自住宅室内装饰装修工程竣工验收合格之日起计算。

在保修期内，发现了工程质量问题，家装公司需要及时对工程进行维修，并且维修费由家装公司负担。服务上乘的家装公司会给业主一本家装使用保养手册，关照业主合理使用、合理保养家装设施。过了保修期以后出现的工程质量问题，装修公司一般都会承诺进行终身维修，但维修发生的工料费需要业主自己承担。

T11.3.3 家装施工设计效果控制

家装施工的周期很长，一个中型的现场家装一般需要 2 ～ 3 个月的时间才能完成。大型家装的工期更长。设计师不可能天天盯着工程，但需要在一些关键环节对设计实施的情况进行把握和控制。图 1.1–2 表明了整个家装工程的关键点。这些关键点的控制要点如下。

1. 设计总体交底

设计总体交底并对泥工、水电工分项交底。检查放样情况，确保放样正确。

2. 参与隐蔽工程验收

检查墙改和水电线路走向和泥工施工情况。先检查墙改位置是否正确，然后检查水电线路走向和泥工施工情况。给木工进行施工交底，确保放样正确。

3. 检查木工大轮廓

检查木工大轮廓情况，交代面饰和收口的注意要点。如果发现大轮廓有误，需要在面饰之前及时调整。

4. 检查木工面饰

检查木工面饰收口情况。这时所有的硬装修已经定型，空间和界面效果已经呈现出来，设计师可以判断设计基本效果是否已经达到。如果已经达到了预想效果，就可以进入下一个工序——对漆工进行施工交底。特别要给漆工确定色彩样板。

5. 检查漆工面饰

漆工施工基本完毕时，设计师要检查漆工面饰情况。主要检查配色情况，色彩复杂的设计尤其要注意色彩的效果。色彩效果不理想的要检查原因，及时改正。接着就可以进行设备设施等的安装交底。

6. 参与验收

以下专述。

7. 指导软装

指导软装、艺术品、植物的摆放。软装阶段十分关键，设计师要亲自控制。稍有闪失，设计效果就会大打折扣。软装的款式、尺寸、色彩、风格都是控制的关键。控制好了效果就会锦上添花，有的还会起到画龙点睛的作用。但控制不好，设计效果就会毁于一旦。

T11.4　参与验收

工程验收是家装工程完工的一个必需的程序，是全面考核设计水平和施工效果的一个重要的步骤。通过验收，工程就可以交付给客户投入使用，家装公司也可以获得合同规定的报酬。

T11.4.1　验收的主体

1. 当事者验收

家装工程的验收由家装公司的设计师、监理或工长与客户一起共同进行，也就是由当事三方参与的验收。在没有纠纷的情况下，可以采用这样的方法。

2. 第三方验收

即由政府技术监督局认证的建筑质检站这样的专业检验机构来进行验收。如果家装公司和客户出现了矛盾，谁说了都不算，只好请第三方的检验机构进行验收。这样的验收是收费的，需要预先支付验收费用。

3. 验收的方法

1）分项验收。这种验收方法就是每完成一个分项工程就进行一次针对性的验收。如隐蔽工程完工，就进行隐蔽工程的验收；防水工程完工就进行防水工程验收；中期工程完工就进行中期工程验收等。

采用这种验收方法的优点是：及时发现装修缺陷，及时整改。如果出现问题，整改费用相对较少。缺点是：程序比较复杂，工期有可能拖延。采用分项验收方法的家装工程在最后完工时也还有一个最终验收，但由于进行了分项验收，每个阶段的问题已经及时整改，所以最后验收就只是履行一个手续。装修公司一般比较多地采用这种验收方法。

2）竣工验收。这种验收方法就是在工程最后完工的时候对整个家装工程进行全面的验收。优点是程序比较简单，但一旦发现问题，整改起来就比较困难了。例如，在隐蔽工程上发现了问题，需要整改时就需要敲掉已经完工的吊顶或墙面，返工量大。

T11.4.2 验收的依据与步骤

1. 验收的依据

家装工程验收的依据主要有两类：

一类是家装公司与业主的各类约定。如家装设计文件、家装合同、工程预算，还包括施工过程中的一些验收单据、符合程序的变更文件。这些文件约定了施工方应该做哪些事。

另一类是事先约定的验收规范。国家或地方对家装工程的施工都发布了技术规范和验收规范。国家的如《建筑装饰装修工程质量验收标准》GB 50210—2018；地方的如浙江省的《家庭装饰装修工程质量验收规范》DB33/1022—2005 等。究竟是采用国家的规范还是地方的规范，要事先约定。比较成熟的公司自己也有家装工程的验收标准，如果双方约定以此作为工程的验收标准也可以，但必须在施工合同中加以明确。

2. 验收的步骤

1）准备相应的文件。工程验收时，必须准备好下列工程文件资料：

(1) 施工合同和工程预算单，工艺做法。

(2) 设计图纸，如施工中有较大修改，应有修改后的图纸。

(3) 工程变更单。

(4) 材料验收单。

(5) 隐蔽工程验收单。

(6) 如做了防水工程，需要提供防水工程验收单。

(7) 其他工程分项验收单。

(8) 工程延期证明单。

(9) 工程量较大的墙体拆改、水暖管道移位等，需提供物业公司、甲乙双方共同签字的批准单。

(10) 其他甲乙双方在施工过程中达成的书面协议。

这些工程文件均有法律效力。如果业主和家装公司发生争议而走上法庭，这些文件均属于证据。

2）查看工程设计效果。对照设计图纸，查看各个房间的设计效果是否与图纸一致，设计效果是否达到了图纸的要求。

3）查看工程的施工情况。按照约定的验收规范，检验各个部分的施工情况和使用效果。例如，每个开关都要开启和关闭，每个插座都要检验是否通电，燃气、冷热水龙头、地漏、马桶、水斗等都要试用，门窗、固定家具、抽屉都要开关抽拉，地面、墙面、吊顶、油漆等要仔细观察，看是否达到了施工规范的要求。

T11.4.3 验收注意要点

设计师是工程验收的主角之一，他的验收重点是与其他验收人员一起查看设计效果是否已经达到。到了这个环节，设计效果已完全呈现出来了，设计师可以向业主进一步解释自己的设计用心。因为，设计师的有些想法业主在图纸阶段或者是施工阶段是不能完全理解的。设计师一定要抓住机会向业主作充分的介绍。同时，设计师也要听取业主对设计不满意的地方或是设计缺陷的反馈意见，为设计总结收集第一手资料。

T11.5　设计回访

设计师最好在家装工程交付后的一定时间内（一般是三个月到一年）对自己的客户进行回访。

T11.5.1　回访形式

回访形式主要是电话回访，由设计师本人或公司专门人员对业主进行设计回访。

如果是某种不期而遇，则要抓住机会进行面访。这样的面访十分自然。如果已经同客户成为朋友，那回访就可以不拘形式地进行。

T11.5.2　回访意义

设计回访是设计师提高水平、提高接单率的一个有效的方法。

真诚的设计回访一方面可以给业主留下良好的印象，另一方面也可以进一步了解自己设计的得失，有助于设计师总结经验教训，提高自己的设计水平。

实训项目 11（Project 11） 后期服务实训项目

P11.1 实训项目组成

后期服务实训项目包括 2 个子项目：

➢ 设计交底实训；

➢ 设计变更实训。

P11.2 实训项目任务书

TP11-1 设计交底实训项目任务书（电子版扫描二维码 TP11-1 获取）

二维码 TP11-1 设计交底实训项目任务书

1. 任务

模拟公司设计交底会议，设计师对自己的设计项目进行设计交底。

2. 要求

1）8 人一组组成团队，主要角色有：设计师、施工项目经理、水电工、泥工、木工、漆工、安装工、业主或监理人员。

2）不同的人员轮流扮演不同角色。①模拟设计师讲解自己的设计方案、技术要点；②模拟施工项目经理组织不同工作技术工人对设计方案进行提问。设计师予以解答；③模拟监理人员整理设计交底纪要；④所有参与人签字。

3）签字的会议纪要拍照上传至课程 APP 指定作业栏目。

3. 成果

设计交底纪要 1 份。

4. 考核标准

要求	得分权重
记录完整	70%
各方签字	20%
及时上交	10%
总分	100分

5. 考核方法

1）各团队代表交叉评分。

2）老师给出最后得分。

TP11-2 设计变更实训项目任务书（电子版扫描二维码 TP11-2 获取）

二维码 TP11-2 设计变更实训项目任务书

1. 任务

应业主要求，对电视墙进行设计变更，主要为材料变更，由原设计的木质电视背景墙变更为整块大理石背景墙。办理相关变更手续。

2. 要求

4 人一组组成团队，主要角色有：业主、设计师、施工项目经理、监理人员。

1）业主提出变更要求。

2）设计师画出变更设计图。

3）业主、设计师、施工项目经理共同办理相关变更手续。

3. 成果

1）设计师画出变更设计图 1 份。

2）填写设计变更表 1 份。

4. 考核标准

要求	得分权重
程序正确	30%
填表规范	40%
图纸齐全	30%
总分	100分

5. 考核方法

1）结对团队成员交叉评分。

2）老师给出最后得分。

3 课程结题

3.1 课程成果展示汇报

3.1.1 课程成果展示

1. 展示形式

本课程成果采用 PPT 形式展示。

2. 展示内容

展示业主情况（业主要求），设计理念、设计对策、功能安排与空间设计，各空间效果图及 3D 漫游或视频。重点展示设计理念和设计亮点。

3.1.2 课程成果汇报

本课程成果采用 PPT 汇报或录屏汇报相结合的形式。

1. 汇报形式

1）分组汇报。分 8 个组，每组 6 ～ 8 人。

2）汇报形式。可用路演形式或录屏汇报。

2. 汇报要求

1）汇报时长。PPT 小组汇报为每人 6 分钟。

2）班级演示。每组选出 1 名最佳选手，在全班进行课程成果演示汇报或通过录屏播放进行演示。录屏汇报拍摄时长 3 ～ 6 分钟。视频需上传至课程 APP 指定栏目，同时上传至班级微信群。

3.2 课程成果提交评价

3.2.1 课程成果提交

按时提交设计成果纸质稿和电子稿。

3.2.2 课程成果评价

采用自我评价、小组评价、教师评价相结合的方式。

1. 自我评价

学生对 11 个项目逐项列表统计分数，得出总分。总分 /11 （11= 项目数）为最终得出的自我评价分，见表 3.2–1。

自我评价得分表 **表3.2–1**

序号	项目名称	得分
1	项目1：业主沟通	
2	项目2：市场调研	
3	项目3：房屋测评	
4	项目4：设计尺度	
5	项目5：设计对策	
6	项目6：初步设计	

续表

序号	项目名称	得分
7	项目7：沟通定案	
8	项目8：深化设计	
9	项目9：设计封装	
10	项目10：审核交付	
11	项目11：后期服务	
合计总分		
自我评价分（总分/11）		

2. 小组评价

根据各位同学小组汇报时的表现，每人给一个分数并相加后得出总分，总分 /x（x= 小组人数）为最终得出的小组评价分，见表 3.2—2。

小组评价得分表 **表3.2—2**

序号	项目名称	得分
1	组员1	
2	组员2	
3	组员3	
4	组员4	
5	组员5	
6	组员6	
7	组员7	
8	组员8	
合计总分		
小组评价分（总分/成员数）		

3. 教师评价

根据学生的课堂表现、成果质量、汇报水平、课程 APP 的综合得分等得出总分，见表 3.2—3。

教师评价得分表 **表3.2—3**

序号	项目名称（权重）	得分
1	学生自我评价（10%）	
2	小组评价（10%）	
3	课堂表现（10%）	
4	成果质量（20%）	
5	汇报水平（10%）	
6	课程APP的综合得分（40%）	
总分		

二维码 3.2—1 课程成绩积分 Excel 电子表

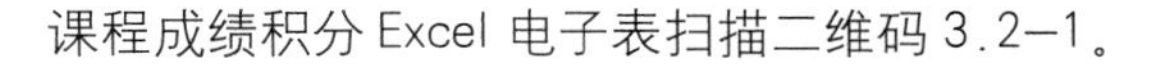

课程成绩积分 Excel 电子表扫描二维码 3.2—1。

某某 ______________ 职业技术学院 ______________ 分院

住宅室内设计与家装设计课程积分表　　班级

学号：　　姓名：　　签名

课程自我评价积分表		
项目索引	实践项目	得分
前期沟通阶段		
项目1：业主沟通	TP1—1模拟业主沟通项目任务书	100
	TP1—2归纳业主家装意向项目任务书	100
项目2：市场调研	TP2—1本地家装市场调研实训项目任务书	100
	TP2—2本地知名家装公司调研实训项目任务书	100
	TP2—3本地房地产售楼处调研实训项目任务书	100
项目3：房屋测评	TP3—1业主房屋精确测绘实训项目任务书	100
	TP3—2原始结构图绘制实训项目任务书	100
	TP3—3撰写业主房屋空间分析报告实训项目任务书	100
项目4：设计尺度	TP4—1家具尺度确定实训任务书	100
	TP4—2标注指定房间设备安装尺寸实训任务书	100
项目5：设计对策	TP5—1制订家装设计对策实训项目任务书	100
	TP5—2家装风格与档次定位实训项目任务书	100
设计前合计		1200
设计中		
项目6：初步设计	TP6—1平面设计图设计实训项目任务书	100
	TP6—2效果呈现设计实训项目任务书	100
	TP6—3编制初步设计提案实训项目任务书	100
项目7：沟通定案	TP7—1初步设计沟通/修改/定案实训项目任务书	100
项目8：深化设计	TP8—1墙体改造图设计实训项目任务书	100
	TP8—2系列平面图设计实训项目任务书	100
	TP8—3系列立面图设计实训项目任务书	100
	TP8—4系列剖面图和节点详图设计实训项目任务书	100
项目9：设计封装	TP9—1设计说明编制实训项目任务书	100
	TP9—2物料清单编制实训项目任务书	100
	TP9—3设计封装实训项目任务书	100
项目10：审核交付	TP10—1设计审核实训项目任务书	100
	TP10—2设计交付实训项目任务书	100
设计中合计		1300

续表

课程自我评价积分表		
项目索引	实践项目	得分
项目11：后期服务	TP11—1设计交底实训项目任务书	100
	TP11—2设计变更实训项目任务书	100
设计后合计		200
项目积分合计（总分合计/27）		100
课程小组评价积分表		
小组	方案提交/评价	得分
组员1	姓名：	100
组员2	姓名：	100
组员3	姓名：	100
组员4	姓名：	100
组员5	姓名：	100
组员6	姓名：	100
组员7	姓名：	100
组员8	姓名：	100
小组汇报成绩合计（总分合计/8）		100
教师评价得分表		
项目名称（权重）	得分	得分
学生自我评价（10%）	100	10
小组评价（10%）	100	10
课堂表现（10%）	100	10
成果质量（20%）	100	20
汇报水平（10%）	100	10
APP综合得分（40%）	100	40
总分		100

教师姓名（签名）　　　　年　月　日

参考文献

图书：

[1] 刘超英．建筑室内设计专业学业指导[M]．北京：中国建筑工业出版社，2019．

[2] 刘超英．建筑装饰装修材料·构造·施工[M]．2版．北京：中国建筑工业出版社，2015．

[3] 刘超英．家装设计攻略[M]．2版．北京：中国电力出版社，2016．

[4] 刘超英．家装设计学[M]．北京：机械工业出版社，2008．

[5] 深圳市海悦通文化传播有限公司．国际住宅新潮流[M]．南京：江苏人民出版社，2019．

[6] 苏丹．住宅室内设计[M]．3版．北京：中国建筑工业出版社，2011．

[7] 赵鲲，朱小斌，周遐德．dop室内施工图制图标准[M]．上海：同济大学出版社，2018．

[8] 龚锦．人体尺度与空间[M]．天津：天津科学技术出版社，1987．

[9] 杰克·克莱文．健康家居[M]．上海：上海人民美术出版社，2004．

[10] Erica Brown．INTERIOR VIEWS Design at Its Best[M]．New York：Studio Book Viking Press，1980．

[11] 亚历杭德罗．巴哈蒙．小型公寓[M]．张宁，译．大连：大连理工出版社，2003．

标准：

[12] 中国建筑标准设计研究院有限公司．房屋建筑制图统一标准：GB/T 50001—2017[S]．北京：中国建筑工业出版社，2018．

[13] 东南大学建筑学院，江苏广宇建设集团有限公司．房屋建筑室内装饰装修制图标准：JGJ/T 244—2011[S]．北京：中国建筑工业出版社，2012．

[14] 中国建筑科学研究院有限公司．建筑装饰装修工程质量验收标准：GB 50210—2018[S]．北京：中国建筑工业出版社，2018．

[15] 江苏省建筑工程集团有限公司，江苏省华建建设股份有限公司．建筑地面工程施工质量验收规范：GB 50209—2010[S]．北京：中国计划出版社，2010．

[16] 住房和城乡建设部住宅产业化促进中心，龙信建设集团有限公司．住宅室内装饰装修工程质量验收规范：JGJ/T 304—2013[S]．北京：中国建筑工业出版社，2013．

[17] 东南大学，永升建设集团有限公司．住宅室内装饰装修设计规范：JGJ 367—2015[S]．北京：中国建筑工业出版社，2015．

[18] 中国建筑科学研究院．建筑内部装修设计防火规范：GB 50222—2017[S]．北京：中国计划出版社，2018．

[19] 河南省建筑科学研究院有限公司，泰宏建设发展有限公司．民用建筑工程室内环境污染控制标准：GB 50325—2020[S]．北京：中国计划出版社，2020．

其他：
[20] 全国住房和城乡建设职业教育教学指导委员会．高等职业学校建筑室内设计专业教学标准[Z]．2018．
[21] 全国住房和城乡建设职业教育教学指导委员会．高等职业学校建筑装饰工程技术专业教学标准[Z]．2018．
[22] 全国住房和城乡建设职业教育教学指导委员会建筑与规划类专业指导委员会．2019年全国职业院校技能大赛建筑装饰技术应用赛项申报书[Z]．2018．
案例：
[23] 巫小伟装饰设计有限公司．常熟四季花园．2013．
[24] 梁志天设计咨询（深圳）有限公司广州分公司．中山雅居乐富华西04住区住宅项目C-1户型．2016．
[25] 深圳市帝凯室内设计有限公司．襄樊山顶别墅装饰工程．2009．
[26] 北京居其美业室内设计有限公司．上海玫瑰园198别墅项目．2015．
[27] 凯捷装饰．横琴万象世界SOHO样板房．2017．
[28] SCDA 曾仕乾．Soori High Line．2018．
[29] 香港无间设计有限公司．杭州绿城江南里．2016．
[30] CCD．上海大宁金茂府样板间．2015．
[31] 王亮．天琴湾39别墅．2015．
[32] 李玮珉．北京丽春湖临水大宅．2016．
[33] DBJ．50m^{2}现代简约风格雅居．2015．
[34] 维业盛业．深圳湾T5A—42/T2—28F．2015．
[35] 苏州绿地．地产别墅样板房概念设计．2016．
[36] 陈海山．海南定安汪宅．2014．
[37] 冯明聪．湛江万达广场SOHO公寓．
[38] MLK设计工作室．布伦特伍德住宅．2011．
[39] Arthur Casas．科帕卡巴纳公寓．2011．
[40] Maroo．米兰公寓．2011．
网站：
[41] 酷家乐网站．https://www.kujiale.com/．

后　记

本教材采用理论教学与实践教学双通道设计，理论教学“够用为度，点到为止”。实践教学采用 CDIO 工程教育理念，以一个全生命周期的项目为教学载体，以家装设计师岗位的设计工作流程为脉络，设计组织实践项目。

编写团队既有职业教育领域著名的资深教授，也有室内装饰设计企业负责人，还有国家职业教育双高学校（以下简称双高校）等一线经验丰富的实战型专家、双师型教师及国赛[1]/省赛[2]获奖选手的教练。校企教师共同策划教材选题、共同制定教材编写大纲，共同设计审定实训项目。

具体组成和分工如下：主编由 1 ～ 4 届全国土建学科建筑与规划类专业教指委资深委员、原宁波工程学院“风华学者”、现国家职业本科试点院校浙江广厦建设职业技术大学（以下简称：广厦建大）学科专业带头人刘超英教授担任（申报住建部“十三五”规划教材选题、策划课程编写大纲、组织编写团队、编写 1 课程概述和课程思政、3 课程结题及项目 7、项目 8、项目 10 的理论教学部分；所有章节的教学任务）。副主编由广厦建大建筑室内设计专业负责人曹云霞副教授（项目 3 和课程网站搭建）、国家双高校宁波职业技术学院建筑室内设计专业主任、国赛裁判、省赛教练杨赪副教授（项目 1 和二维码资源）、江苏城乡建设职业学院环境艺术专业负责人秦丽副教授（项目 6 和课程教案）、国家双高校山西职业技术学院建筑设计专业王艳讲师／设计师（项目 2 和课程章节测试）、国家双高校金华职业技术学院讲师郭冬梅（项目 4 和课程网站维护）担任。编委由国家示范校内蒙古建筑职业技术学院讲师尚大伟（项目 9）；台州职业技术学院艺术学院讲师张如龙（项目 5）；广厦建大工程师詹科（项目 11）、讲师杜旺旺（3 课程结题）担任。广厦建大青年教师卢顺心也参与课程建设。东阳市大家装饰工程有限公司韦甸斌先生担任实训项目主审。

教材主编

① 2019 年全国职业院校技能大赛“建筑装饰技术应用”赛项。

② 2019 年浙江省职业院校技能大赛“建筑装饰技术应用”赛项。